效率工作術
翻倍

不會就太可惜的

Excel

必學函數 第三版

關於文淵閣工作室

常常聽到很多讀者跟我們說：我就是看你們的書學會用電腦的。

是的！這就是寫書的出發點和原動力，想讓每個讀者都能看我們的書跟上軟體的腳步，讓軟體不只是軟體，而是提昇個人效率的工具。

文淵閣工作室創立於 1987 年，第一本電腦叢書「快快樂樂學電腦」於該年底問世。工作室的創會成員鄧文淵、李淑玲在學習電腦的過程中，就像每個剛開始接觸電腦的你一樣碰到了很多問題，因此決定整合自身的編輯、教學經驗及新生代的高手群，陸續推出 「快快樂樂全系列」 電腦叢書，冀望以輕鬆、深入淺出的筆觸、詳細的圖說，解決電腦學習者的傍徨無助，並搭配相關網站服務讀者。

隨著時代的進步與讀者的需求，文淵閣工作室除了原有的 Office、多媒體網頁設計系列，更將著作範圍延伸至各類程式設計、攝影、影像編修與創意書籍。如果你在閱讀本書時有任何的問題或是許多的心得要與所有人一起討論共享，歡迎光臨文淵閣工作室網站，或者使用電子郵件與我們聯絡。

■ 文淵閣工作室網站　http://www.e-happy.com.tw

■ 服務電子信箱　e-happy@e-happy.com.tw

■ Facebook 粉絲團　http://www.facebook.com/ehappytw

總 監 製 ： 鄧文淵	責任編輯 ： 鄧君如
監　　督 ： 李淑玲	執行編輯 ： 黃郁菁・鄧君怡
行銷企劃 ： 鄧君如・黃信溢	

本書範例

以日常生活與職場上常見的實務範例，活用 Excel 函數設計出各式資料表。書中一開始透過 "目錄" 與 "函數索引" 將各範例與使用函數分門別類的整理列項，讓你在閱讀時更方便。

全書分為九個單元，由深入淺、循序引導，在練習時除了熟悉函數，更能將學習的成果應用在日常生活與工作之中。書末更附上 "常用函數與快速鍵功能索引表"，方便隨時查找，讓你在短時間內晉升為精算達人。

學習資源

本書附有「理財分析計算教學PDF」、「消費數據統計影音教學」，以及「完整的範例練習檔案」，讓你閱讀本書內容的同時，搭配多種不同的學習資源與實用的輔助範例，在最短時間內掌握學習重點。

上述相關資源可從下列網站下載：

http://books.gotop.com.tw/download/ACI035000

<範例檔.zip> 中整理 <part01> ~ <part09> 九個資料夾，先下載該壓縮檔，解壓縮後開啟使用，範例檔的檔名是以 <單元編號-範例編號.xlsx> 組合而成，例如：<2-015.xlsx>。

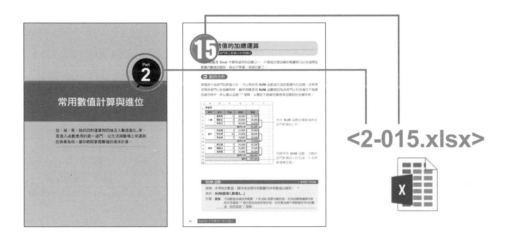

每個範例檔至少會有二個工作表，如下圖工作表命名為 "薪資資料表" 的為原始練習檔，而命名為 "薪資資料表-ok" 的為已加入函數公式的完成檔：

3		賴瑋原	6	20,000	32,000
4	人事	楊登全	3	20,000	26,000
5		茅美玉	7	20,000	34,000
6		部門小計			
7		梁俊禮	3	23,000	29,900
8	會計	李怡君	10	23,000	46,000
9		林俊傑	7	23,000	39,100

薪資資料表　薪資資料表-ok ⊕

3		賴瑋原	6	20,000	32,000
4	人事	楊登全	3	20,000	26,000
5		茅美玉	7	20,000	34,000
6		部門小計			92,000
7		梁俊禮	3	23,000	29,900
8	會計	李怡君	10	23,000	46,000
9		林俊傑	7	23,000	39,100

薪資資料表　薪資資料表-ok ⊕

(如果範例檔與完成檔不適合放在同一個檔案，會分開為二個檔案檢視，該完成檔會在檔名後方加上 "-ok"。)

閱讀方法

全書深入淺出將 Excel 函數重要觀念與技法區分為八大類：

- **Part 01** 公式的基礎
- **Part 02** 常用數值計算與進位
- **Part 03** 條件式統計分析
- **Part 04** 取得需要的資料
- **Part 05** 日期與時間資料處理
- **Part 06** 文字資料處理
- **Part 07** 財務資料計算
- **Part 08** 大量數據資料整理與驗證

最後再以 **Part 09** 主題資料表的函數應用 透過：家計簿記錄表、員工年資與特別休假表、計時工資表、分期帳款明細表、業績報表，五個常用的資料報表分享操作與說明。

範例編號　　　　　　　　函數介紹　**範例分析：**　　　　　　**操作說明：**
範例主題　範例說明　　　　　　　資料內容與運算的說明　　圖解操作說明，步驟中完整的函數公式會以彩色粗體字加強標示。

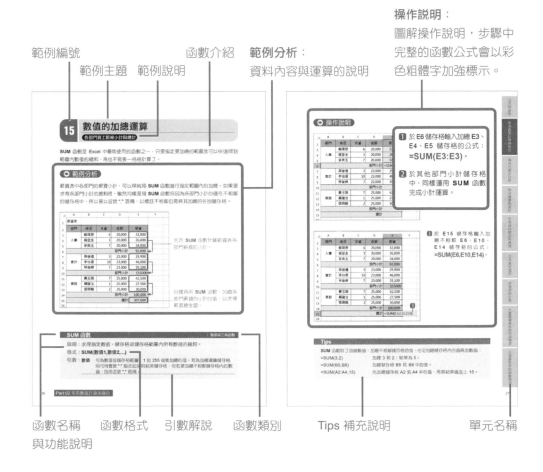

函數名稱　　函數格式　　引數解說　　函數類別　　Tips 補充說明　　　　　單元名稱
與功能說明

目錄

Part 4 取得需要的資料

Part 5 日期與時間資料處理

Part 8 大量數據資料整理與驗證

Part 9 主題資料表的函數應用

附錄 A 理財分析計算

(附錄單元為 PDF 電子檔形式，請見線上下載。)

函數索引

公式的基礎

函數是公式的一種，Excel 有四百多個函數，本章
將介紹輸入方法、錯誤修正及詳細的引數與運算子
說明，讓你在公式與函數的使用上更得心應手。

1 認識公式

Excel 不僅可以在各儲存格中輸入數值、文字，還能用來計算貸款償還、薪資小計或各部門業績...等，只要運用公式計算，即能夠快速得到彙整後的數值，對於資料分析也相當有幫助。

⊙ 公式介紹

公式永遠都是以等號 (=) 開始，後面可以接數值、儲存格位址、運算子 (+ - × / > < &...等) 的組合算式。

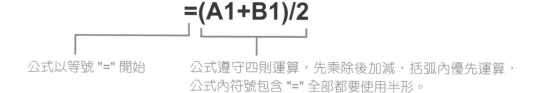

於資料編輯列中可看到公式的算式。

公式計算的結果會直接顯示於輸入公式的儲存格中。

⊙ 公式結構

公式在使用時必須先輸入「=」，再輸入數值或內有數值的儲存格位址，以及合適的運算子。

$$=(A1+B1)/2$$

公式以等號 "=" 開始

公式遵守四則運算，先乘除後加減，括弧內優先運算，公式內符號包含 "=" 全部都要使用半形。

公式的基礎

常用數值計算與進位

條件式統計分析

取得需要的資料

日期與時間資料處理

文字資料處理

財務資料計算

大量數據資料整理與驗證

主題資料表的函數應用

2 認識函數

函數是公式的一種，當簡單的加、減、乘、除不敷使用，或要計算、分析的資料龐大複雜時，可以藉由定義好運算格式的函數加快取得結果。

● 函數介紹

Excel 中內建許多不同種類的函數，函數必需依已定義的寫法輸入，進行一連串的加總、平均、條件判斷、資料取得、日期時間轉換...等運算：

| C5 | ▼ | : | × | ✓ | fx | =SUM(C2:C4) |

於資料編輯列中可看到函數的設定及引數內容。

▲	A	B	C	D	E
1	部門	姓名	薪資		
2		賴瑋原	32,000		
3	人事	楊登全	26,000		
4		茅美玉	34,000		
5		小計	92,000		

函數計算的結果會直接顯示於輸入函數的儲存格中。

● 函數結構

函數在使用時必須先輸入「=」，再輸入函數名稱與括號「()」，接著於括號中依順序設定引數，要注意的是公式中使用到的符號例如：=、(、)、:、-...等必須以半形輸入。這裡以常用的加總函數 SUM 為例，其語法為 **SUM(範圍1,[範圍2],...)**。

$$=SUM(C2:C4)$$

等號：函數公式以等號 "=" 開始，沒有等號就會被視為單純的字串，而不會進行運算。

函數名稱：依要運算的內容輸入合適的函數(大小寫皆可)。

引數：每個函數有不同引數，以半形括號 "()" 包含著。當有多個引數時以 "," 區隔，例如 "A1,B1,C1"。引數是儲存格範圍時以 ":" 串連，例如 "C2:C4" 表示運算的範圍由 C2 儲存格到 C4 儲存格。

函數種類

Excel 將所有的函數依功能分為 14 個類別：

函數	說明
相容性函數	這個分類中的函數都已由新函數取代，目前仍提供這些函數與舊版本的相容性，但這些函數在未來版本中可能不會提供。 相關函數：BETADIST、MODE、RANK...等。
Cube 函數	傳回指定的條件的資料。 相關函數：CUBEKPIMEMBER...等。
資料庫函數	從指定範圍的工作表或資料庫中，擷取符合設定條件的資料進行計算與分析。 相關函數：DAVERAGE、DMAX、DSUM...等。
日期及時間函數	計算日期或時間的相關函數，例如可以求現在的日期或時間、轉換日期資料本身的序列值...等。 相關函數：DATE、MINUTE、YEAR...等。
工程函數	計算科學或工程學的專門函數分類，像是二進位轉十進位或是複利的計算。 相關函數：BIN2DEC、CONVERT、HEX2BIN...等。
財務函數	財務支出相關函數，可求取貸款支出金額、定存期滿的金額、利息計算及折舊...等函數。 相關函數：DB、FV、NPER...等。
資訊函數	可查詢儲存格的位址、格式...等資訊種類或錯誤值的種類。 相關函數：CELL、ISBLANK、SHEET...等。
邏輯函數	依據指定的條件對儲存格資料進行 TRUE(真) 或 FALSE(假) 的判斷，並進行不同的處理或計算。 相關函數：AND、IF、OR...等。
檢視與參照函數	依據指定條件設定擷取或運算儲存格資料。 相關函數：ADDRESS、HLOOKUP、ROWS...等。
統計函數	統計相關的計算，例如平均值、最大值、出現最多的值...等。 相關函數：AVERAGE、COUNT、LARGE...等。
數學與三角函數	包含較常使用的數學計算，例如四則運算、四捨五入、絕對值...等。 相關函數：ABS、ROUNDUP、SUM...等。

函數	說明
文字函數	轉換文字字串型式的處理，例如大小寫、全形半形、取代字串...等。 相關函數：CLEAN、FIXED、TEXT...等。
與增益集一起安裝的 使用者定義函數	這個類別的函數需要另外下載安裝才會顯示。 相關函數：CALL、REGISTER.ID...等。
Web 函數	可用於擷取網路相關資訊。 相關函數：ENCODEURL、FILTERXML...等。

◉ 引數種類

函數公式中透過 "引數" 指定運算的指令或範圍，引數不一定只有數值，也有可能是字串或是儲存格參照位址。如果進行巢狀函數的運算時，引數更可能是其他函數運算。以下列出引數的種類，於輸入時可以參考：

引數	說明
數值	直接輸入數值，例如：SUM(100,50,200)
字串	以半形雙引號 " 包起來的字串，或含有字串的儲存格參照位址。 例如：=IF(A2<60,"重考","通過")
參照名稱	單一儲存格、儲存格範圍或是範圍名稱 例如：=AVERAGE(E3:E5)、=AVERAGE(業務部)
邏輯值	代表 TRUE(真) 或 FALSE(假) 例如：=VLOOKUP(B3,E3:F12,2,TRUE)
錯誤值	#DVI/0!、#NAME?、#VALUE!、#REF!、#N/A、#NUM!...等。 例如：=ERROR.TYPE(#NAME?)
陣列	以逗號 "," 或分號 ";" 間隔數值或字串，並利用大括號 "{}" 包起來。 例如：{=SUM({1,2,3,4}+56)}
其他公式或函數	這個部分的引數會優先計算，之後才進行原本函數的運算。 例如：=IF(SUM(G1:G4)>60,"TRUE","FALSE")

3 | 運算子介紹

公式或是函數引數中常用到 "運算子",運算子分為 **算術運算子**、**比較運算子**、**文字運算子**、**參照運算子** 四類,熟悉運算子的用法可讓運算更加事半功倍。

運算子的種類及介紹

種類	符號	說明	範例
算術運算子	+	加法	6+2
	-	減法	6-2
	*	乘法	6*2
	/	除法	6/2
	%	百分比	30%
	^	次方 (乘冪)	6^2
比較運算子	=	等於	A1=B1
	>	大於	A1>B1
	<	小於	A1<B1
	>=	大於等於	A1>=B1
	<=	小於等於	A1<=B1
	<>	不等於	A1<>B1
文字運算子	&	連結多個字串	"台南"&"花蓮"
參照運算子	:	冒號,連結連續的儲存格範圍	SUM (B1:B5)
	,	逗號,連結不連續儲存格範圍	SUM (B1:B5,D1:D5)
	(半形空白)	產生由二個儲存格範圍交集的部分	SUM (B7:D7 C6:C8)

⊙ 運算子的計算順序

運算子的計算順序基本上與一般四則運算順序相同，而且會先運算括號 "()" 包起來的部分、由左而右計算、先乘除後加減。以下列出運算子的計算順序：

順序	符號	說明
1	: (冒號) , (逗號) (半形空格)	參照運算子
2	–	負號
3	%	百分比
4	^	次方 (乘冪)
5	* 和 /	乘和除
6	+ 和 –	加和減
7	&	連結多個字串
8	= < > <= >= <>	比較運算子

例如下圖 A1:C5 儲存格中的數值資料，套用到各個公式及運算式中就會產生不同的值，所以要非常注意運算子的順序：

◢	A	B	C
1	10	100	150
2	20	200	250
3	30	300	350
4	40	400	450
5	50	500	550
6			
7			

=SUM(A1,A5)	▶	10+50	▶	60
=SUM(A1:A5)	▶	10+20+30+40+50	▶	150
=SUM(A1,A3,A5)	▶	10+30+50	▶	90
=SUM(A1+B1*5)	▶	10+100×5	▶	510
=SUM((A1+B1)*5)	▶	(10+100)×5	▶	550

4 輸入公式

公式、函數可直接輸入，由於輸入函數時需依循既定的格式，初學者可運用 **插入函數** 鈕的對話方塊以及 **自動加總** 鈕二種方法快速完成函數輸入。

⊙ 直接輸入

可以直接於儲存格或資料編輯列中輸入公式或函數，公式中的中英文字、數值、符號皆需為半形，而函數名稱則是大小寫皆可。

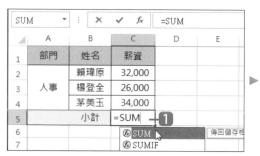 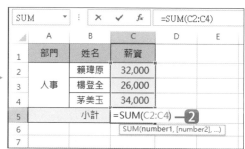

1 選取欲輸入函數的儲存格，直接輸入「＝」，再輸入函數名稱「SUM」。(也可以於建議清單中合適的函數上按二下滑鼠左鍵選用)。

2 接 著 輸 入「(」，會 出 現 該 函 數的 引 數 提 示，參 考 提 示 輸 入 引 數「C2:C4」，最後輸入「)」，再按 Enter 鍵完成函數公式。

⊙ 以 ⨍ₓ "插入函數" 鈕輸入

除了直接輸入，也可以使用 **插入函數** 鈕的對話方塊進行函數的搜尋以及插入，對話方塊中更有函數的功能及引數輸入的詳細說明。

1 選取欲輸入函數的儲存格。

2 選按 ⨍ₓ **插入函數** 鈕，開啟 **插入函數** 對話方塊。

公式的基礎

常用數值計算與進位

條件式統計分析

取得需要的資料

日期與時間資料處理

文字資料處理

財務資料計算

大量數據資料整理與驗證

主題資料表的函數應用

3 於 **搜尋函數** 輸入函數名稱「SUM」。

4 按 **開始** 鈕搜尋函數。

5 於 **選取函數** 欄位確認為要使用的函數，再按 **確定** 鈕。

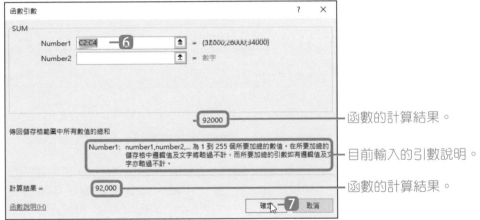

函數的計算結果。

目前輸入的引數說明。

函數的計算結果。

6 於引數欄位 **Number1** 輸入「C2:C4」，表示要加總的第一組範圍為 C2 儲存格至 C4 儲存格。

7 按 **確定** 鈕，完成函數引數的設定。

8 函數公式顯示在上方的資料編輯列，而運算結果則會出現在儲存格中。

⊙ 以 Σ "自動加總" 鈕輸入

選按 Σ **自動加總** 清單鈕可以直接加入所需要的函數，清單中包含了 **加總** (SUM)、**平均值** (AVERAGE)、**計數** (COUNT)、**最大值** (MAX)、**最小值** (MIN) 的選項，可快速插入這五個函數公式。如果要插入其他函數，可選按清單中的 **其他函數** 就可以開啟 **插入函數** 對話方塊。

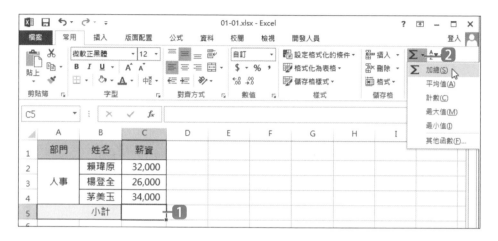

1 選取欲輸入函數的儲存格。

2 於 **常用** 索引標籤選按 **自動加總** 清單鈕 \ 加總，可在儲存格中加入 **SUM** 函數。

3 於 **SUM** 函數的 "()" 括號中輸入計算的引數，或直接拖曳選取儲存格 "C2:C4"，再按 Enter 鍵就可以完成函數公式。

Tips

利用 "公式" 索引標籤插入函數

除了以上提到的三個方法以外，也可以利用 **公式** 索引標籤內不同函數種類的清單鈕來插入函數。

5 修改公式

輸入函數難免會有錯誤或是需要修正的部分，可以直接在儲存格或資料編輯列中修改，或是透過拖曳的方式修正函數公式。

⊙ 直接於資料編輯列中修改

1 先選按要修改函數公式的儲存格。

2 於資料編輯列內按一下滑鼠左鍵，出現插入線時即可修改公式，修改後按 Enter 鍵就完成了。

| IF | ▼ | : | × | ✓ | fx | =SUM(C2:C4) |

	A	B	C
1	部門	姓名	薪資
2	人事	賴瑋原	32,000
3		楊登全	26,000
4		茅美玉	34,000
5		小計	=SUM(C2:C4) —1

⊙ 直接於儲存格中修改

1 在要修改函數公式的儲存格上按二下滑鼠左鍵。

2 儲存格出現插入線時即可修改公式，修改後按 Enter 鍵就完成了。

| IF | ▼ | : | × | ✓ | fx | =SUM(C2:C4) |

	A	B	C	D	E
1	部門	姓名	薪資		
2	人事	賴瑋原	32,000		
3		楊登全	26,000		
4		茅美玉	34,000		
5		小1—	=SUM(C2:C4) —2		

⊙ 以拖曳的方法來修改引數中儲存格的範圍

1 在要修改函數公式的儲存格上按二下滑鼠左鍵，拖曳選取要修改的引數。

2 於正確的儲存格位址按滑鼠左鍵不放拖曳選取，這樣一來新的儲存格範圍會取代剛才選取的引數，修改後按 Enter 鍵就完成了。

| D5 | ▼ | : | × | ✓ | fx | =SUM(C2:D4) |

	A	B	C	D	E
1	部門	姓名	薪資	車馬費	
2	人事	賴瑋原	32,000	2,000	
3		楊登全	26,000	2,800	—2
4		茅美玉	34,000	1,750	
5		總計	=SUM(C2:D4) —1		
6			SUM(number1, [numbe		

6 複製相鄰儲存格的公式

若運算方式相同，透過複製公式可省去在儲存格上反覆輸入公式的時間，複製公式時，參照儲存格位址會自動依複製目的地儲存格位址變更。為相鄰的儲存格複製公式，可利用 **自動填滿** 功能快速完成。

1 選取已輸入公式的 C4 儲存格，目前 **資料編輯列** 顯示的公式為：「=B4*1.05」。

2 將滑鼠指標移至 C4 儲存格右下角的 **填滿控點** 上方，當滑鼠指標呈黑色十字時，往下拖曳至 C9 儲存格再放開滑鼠左鍵。

3 完成相鄰儲存格公式的複製後，C4 至 C9 儲存格均可求得正確的值，選取 C9 儲存格可發現 **資料編輯列** 顯示的公式為：「=B9*1.05」，已依複製的公式自動調整欄名或列號取得正確的結果值。

除了上述以拖曳 **填滿控點** 的方式複製相鄰儲存格的公式，也可直接在 **填滿控點** 上連按二下滑鼠左鍵自動填滿目前資料筆數來完成公式複製。

公式的基礎

常用數值計算與進位

條件式統計分析

取得需要的資料

日期與時間資料處理

文字資料處理

財務資料計算

大量數據資料整理與驗證

主題資料表的函數應用

7 複製不相鄰儲存格的公式

若運算方式相同，透過複製公式可省去在儲存格上反覆輸入公式的時間，複製公式時，參照儲存格位址會自動依複製目的地儲存格位址變更。為不相鄰的儲存格複製公式時，必需採用傳統的 **複製**、**貼上** 工具鈕或相關快速鍵。

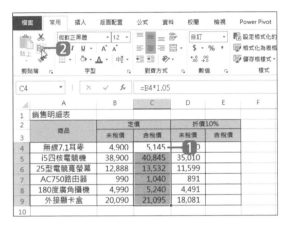

1 選取已輸入公式的 C4:C9 儲存格範圍。

2 選按 **常用** 索引標籤 \ **複製** (選取的 C4:C9 儲存格範圍會被一圈虛線框選)。

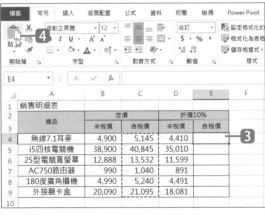

3 選取要貼上公式的 E4 儲存格。

4 選按 **常用** 索引標籤 \ **貼上**。

	A	B	C	D	E	F
1	銷售明細表					
2	商品	定價		折價10%		
3		未稅價	含稅價	未稅價	含稅價	
4	無線7.1耳麥	4,900	5,145	4,410	4,631	
5	i5四核電競機	38,900	40,845	35,010	36,761	
6	25型電競寬螢幕	12,888	13,532	11,599	12,179	
7	AC750路由器	990	1,040	891	936	
8	180度廣角攝機	4,990	5,240	4,491	4,716	
9	外接顯卡盒	20,090	21,095	18,081	18,985	
10						

5 完成不相鄰儲存格公式的複製，E4 至 E9 儲存格均可求得正確的值，選取 E9 儲存格可發現 **資料編輯列** 顯示的公式為：「=D9*1.05」，已依複製的公式自動調整欄名或列號取得正確的結果值。

8 僅複製公式不複製格式

運用前面提到的 **自動填滿** 功能快速複製公式時，原來設計好的格線、文字色彩、底色...等格式，會被來源資料內容影響，這時可選擇僅複製公式不複製格式。

1. 選取已輸入公式的 E4 儲存格。

2. 將滑鼠指標移至 E4 儲存格右下角的 **填滿控點** 上方，當滑鼠指標呈黑色十字時，往下拖曳至 E9 儲存格再放開滑鼠左鍵。

3. 會發現 E4 儲存格的格式會跟著公式一起被複製，這時可以選按右下角的 🔲 鈕 \ **填滿但不填入格式**，格式就被還原成原來的樣子。

Tips

以 "複製"、"貼上" 僅複製公式不複製格式

選取已輸入公式的儲存格後，選按 **常用** 索引標籤 \ **複製** 鈕，再選取要貼上公式的儲存格後，選按 **常用** 索引標籤 \ **貼上** 清單鈕 \ 🔲 **公式**，如此一來僅複製公式不複製格式。

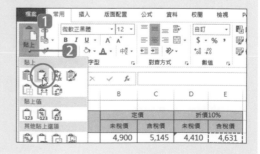

公式的基礎

常用數值計算與進位

條件式統計分析

取得需要的資料

日期與時間資料處理

文字資料處理

財務資料計算

大量數據資料整理與驗證

主題資料表的函數應用

9 僅複製公式計算出的結果

下方範例 B 欄 **部門** 的內容是以 **VLOOKUP** 函數自右側 F1:G4 範圍中取得對應資料，如果刪除函數中引數對應的內容，會出現錯誤值 #REF!。

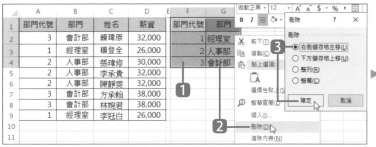

如果想要刪除函數公式對應的內容，但保留函數公式運算結果，必需先將其運算結果轉換成以 "值" 顯示，再刪除對應內容。

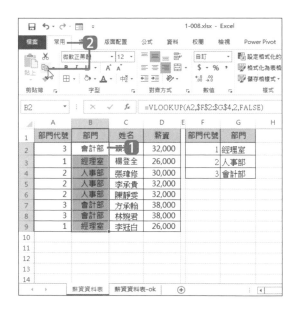

1️⃣ 選取 B2:B9 儲存格範圍。

2️⃣ 選按 **常用** 索引標籤 \ **複製**。

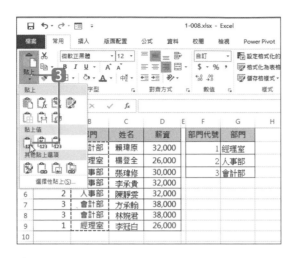

3 在仍選取 B2:B9 儲存格範圍時，選按 **常用** 索引標籤 \ **貼上** 清單鈕 \ **值**。

4 選取 F1:G4 儲存格範圍。

5 於選取的 F1:G4 儲存格範圍上按一下滑鼠右鍵，選按 **刪除**。

6 依預設核選 **右側儲存格左移**，按 **確定** 鈕。

7 刪除了 F1:G4 儲存格範圍，這時 **部門** 欄位的內容並不會被影響。

公式的基礎

常用數值計算與進位

條件式統計分析

取得需要的資料

日期與時間資料處理

文字資料處理

財務資料計算

大量數據資料整理與驗證

主題資料表的函數應用

10 儲存格參照

複製公式時，公式中的儲存格位址會自動依複製目的地儲存格位址相對調整，如果需要固定參照儲存格位址時，可透過 **絕對參照** 與 **混合參照** 這二種儲存格參照方式來調整。

⊙ 相對參照

相對參照的情況下，其參照會隨著相對的儲存格而自動改變，讓公式在複製時不需要一一變更參照位址。

▲	A	B	C	D	E	F
1	姓名	薪資	車馬費	誤餐費		
2	賴瑋原	32,000	2,000	1,500		
3	楊登全	26,000	2,800	1,500		
4	茅美玉	34,000	1,750	1,500		
5	①合	92,000	6,550	4,500		
6						

=SUM(B2:B4)　　=SUM(C2:C4)　　=SUM(D2:D4)

1 按一下已輸入公式的儲存格 (B5 儲存格)，儲存格中的公式為：「=SUM(B2:B4)」

2 於 B5 儲存格按住右下角的 **填滿控點**，往右拖曳至 D5 儲存格。儲存格往左右複製，相對參照會變動的是欄名；儲存格往上下方複製，相對參照會變動的是列號。

⊙ 絕對參照

當公式複製到其他儲存格時，如希望參照的儲存格位址是固定的，那就需要用絕對參照，只要在欄名或列號前加上 "$" 符號 (如：$B$1)，位址就不會隨著改變。

範例中年資滿一年的員工才有年終，而年終的算法為：薪資×固定的年終月數，所以存放年終月數值的 B1 儲存格需要加上 $ 符號，輸入：「$B$1」。

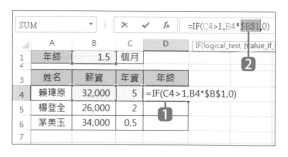

1 按一下已輸入公式的儲存格 (D4 儲存格)，儲存格中的公式為：「=IF(C4>1,B4*B1,0)」。

2 將公式中 "B1" 參照位址改成 "$B$1"。(可直接輸入 "$" 符號或選取公式中的 "B1" 按一下 F4 鍵轉換成 "$B$1")

3 於 D4 儲存格按住右下角的 **填滿控點**，往下拖曳至 D6 儲存格，公式中 B1 儲存格位址被固定，所以可求得正確的值。

=IF(C4>1,B4*$B$1,0)　　=IF(C6>1,B6*$B$1,0)

　　　　=IF(C5>1,B5*$B$1,0)

⊙ 混合參照

混合參照就是將欄名或列號其中一個設定為絕對參照，例如："$B1" 是將欄名固定、"B$1" 是將列號固定。範例中各產品的折扣價為：單價×折扣，由於這一個列子的變數為 **折扣** 列與 **單價** 欄，所以運用混合參照來設計公式。

1 按一下已輸入公式的儲存格 (C3 儲存格)，儲存格中的公式為：「=PRODUCT(B3,C2)」。

2 選取公式中的 "B3" 按三下 F4 鍵，切換為混合參照："$B3"，同樣的選取公式中的 "C2" 按二下 F4 鍵，切換為混合參照："C$2"。

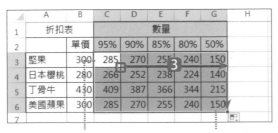

=PRODUCT($B3,C$2)　　　=PRODUCT($B6,G$2)

3 於 C3 儲存格按住右下角的 **填滿控點**，往右再往下拖曳至 G6 儲存格，公式中的混合參照會固定第一個引數的欄 B 與第二個引數的列 2，其他則會依相對位址自動調整。

公式的基礎

常用數值計算與進位

條件式統計分析

取得需要的資料

日期與時間資料處理

文字資料處理

財務資料計算

大量數據資料整理與驗證

主題資料表的函數應用

11 相對參照與絕對參照的轉換

當輸入公式「B1」，之後複製公式時「B1」會自動依據貼上目的儲存格位置變更，這樣的參照方法為 **相對參照**。若在公式中的儲存格名稱加上 "$" 符號時，例如：「$B$1」或「$B1」，加上 "$" 符號的欄名列號就不會自動變更，這樣的參照方法為 **絕對參照** 或 **混合參照**。

輸入公式時可直接加上 "$" 符號，或按 F4 鍵多次，就會依 "B1" → "$B$1" → "B$1" → "$B1" 的順序切換儲存格參照位址的表示方式。

1 選取 C4 儲存格，輸入公式：「=B4*B1」。

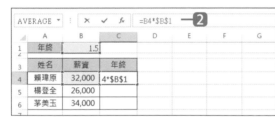

2 選取公式中的 "B1" 按一下 F4 鍵，就可以快速切換為絕對參照 "$B$1"。

Tips

四種儲存格參照方式的切換

每按一次 F4 鍵就會切換一種參照方式

按 F4 鍵次數	參照方式	範例
一次	絕對參照	$B$1
二次	只有列為絕對參照	B$1
三次	只有欄為絕對參照	$B1
四次	相對參照	B1

12 陣列使用

Excel 中陣列雖屬較進階的用法但可更簡便的進行運算，所謂的 "陣列" 是含有數值的欄數與列數所組成的資料範圍，依使用的方法分為 "陣列常數" 及 "陣列公式"，這二種在輸入時都要使用大括號 "{}" 將公式包起來。

◉ 陣列常數

陣列常數是將原來參照用的表格資料，輸入大括號 "{}" 將陣列常數包起來，如果使用逗號 "," 分隔，就可建立水平陣列，如果使用分號 ";" 分隔，就可建立垂直陣列。

| B2 | ▼ : × ✓ *fx* | =VLOOKUP(A2,$F$2:$G$4,2,FALSE) |

	A	B	C	D	E	F	G	H	I	J
1	部門代號	部門	姓名	薪資		部門代號	部門			
2	3	會計部	賴瑋原	32,000		1	經理室			
3	1	經理室	楊登全	26,000		2	人事部			
4						3	會計部			

▲ 於 B2 儲存格中以 VLOOKUP 函數第 2 個引數指定 F2 儲存格至 G4 儲存格為參照範圍。

| B2 | ▼ : × ✓ *fx* | =VLOOKUP(A2,{1,"經理室";2,"人事部";3,"會計部"},2,FALSE) |

	A	B	C	D	E	F	G	H	I	J	K
1	部門代號	部門	姓名	薪資							
2	3	會計部	賴瑋原	32,000							
3	1	經理室	楊登全	26,000							
4											
5											

▲ 以陣列常數來代替參照範圍資料，這樣便可以刪除工作表中參照的表格了。

{1,"經理室";2,"人事部";3,"會計部"}

| 陣列常數以大
括號 "{" 開始 | 以 ";" 區分欄資料 | 以 "," 區分列資料 | 陣列常數以大
括號 "}" 結束 |

公式的基礎

常用數值計算與進位

條件式統計分析

取得需要的資料

日期與時間資料處理

文字資料處理

財務資料計算

大量數據資料整理與驗證

主題資料表的函數應用

⊙ 陣列公式

要運算不同的儲存格常常需要一格一格的改變參照位址，使用陣列公式可以縮短複雜或多重的函數公式。於公式中指定要運算的範圍，而且相對應的運算範圍欄列數要相等，才能自動對應不會有錯，這樣只要一個陣列公式就可以取代範圍內所有的公式了。

| VLOOKUP ▼ | : | × | ✓ | *fx* | =FREQUENCY(C3:C6,G3:G6) ──❷ |

◢	A	B	C	D	E	F	G	H	I	J
1			員工健檢報告							
2	員工	性別	身高(cm)	體重(kg)		身高區間		人數		
3	Aileen	女	170	60		150-	155	=FREQUENCY(C3:C6,G3:G6)		
4	Amber	女	168	56		156-	160	──❶		
5	Eva	女	152	38		161-	165			
6	Hazel	女	155	65		166-	170			

❶ 選取 H3 儲存格至 H6 儲存格。

❷ 輸入公式：**=FREQUENCY(C3:C6,G3:G6)**。

| H3 | ▼ | : | × | ✓ | *fx* | {=FREQUENCY(C3:C6,G3:G6)} ── |

◢	A	B	C	D	E	F	G	H	I	J
1			員工健檢報告							
2	員工	性別	身高(cm)	體重(kg)		身高區間		人數		
3	Aileen	女	170	60		150-	155	2		
4	Amber	女	168	56		156-	160	0	──❸	
5	Eva	女	152	38		161-	165	0		
6	Hazel	女	155	65		166-	170	2		

❸ 按 Ctrl + Shift + Enter 鍵，公式前後會自動產生 "{" 與 "}" 包含，並自動複製到選取的儲存格中，形成陣列公式為：**{=FREQUENCY(C3:C6,G3:G6)}**。

$$\{=FREQUENCY(C3:C6,G3:G6)\}$$

陣列公式以大括號 "{" 開始　　　　　　所有元素資料的欄與列數都要相等　　陣列公式以大括號 "}" 結束

13 錯誤值標示說明

輸入函數公式之後，儲存格出現的不是預設的計算值，反而是 "#VALUE!"、
"#NAME?"...等錯誤值，表示公式無法運算，以下就來認識錯誤值所代表的意義，修
正後才能有正確的運算結果。

⊙ 常見的錯誤值

錯誤值	說明
######	表示欄寬度不足，無法顯示所有內容，或在儲存格中輸入了負數值的日期或時間。
#DIV/0	除法算式中除數為空白儲存格或 0。
#NAME?	函數名稱不正確或字串未以括號 " 框住。
#N/A	必要的引數或運算值未輸入或未搜尋到。
#NUM!	數值過大、過小或空白，計算結果超出 Excel 所能處理的數值範圍，或函數反覆計算多次無法求得其值時。
#NULL!	使用的參照運算子不正確。
#REF!	公式中參照的儲存格被刪除或移動。
#VALUE!	引數內資料格式不正確。例如資料應該為數值卻指定為文字，或只能指定單一儲存格卻指定成儲存格範圍...等。

公式的基礎

常用數值計算與進位

條件式統計分析

取得需要的資料

日期與時間資料處理

文字資料處理

財務資料計算

大量數據資料整理與驗證

主題資料表的函數應用

⊙ 使用錯誤檢查清單鈕修正

當函數公式運算後出現如上一頁裡說明的錯誤值時，除了可以一一檢視引數以外，只要選取有錯誤值的儲存格，於儲存格的左方就會出現 ⬦ **錯誤檢查**，接著只要將滑鼠指標移到這個符號上選按 **錯誤檢查** 清單鈕，清單中就會出現跟這個錯誤值相關的操作選項。

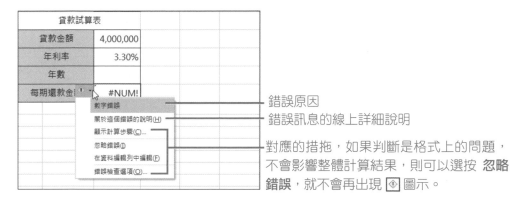

錯誤原因

錯誤訊息的線上詳細說明

對應的措拖，如果判斷是格式上的問題，不會影響整體計算結果，則可以選按 **忽略錯誤**，就不會再出現 ⬦ 圖示。

⊙ 自訂錯誤檢查的項目

如果覺得錯誤檢查不但影響編輯又有些麻煩，其實只要將檢查規則依需求自訂，就可以針對自訂的項目進行錯誤檢查了。

1 選按 **錯誤檢查** 清單鈕 \ **錯誤檢查選項**。

2 可於 **Excel 選項** 對話方塊 \ **公式** \ **錯誤檢查規則** 項目中依需求自訂錯誤檢查項目，如果想要停止錯誤檢查的動作，可取消核選 **錯誤檢查** 項目中的 **啟用背景錯誤檢查**。

14 線上查詢函數用法

Excel 內建許多的函數，但是相關的使用方式或是其中引數所代表的意義，並沒有辦法全數都記住，這時候只要透過 **函數說明**，就可以即時在線上查詢，讓函數的使用更加得心應手。(電腦要在連線的狀態下才能查詢)

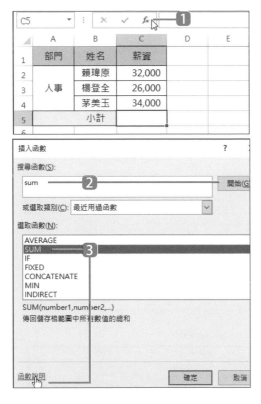

1️⃣ 選按 f_x **插入函數** 鈕。

2️⃣ 於 **搜尋函數** 輸入要搜尋的函數名稱，按 **開始** 鈕進行函數搜尋。

3️⃣ 選取要查詢的函數，再按 **函數說明**。

4️⃣ 會開啟 Office 支援函數說明網頁頁面，其中列出該函數的公式語法、引數說明、範例與多種使用方式...等。

常用數值計算與進位

加、減、乘、除的四則運算與四捨五入數值進位…等，
是進入函數應用的第一道門，以生活與職場上常遇到
的表單為例，讓你輕鬆掌握數值的基本計算。

15 數值的加總運算
各部門員工薪資小計與總計

SUM 函數是 Excel 中最常使用的函數之一，只要指定要加總的範圍就可以快速得到範圍內數值的總和，再也不需要一格格計算了。

● 範例分析

薪資表中各部門的薪資小計，可以單純用 **SUM** 函數進行指定範圍內的加總。如果要求得各部門小計的總和時，雖然同樣是用 **SUM** 函數但因為各部門小計的值在不相鄰的儲存格中，所以要以逗號 "," 區隔，以標註不相鄰但需將其加總的各別儲存格。

	A	B	C	D	E	F
1	薪資表					
2	部門	姓名	年資	底薪	薪資	
3		賴瑋原	6	20,000	32,000	
4	人事	楊登全	3	20,000	26,000	
5		茅美玉	7	20,000	34,000	
6				部門小計	92,000	
7		梁俊禮	3	23,000	29,900	
8	會計	李怡君	10	23,000	46,000	
9		林俊傑	7	23,000	39,100	
10				部門小計	115000	
11		黃玉娟	7	25,000	42,500	
12	業務	賴建法	1	25,000	27,500	
13		張明翰	2	25,000	30,000	
14				部門小計	100,000	
15				總計	307,000	
16						

先用 **SUM** 函數計算薪資表各部門薪資的小計。

同樣再用 **SUM** 函數，加總各部門薪資的小計的值，以求得薪資總金額。

SUM 函數
數學與三角函數

說明：求得指定數值、儲存格或儲存格範圍內所有數值的總和。

格式：**SUM(數值1,數值2,...)**

引數：**數值** 可為數值或儲存格範圍，1 到 255 個要加總的值。若為加總連續儲存格則可用冒號 ":" 指定起始與結束儲存格，但若要加總不相鄰儲存格內的數值，則用逗號 "" 區隔。

● 操作說明

▲	A	B	C	D	E	F
2	部門	姓名	年資	底薪	薪資	
3		賴瑋原	6	20,000	32,000	
4	人事	楊登全	3	20,000	26,000	
5		茅美玉	7	20,000	34,000	
6				部門小計	=SUM(E3:E5)	─①
7		梁俊禮	3	23,000	29,900	
8	會計	李怡君	10	23,000	46,000	
9		林俊傑	7	23,000	39,100	
10				部門小計		─②
11		黃玉娟	7	25,000	42,500	
12	業務	賴建法	1	25,000	27,500	
13		張明翰	2	25,000	30,000	
14				部門小計		
15				總計		

① 於 E6 儲存格輸入加總 E3、E4、E5 儲存格的公式：**=SUM(E3:E3)**。

② 於其他部門小計儲存格中，同樣運用 **SUM** 函數完成小計運算。

▲	A	B	C	D	E	F
2	部門	姓名	年資	底薪	薪資	
3		賴瑋原	6	20,000	32,000	
4	人事	楊登全	3	20,000	26,000	
5		茅美玉	7	20,000	34,000	
6				部門小計	92,000	
7		梁俊禮	3	23,000	29,900	
8	會計	李怡君	10	23,000	46,000	
9		林俊傑	7	23,000	39,100	
10				部門小計	115000	
11		黃玉娟	7	25,000	42,500	
12	業務	賴建法	1	25,000	27,500	
13		張明翰	2	25,000	30,000	
14				部門小計	100,000	─③
15				總計	=SUM(E6,E10,E14)	

③ 於 E15 儲存格輸入加總不相鄰 E6、E10、E14 儲存格的公式：**=SUM(E6,E10,E14)**。

Tips

SUM 函數除了加總數值、加總不相鄰儲存格的值，也可加總儲存格內的值再加數值：

=SUM(3,2)	加總 3 和 2；結果為 5。
=SUM(B5,B8)	加總儲存格 B5 和 B8 中的值。
=SUM(A2:A4,15)	先加總儲存格 A2 到 A4 中的值，再將結果值加上 15。

想要控制 **SUM** 函數加總的儲存格位址是否隨著 "列" 變動加總範圍時，就需要應用
相對參照 與 **絕對參照** 的觀念來設計公式。

● 範例分析

薪資表中 **總薪資** 是加總每個月份給付員工的薪資金額，**累計薪資** 則是取得第 1 個
月份到目前月份總薪資的累計加總。

以 2 月的累計薪資來說，為 1 月總薪資加上 2 月總薪資的值。因此加總範圍的起始
儲存格固定為 1 月總薪資儲存格位址，而結束儲存格則為目前月份總薪資儲存格位
址，這樣即能計算出該月份的累計薪資。

▲	A	B	C	D	E	F
1	累計薪資表					
2	月份	人事部門		業務部門	總薪資	累計薪資
3		賴瑋原	楊登全	黃玉娟		
4	1月	32,000	28,000	22,000	82,000	82,000
5	2月	32,000	28,000	22,000	82,000	164,000
6	3月	32,000	28,000	22,000	82,000	246,000
7	4月	32,000	28,000	22,000	82,000	328,000
8	5月	32,000	28,000	22,000	82,000	410,000
9	6月	32,000	28,000	22,000	82,000	492,000
10	7月	32,000	28,000	22,000	82,000	574,000
11	8月	32,000	28,000	22,000	82,000	656,000
12	9月	32,000	28,000	22,000	82,000	738,000
13	10月	32,000	28,000	22,000	82,000	820,000
14	11月	32,000	28,000	22,000	82,000	902,000
15	12月	32,000	28,000	22,000	82,000	984,000
16						

總薪資 是用 **SUM** 函數加總該
月份各員工的薪資。

累計薪資 同樣用 **SUM** 函數，
但會累加第一個月份至目前月
份員工薪資的總和。

SUM 函數
| 數學與三角函數

說明：求得指定數值、儲存格或儲存格範圍內所有數值的總和。

格式：**SUM(數值1,數值2,...)**

引數：**數值** 可為數值或儲存格範圍，1 到 255 個要加總的值。若為加總連續儲存格
則可用冒號 ":" 指定起始與結束儲存格，但若要加總不相鄰儲存格內的數
值，則用逗號 "," 區隔。

公式的基礎

常用數值計算與進位

條件式統計分析

取得需要的資料

日期與時間資料處理

文字資料處理

財務資料計算

大量數據資料整理與驗證

主題資料表的函數應用

● 操作說明

	A	B	C	D	E	F
1	累計薪資表					
2	月份	人事部門		業務部門	總薪資	累計薪資
3		賴瑋原	楊登全	黃玉娟		
4	1月	32,000	28,000	22,000	=SUM(B4:D4)	
5	2月	32,000	28,000	22,000		
6	3月	32,000	28,000	22,000		
7	4月	32,000	28,000	22,000		
8	5月	32,000	28,000	22,000		
9	6月	32,000	28,000	22,000		
10	7月	32,000	28,000	22,000		
11	8月	32,000	28,000	22,000		
12	9月	32,000	28,000	22,000		
13	10月	32,000	28,000	22,000		
14	11月	32,000	28,000	22,000		
15	12月	32,000	28,000	22,000		
16						
17						

1 於 E4 儲存格，輸入加總該月份薪資的公式：**=SUM(B4:D4)**。

2 於 E4 儲存格，按住右下角的 **填滿控點** 往下拖曳，至 12 月 E15 儲存格再放開滑鼠左鍵，可快速完成其他月份的總薪資運算。

	A	B	C	D	E	F	G
1	累計薪資表						
2	月份	人事部門		業務部門	總薪資	累計薪資	
3		賴瑋原	楊登全	黃玉娟			
4	1月	32,000	28,000	22,000	82,000	=SUM($E$4:F4)	
5	2月	32,000	28,000	22,000	82,000		
6	3月	32,000	28,000	22,000	82,000		
7	4月	32,000	28,000	22,000	82,000		
8	5月	32,000	28,000	22,000	82,000		
9	6月	32,000	28,000	22,000	82,000		
10	7月	32,000	28,000	22,000	82,000		
11	8月	32,000	28,000	22,000	82,000		
12	9月	32,000	28,000	22,000	82,000		
13	10月	32,000	28,000	22,000	82,000		
14	11月	32,000	28,000	22,000	82,000		
15	12月	32,000	28,000	22,000	82,000		
16							

D	E	F
業務部門	總薪資	累計薪資
黃玉娟		
22,000	82,000	82,000
22,000	82,000	164,000
22,000	82,000	246,000
22,000	82,000	328,000
22,000	82,000	410,000
22,000	82,000	492,000
22,000	82,000	574,000
22,000	82,000	656,000
22,000	82,000	738,000
22,000	82,000	820,000
22,000	82,000	902,000
22,000	82,000	984,000

3 於 F4 儲存格求得累計薪資，**累計薪資** 欄位中 **SUM** 函數範圍的起始位址固定為 E4 儲存格 (因此輸入「$E$4」)，而結束儲存格則逐 "列" 位移，輸入公式：**=SUM($E$4:E4)**。

4 於 F4 儲存格，按住右下角的 **填滿控點** 往下拖曳，至最後一個項目 12 月的 F15 儲存格再放開滑鼠左鍵，可快速完成其他月份的累計薪資運算。

17 加總多張工作表上的金額

加總 "台北店"、"台中店"、"高雄店" 三個工作表內的銷售金額

當手頭上的試算表包含了多個工作表，而這些工作表內資料配置均相同時，可以透過 **SUM** 函數加總多張工作表同一儲存格中的值。

● 範例分析

匯總各地區每年的銷售金額，首先確認 "台北店"、"台中店"、"高雄店" 三個工作表內資料的配置均同，並且是相鄰的工作表。接著在 "北中南總額" 工作表 **B3** 儲存格要顯示加總金額的儲存格中輸入：「=SUM(台北店:高雄店!B3)」，這樣即可將三個工作表內的高爾夫用品第一年銷售金額加總並顯示在 "北中南總額" 工作表。

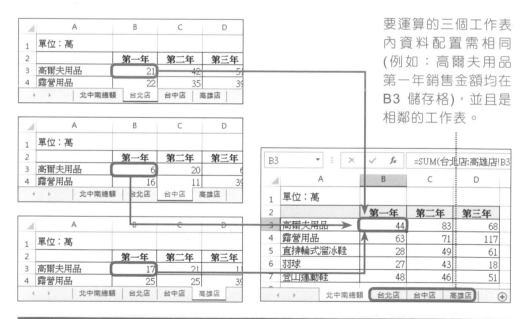

要運算的三個工作表內資料配置需相同 (例如：高爾夫用品第一年銷售金額均在 **B3** 儲存格)，並且是相鄰的工作表。

SUM 函數　　　　　　　　　　　　　　　│ 數學與三角函數

說明：求得指定數值、儲存格或儲存格範圍內所有數值的總和。

格式：**SUM(數值1,數值2,...)**

引數：**數值**　可為數值或儲存格範圍，1 到 255 個要加總的值。若為加總連續儲存格則可用冒號 ":" 指定起始與結束儲存格，但若要加總不相鄰儲存格內的數值，則用逗號 "," 區隔。輸入 "!" 標註再輸入各工作表中要加總的儲存格名稱即可加總多張工作表上的數值。

公式的基礎

常用數值計算與進位

條件式統計分析

取得需要的資料

日期與時間資料處理

文字資料處理

財務資料計算

大量數據資料整理與驗證

主題資料表的函數應用

● 操作說明

	A	B	C	D	E
1	單位：萬		②		
2		第一年	第二年	第三年	
3	高爾夫用品	=SUM(台北店:高雄店!B3)			
4	露營用品				
5	直排輪式溜冰鞋				
6	羽球				
7	登山運動鞋				

① ─ 北中南總額 | 台北店 | 台中店 | 高雄店 | … ⊕

公式中的括號 "("、")"、":" 與
"!" 均需以半形符號輸入。

1 選按 "北中南總額" 工作表。

2 於 "北中南總額" 工作表 B3 儲存格，輸入加總 "台北店"、"台中店"、"高雄店" 三
個工作表 B3 儲存格數值的公式：**=SUM(台北店:高雄店!B3)**。

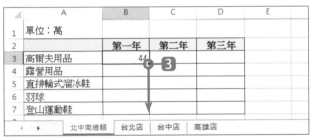

3 於 B3 儲存格，按住右下角的 **填滿控點** 往下拖曳，至最後一項產品 B7 儲存格再
放開滑鼠左鍵，可快速完成其他產品項目的第一年北中南總額運算。

	A	B	C	D
1	單位：萬			
2		第一年	第二年	第三
3	高爾夫用品	44		
4	露營用品	63		
5	直排輪式溜冰鞋	28		
6	羽球	27		
7	登山運動鞋	④ 48		

北中南總額 | 台北店 | 台中店 | 高雄店

▶

	A	B	C	D
1	單位：萬			
2		第一年	第二年	第三年
3	高爾夫用品	44	83	68
4	露營用品	63	71	117
5	直排輪式溜冰鞋	28	49	61
6	羽球	27	43	18
7	登山運動鞋	48	46	51

北中南總額 | 台北店 | 台中店 | 高雄店 | … ⊕

4 選取 B3 儲存格至 B7 儲存格，按住 B7 儲存格右下角的 **填滿控點** 往右拖曳，至
D7 儲存格再放開滑鼠左鍵，可快速完成第二年與第三年北中南總額運算。

18

計算平均值

考生的平均分數

想知道一整排數值的平均值不用一一加總再除以個數，只要用 **AVERAGE** 函數就能輕鬆運算平均值。若要計算平均值的數值中有字串資料，要忽略字串資料時使用 **AVERAGE** 函數，要將字串資料視為 "0" 時使用 **AVERAGEA** 函數。

● 範例分析

分別以 "排除未應試" 與 "包含未應試" 二種方式，計算十位考生的平均分數。

	A	B	C	D
1	測驗結果			
2	考生	分數		
3	劉怡卿	70		
4	張懿蘭	65		
5	張忠翰	未應試		
6	賴哲銘	89		
7	姜君海	76		
8	吳盈政	55		
9	蔡佩云	未應試		
10	朱培儒	73		
11	賴曉玲	56		
12	杜竣傑	82		
13	平均 (排除未應試)	70.75		
14	平均 (包含未應試)	56.6		

平均 (排除未應試)：用 **AVERAGE** 函數排除未應試的考生，只計算有應試的考生分數平均值。

平均 (包含未應試)：用 **AVERAGEA** 函數計算所有考生分數平均值，若為 "未應試" 則視為 "0" 分。

AVERAGE 函數 | 統計

說明：求得指定數值、儲存格或儲存格範圍內所有數值的平均值。

格式：**AVERAGE(數值1,數值2,...)**

引數：**數值**   運算時不會將空白或字串資料算進去，但是數值 "0" 卻是會被計算的。例如："=AVERAGE(C1:C10)" 這個公式，範圍中有十項產品，當有一項產品的值是 "0" 時仍是以除以 10 來運算，但若有一項產品的值是空白或 "未記錄" 這樣的字串時，則是以除以 9 來運算。
若為計算連續儲存格則可用冒號 ":" 指定起始與結束儲存格，但若要計算不相鄰儲存格內的數值，則用逗號 "," 區隔。

AVERAGEA 函數

說明：求得指定數值、儲存格或儲存格範圍內所有值的平均值。

格式：**AVERAGEA(數值1,數值2,...)**

引數：**數值**　運算時儲存格範圍中的空白儲存格會被忽略，但字串會被視為 "0"。

若為計算連續儲存格則可用冒號 ":" 指定起始與結束儲存格，但若要計算不相鄰儲存格內的數值，則用逗號 "," 區隔。

● 操作說明

	A	B	C	D
1	測驗結果			
2	考生	分數		
3	劉怡卿	70		
4	張懿蘭	65		
5	張忠翰	未應試		
6	賴哲銘	89		
7	姜君海	76		
8	吳盈政	55		
9	蔡佩云	未應試		
10	朱培儒	73		
11	賴曉玲	56		
12	杜竣傑	82		
13	平均 (排除未應試)	=AVERAGE(B3:B12)		
14	平均 (包含未應試)			

1 於 B13 儲存格，輸入計算平均分數並排除未應試考生的公式：**=AVERAGE(B3:B12)**。

	A	B	C	D
1	測驗結果			
2	考生	分數		
3	劉怡卿	70		
4	張懿蘭	65		
5	張忠翰	未應試		
6	賴哲銘	89		
7	姜君海	76		
8	吳盈政	55		
9	蔡佩云	未應試		
10	朱培儒	73		
11	賴曉玲	56		
12	杜竣傑	82		
13	平均 (排除未應試)	70.75		
14	平均 (包含未應試)	=AVERAGEA(B3:B12)		

2 於 B14 儲存格，輸入計算平均分數並包含未應試考生的公式：**=AVERAGEA(B3:B12)**。

19 計算多個數值相乘的值

從商品單價、數量、折扣的乘積來求其總金額

PRODUCT 函數可計算數值的乘積，也就是四則運算時使用的 "×" 乘法。然而相較於用乘法來計算乘積，**PRODUCT** 函數不僅能將指定範圍內的多個數值進行相乘，如果範圍內出現的不是數值而是空白或文字內容時，也會自動判斷並以 "1" 取代以避免產生錯誤。

◎ 範例分析

訂購清單中，每項產品的金額為：**單價 × 數量 × 折扣**，然而 **折扣** 欄中的資料也有可能會記錄 "無折扣" 的文字標註，表示該產品並無折扣，這時該項產品的合計金額就變成：**單價 × 數量**。

▲	A	B	C	D	E	F	G
1	生鮮、雜貨訂購清單						
2							
3	項目	單位	單價	數量	折扣	金額	
4	柳橙	顆	50	20	0.85	850	
5	蘋果	顆	120	10	0.85	1,020	
6	澳洲牛小排	片	750	3	0.9	2,025	
7	嫩肩菲力牛排	片	320	3	無折扣	960	
8	野生鮭魚	片	260	3	0.9	702	
9	台灣鯛魚	片	100	6	0.86	516	
10	波士頓螯龍蝦	尾	990	2	0.95	1,881	
11							
12							

金額 計算公式為：單價 × 數量 × 折扣。

PRODUCT 函數

|數學與三角函數

說明：求得指定儲存格範圍內所有數值相乘的值。

格式：**PRODUCT(數值1,數值2,...)**

引數：**數值1**　　必要，要相乘的第一個數值或範圍。

　　　　數值2...　選用，當要相乘多組範圍的元素時使用，用逗號 "," 區隔。

公式的基礎

常用數值計算與進位

條件式統計分析

取得需要的資料

日期與時間資料處理

文字資料處理

財務資料計算

大量數據資料整理與驗證

主題資料表的函數應用

● 操作說明

▲	A	B	C	D	E	F	G
1	生鮮、雜貨訂購清單						
2							
3	項目	單位	單價	數量	折扣	金額	
4	柳橙	顆	50	20	0.85	=PRODUCT(C4:E4)	
5	蘋果	顆	120	10	0.85		
6	澳洲牛小排	片	750	3	0.9		
7	嫩肩菲力牛排	片	320	3	無折扣		
8	野生鮭魚	片	260	3	0.9		
9	台灣鯛魚	片	100	6	0.86		
10	波士頓螯龍蝦	尾	990	2	0.95		
11							

1 於 F4 儲存格，輸入計算 "柳橙" 金額的公式：**=PRODUCT(C4:E4)**。

▲	A	B	C	D	E	F	G
1	生鮮、雜貨訂購清單						
2							
3	項目	單位	單價	數量	折扣	金額	
4	柳橙	顆	50	20	0.85	850	
5	蘋果	顆	120	10	0.85		
6	澳洲牛小排	片	750	3	0.9		
7	嫩肩菲力牛排	片	320	3	無折扣		
8	野生鮭魚	片	260	3	0.9		
9	台灣鯛魚	片	100	6	0.86		
10	波士頓螯龍蝦	尾	990	2	0.95		
11							

B	C	D	E	F
購清單				
單位	單價	數量	折扣	金額
顆	50	20	0.85	850
顆	120	10	0.85	1,020
片	750	3	0.9	2,025
片	320	3	無折扣	960
片	260	3	0.9	702
片	100	6	0.86	516
尾	990	2	0.95	1,881

2 於 F4 儲存格，按住右下角的 **填滿控點** 往下拖曳，至最後一項產品 F10 儲存格
再放開滑鼠左鍵，可快速完成其他產品項目的金額運算。

Tips

儲存格中為 "空白" 或 "字串" 資料時會以 "1" 進行乘積運算

PRODUCT 函數運算時若範圍內有空白或字串資料，會自動將其視為 "1" 以算出正
確的值。

Tips

要進行乘積運算的值不相鄰時

若資料中要進行乘積運算的值不相鄰時，可用逗號 "," 區隔指定要相乘的儲存格位
址，如上範例中也可寫成「=PRODUCT(C4,D4,E4)」。

將值相乘再加總
透過商品的單價與數量資料，求其總金額

計算銷售總額時，最常用的做法是先將單價與數量相乘，再加總相乘後的數值。然而 **SUMPRODUCT** 函數可傳回指定陣列 (即儲存格範圍) 中所有對應元素乘積的總和，只要一行公式就可完成原本要分二次運算的動作。

當乘數與被乘數欄位數相同情況下，可以用此 **SUMPRODUCT** 函數快速取得乘積的總和，若乘數與被乘數欄位數不同時，會傳回「#VALUE!」錯誤訊息。

● 範例分析

在此訂購清單中，分為 "個人" 訂購與 "企業團體" 訂購的報價，但於 **銷售總額** 的運算同樣是以 **單價 × 數量**，再加總二個陣列相乘後的數值。

	A	B	C	D	E	F	G
1	生鮮、雜貨訂購清單						
2	個人						
3	項目	單位	單價	數量			
4	柳橙	顆	50	20			
5	蘋果	顆	120	10			
6	澳洲牛小排	片	750	3			
7		銷售總額		4,450			
8							
9	企業團體						
10	單價(盒)						
11	盒數	柳橙	蘋果	澳洲牛小排			
12	10~20盒	500	700	2500			
13	20盒~50盒	450	650	2300			
14	50盒以上	400	600	2100			
15	數量						
16	盒數	柳橙	蘋果	澳洲牛小排			
17	10~20盒	11	15	18			
18	20~50盒	30	22	33			
19	50盒以上	55	65	52			
20							
21			銷售總額	334,900			
22							
23							
24							

範例一：**單價 × 數量**，再加總二個陣列相乘後的數值。

範例二：**單價 × 數量**，再加總二個陣列相乘後的數值。

公式的基礎

常用數值計算與進位

條件式統計分析

取得需要的資料

日期與時間資料處理

文字資料處理

財務資料計算

大量數據資料整理與驗證

主題資料表的函數應用

● 操作說明

	A	B	C	D	E	F	G
1	生鮮、雜貨訂購清單						
2	**個人**						
3	項目	單位	單價	數量			
4	柳橙	顆	50	20			
5	蘋果	顆	120	10			
6	澳洲牛小排	片	750	3			
7	銷售總額			=SUMPRODUCT(C4:C6,D4:D6)			
8				❶			
9	**企業團體**						
10	單價(盒)						

❶ 於 D7 儲存格，輸入計算 "個人" 訂購清單的銷售總額公式：
=SUMPRODUCT(C4:C6,D4:D6)。

	A	B	C	D	E	F	G
9	**企業團體**						
10	單價(盒)						
11	盒數	柳橙	蘋果	澳洲牛小排			
12	10~20盒	500	700	2500			
13	20盒~50盒	450	650	2300			
14	50盒以上	400	600	2100			
15	數量						
16	盒數	柳橙	蘋果	澳洲牛小排			
17	10~20盒	11	15	18			
18	20~50盒	30	22	33			
19	50盒以上	55	65	52			
20							
21			銷售總額	=SUMPRODUCT(B12:D14,B17:D19)			
22				❷			
23							
24							

❷ 於 D21 儲存格，輸入計算 "企業團體" 訂購清單的銷售總額公式：
=SUMPRODUCT(B12:D14,B17:D19)。

SUMPRODUCT 函數

| 數學與三角函數

說明：計算相乘再加總的值 (乘積的總和)。

格式：**SUMPRODUCT(範圍1,範圍2,...)**

引數：**範圍1**　　必要，元素乘積和的第一個儲存格範圍或陣列的引數。

　　　範圍2...　選用，當計算多組範圍的元素乘積和時使用，用逗號 "," 區隔。

21 只計算篩選出來的資料

自動針對篩選出來的資料項目執行加總

SUBTOTAL 函數可依指定的小計方法求出範圍內的值，共可運算十一種函數功能。

● 範例分析

面對大量的資料記錄，可以運用 **篩選** 功能快速顯示符合條件的資料項目而隱藏不需要的，同樣是指定所有商品金額的加總，用 **SUBTOTAL** 函數僅會顯示篩選出來的商品項目合計金額，若用 **SUM** 函數則固定顯示所有商品項目合計金額。

3	項目 ▾	單位 ▾	單價 ▾	數量 ▾	折扣 ▾	金額 ▾
4	柳橙	顆	50	20	0.85	850
5	蘋果	顆	120	10	0.85	1,020
6	澳洲牛小排	片	750	3	0.9	2,025
7	嫩肩菲力牛排	片	320	3	無折扣	960
8	野生鮭魚	片	260	3	0.9	702
9	台灣鯛魚	片	100	6	0.86	516
10	波士頓螯龍蝦	尾	990	2	0.95	1,881
11						
12					合計金額	7,954
13						

建立 **篩選** 按鈕

合計金額 計算公式為：加總篩選後項目 **金額** 欄中的值。

SUBTOTAL 函數

| 數學與三角函數

說明：可執行十一種函數的功能 (如下表說明)。

格式：**SUBTOTAL(小計方法,範圍1,範圍2,...,範圍29)**

引數：**小計方法**

代表數值	對應運算法	對應函數
1	求平均值	AVERAGE
2	求資料數值之個數	COUNT
3	求空白以外的資料個數	COUNTA
4	求最大值	MAX
5	求最小值	MIN
6	求乘積	PRODUCT
7	求樣本的標準差	STDEV
8	求標準差	STDEVP
9	求合計值	SUM
10	求樣本的變異數	DVAR
11	求變異	DVARP

● 操作說明

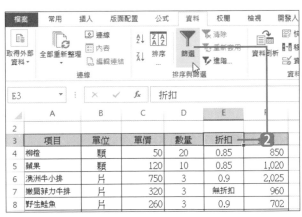

	A	B	C	D	E	F	G
2							
3	項目	單位	單價	數量	折扣	金額	
4	柳橙	顆	50	20	0.85	850	
5	蘋果	顆	120	10	0.85	1,020	
6	澳洲牛小排	片	750	3	0.9	2,025	
7	嫩肩菲力牛排	片	320	3	無折扣	960	
8	野生鮭魚	片	260	3	0.9	702	
9	台灣鯛魚	片	100	6	0.86	516	
10	波士頓螯龍蝦	尾	990	2	0.95	1,881	
11							
12					合計金額	=SUBTOTAL(9,F4:F10)	
13							

此範例要求金額的加總，因此輸入「9」。

1 於 **F12** 儲存格，輸入計算合計金額公式：**=SUBTOTAL(9,F4:F10)**。

2 將作用儲存格移至資料記錄任一儲存格中，再選按 **資料** 索引標籤 \ **篩選**。

3 選按標題列 **項目** 欄右側 ▾ **篩選鈕**，在資料值中先取消核選 **全選**，再核選需要的項目。

4 最後按 **確定** 鈕。

	A	B	C	D	E	F
2						
3	項目	單位	單價	數量	折扣	金額
4	柳橙	顆	50	20	0.85	850
5	蘋果	顆	120	10	0.85	1,020
11						
12					合計金額	1,870
13						

5 這樣一來，原本 **合計金額** 右側欄中計算了七項商品 **金額** 值的加總，自動變成僅加總目前有顯示的商品項目。

22 在有 "上限金額" 條件下計算給付額
依健保醫療核退上限額調整實際給付金額

工作與生活中的交通費、差旅費、設備費...等支出，都會有補助上限的規定，當支出金額大於補助上限時就僅能給付上限金額。面對這樣的狀況常會想到的是使用 **IF** 函數，然而若用 **MIN** 函數比較 "上限金額" 與 "申請金額" 後取最小值的方式，可以更快速簡單的決定實際給付金額。

● 範例分析

醫療費用核退表中，門診(每次) 的上限金額為：2000 元，下方表格中各民眾提列的 **申請金額** 將會與上限金額：2000 元比較，當申請金額大於上限金額時則只能給付上限金額的值。

▲	A	B	C	D	E
1	健保在國外自墊醫療費用核退上限				
2	門診(每次)：	2,000			
3	姓名	申請金額	給付金額		
4	謝欣樺	5,300	2,000		
5	陳俊良	1,800	1,800		
6	朱盈君	3,300	2,000		
7	楊志明	680	680		
8	蔡惠玲	1,560	1,560		
9					
10					
11					
12					

狀況一：

申請金額 > 門診核退上限時，**給付金額** 只能為門診核退上限的 2000 元。

狀況二：

申請金額 < 門診核退上限時，**給付金額** 則為全額給付。

MIN 函數 　　　　　　　　　　　　　　　　　　　　 | 統計

說明：傳回一組數值中的最小值。

格式：**MIN(數值1,數值2,...)**

引數：**數值** 　為數值、參照儲存格、儲存格範圍。

公式的基礎

常用數值計算與進位

條件式統計分析

取得需要的資料

日期與時間資料處理

文字資料處理

財務資料計算

大量數據資料整理與驗證

主題資料表的函數應用

◉ 操作說明

	A	B	C	D	E	F
1	健保在國外自墊醫療費用核退上限					
2	門診(每次):	2,000				
3	姓名	申請金額	給付金額			
4	謝欣樺	5,300	=MIN($B$2,B4)			
5	陳俊良	1,800				
6	朱盈君	3,300				
7	楊志明	680				
8	葉惠玲	1,560				
9						
10						

1 於 C4 儲存格，輸入計算給付金額的公式：
=MIN($B$2,B4)。

給付金額 是以核退上限金額為標準，因此利用絕對參照指定參照範圍 (B2 儲存格)，而比對金額 **申請金額** 欄中的值則是逐 "列" 位移。

	A	B	C	D	E	F
1	健保在國外自墊醫療費用核退上限					
2	門診(每次):	2,000				
3	姓名	申請金額	給付金額			
4	謝欣樺	5,300	2,000			
5	陳俊良	1,800				
6	朱盈君	3,300				
7	楊志明	680				
8	葉惠玲	1,560				
9						
10						

2 經 **MIN** 函數運算後，會取得二個值中較小的值。

3 於 D4 儲存格，按住右下角的 **填滿控點** 往下拖曳，至最後一位民眾 C8 儲存格再放開滑鼠左鍵，可快速將完成其他筆給付金額計算。

▼

	A	B	C	D	E	F
1	健保在國外自墊醫療費用核退上限					
2	門診(每次):	2,000				
3	姓名	申請金額	給付金額			
4	謝欣樺	5,300	2,000			
5	陳俊良	1,800	1,800			
6	朱盈君	3,300	2,000			
7	楊志明	680	680			
8	葉惠玲	1,560	1,560			
9						
10						

Tips

不論是 **MAX** 或 **MIN** 函數，沒有資料的空白儲存格無法作為統計對象，如果值是 0，一定要輸入 0。

23 四捨五入到數值指定位數

不足十元的金額以四捨五入計算；先算平均值再指定位數

加班津貼、產品折扣、營業稅額...等，這些金額往往都會有小數位數，這時該如何處理？應用 **ROUND** 函數可將數值四捨五入到指定的位數。

▶ 範例分析

訂購清單中，要透過 **ROUND** 函數求得 **實際售價** 與 **平均折扣** 的值。目前 **折扣價** 的金額有到小數第 1 位，也有到小數第 2 位的，而 **實際售價** 中的金額則是將 **折扣價** 金額不足十元的均以四捨五入計算，例如：567.6 元調整為 570 元，以方便商品的付款與收費。

	A	B	C	D	E	F	G
1	生鮮、雜貨訂購清單						
2							
3	項目	單價	數量	折扣	折扣價	實際售價	
4	柳橙	33	20	0.7	462	460	
5	蘋果	87	10	0.85	739.5	740	
6	澳洲牛小排	785	3	0.92	2166.6	2170	
7	嫩肩菲力牛排	320	3	0.92	883.2	880	
8	野生鮭魚	260	3	0.9	702	700	
9	台灣鯛魚	88	6	0.86	454.08	450	
10	波士頓螯龍蝦	990	2	0.7	1386	1390	
11							
12			平均折扣	0.84			
13							

實際售價 中不足十元的金額均以四捨五入計算。

平均折扣 是先計算所有折扣的平均值再取到小數第二位。

ROUND 函數

數學與三角函數

說明：將數值四捨五入到指定位數。

格式：**ROUND(數值,位數)**

引數：**數值**　要四捨五入的值、運算式或儲存格位址 (不能指定範圍)。

　　　　位數　指定四捨五入的位數。
- 輸入「-2」取到百位數。(例如：123.456，取得 100。)
- 輸入「-1」取到十位數。(例如：123.456，取得 120。)
- 輸入「0」取到個位數。(例如：123.456，取得 123。)
- 輸入「1」取到小數點以下第一位。(例如：123.456，取得 123.5。)
- 輸入「2」取到小數點以下第二位。(例如：123.456，取得 123.46。)

⦿ 操作說明

	A	B	C	D	E	F	G
1	生鮮、雜貨訂購清單						
2							
3	項目	單價	數量	折扣	折扣價	實際售價	
4	柳橙	33	20	0.7	462	=ROUND(E4,-1)	
5	蘋果	87	10	0.85	739.5		
6	澳洲牛小排	785	3	0.92	2166.6		
7	嫩肩菲力牛排	320	3	0.92	883.2		

1 於 F4 儲存格，輸入計算 "柳橙" 實際售價金額的公式：**=ROUND(E4,-1)。**

在此要將折扣後不足十元的值以四捨五入計算，因此 **ROUND** 函數的位數需輸入「-1」。

	A	B	C	D	E	F	G
1	生鮮、雜貨訂購清單						
2							
3	項目	單價	數量	折扣	折扣價	實際售價	
4	柳橙	33	20	0.7	462	460	
5	蘋果	87	10	0.85	739.5		
6	澳洲牛小排	785	3	0.92	2166.6		
7	嫩肩菲力牛排	320	3	0.92	883.2		
8	野生鮭魚	260	3	0.9	702		
9	台灣鯛魚	88	6	0.86	454.08		
10	波士頓螯龍蝦	990	2	0.7	1386		
11							

2 於 F4 儲存格，按住右下角的 **填滿控點** 往下拖曳，至最後一項產品 F10 儲存格再放開滑鼠左鍵，可快速將其他產品實際售價不足十元的值以四捨五入計算。

	A	B	C	D	E	F	G
1	生鮮、雜貨訂購清單						
2							
3	項目	單價	數量	折扣	折扣價	實際售價	
4	柳橙	33	20	0.7	462	460	
5	蘋果	87	10	0.85	739.5	740	
6	澳洲牛小排	785	3	0.92	2166.6	2170	
7	嫩肩菲力牛排	320	3	0.92	883.2	880	
8	野生鮭魚	260	3	0.9	702	700	
9	台灣鯛魚	88	6	0.86	454.08	450	
10	波士頓螯龍蝦	990	2	0.7	1386	1390	
11							
12				平均折扣	=ROUND(AVERAGE(D4:D10),2)		
13							

3 於 D12 儲存格，輸入計算所有折扣的平均值再取到小數第二位的公式：**=ROUND(AVERAGE (D4:D10),2)。**

Tips

用數值格式的設定與 ROUND 函數的四捨五入有何不同？

儲存格中的值也可透過 Excel 常用 索引標籤內的 ⌷ 增加小數位數、⌷ 減少小數位數 鈕進行小數位數的調整，但這樣的調整結果只是改變數值於工作表上的顯示內容，進行運算時並不是以四捨五入的值運算，這是與 **ROUND** 函數最大不同之處。

無條件進位 / 無條件捨去指定位數

不足十元的值以無條件進位或無條件捨去求得售價金額

售價除了可以將小數位數四捨五入，也可依各業者需求選擇 **ROUNDUP** 函數讓數值 "無條件進位" 或 **ROUNDDOWN** 函數讓數值 "無條件捨去" 的運算方式。

◉ 範例分析

訂購清單中，**售價 (1)** 的金額要透過 **ROUNDUP** 函數無條件進位不足十元的值，而 **售價 (2)** 的金額要則透過 **ROUNDDOWN** 函數無條件捨去不足十元的值。

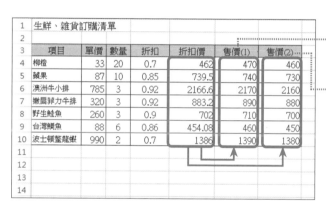

	項目	單價	數量	折扣	折扣價	售價(1)	售價(2)
1	生鮮、雜貨訂購清單						
2							
3	項目	單價	數量	折扣	折扣價	售價(1)	售價(2)
4	柳橙	33	20	0.7	462	470	460
5	蘋果	87	10	0.85	739.5	740	730
6	澳洲牛小排	785	3	0.92	2166.6	2170	2160
7	嫩肩菲力牛排	320	3	0.92	883.2	890	880
8	野生鮭魚	260	3	0.9	702	710	700
9	台灣鯛魚	88	6	0.86	454.08	460	450
10	波士頓螯龍蝦	990	2	0.7	1386	1390	1380
11							
12							
13							
14							

售價(1)：以 **折扣價** 的金額無條件進位不足十元的值。

售價(2)：以 **折扣價** 的金額無條件捨去不足十元的值。

ROUNDUP 函數　　　　　　　　　　　　　　| 數學與三角函數

說明：將數值無條件進位到指定位數。

格式：**ROUNDUP(數值,位數)**

引數：**數值**　要無條件進位的值、運算式或儲存格位址 (不能指定範圍)。

　　　位數　指定無條件進位的位數。
- 輸入「-2」取到百位數。(例如：123.456，取得 200。)
- 輸入「-1」取到十位數。(例如：123.456，取得 130。)
- 輸入「0」取到個位正整數。(例如：123.456，取得 124。)
- 輸入「1」取到小數點以下第一位。(例如：123.456，取得 123.5。)
- 輸入「2」取到小數點以下第二位。(例如：123.456，取得 123.46。)

ROUNDDOWN 函數

｜ 數學與三角函數

說明：將數值無條件捨去到指定位數。

格式：**ROUNDDOWN(數值,位數)**

引數：**數值**　要無條件捨去的值、運算式或儲存格位址 (不能指定範圍)。

位數　指定無條件捨去的位數 (同 **ROUNDUP** 函數的定義)。

◯ 操作說明

	A	B	C	D	E	F	G	H	I
1	生鮮、雜貨訂購清單								
2									
3	項目	單價	數量	折扣	折扣價	售價(1)	售價(2)		
4	柳橙	33	20	0.7	462	=ROUNDUP(E4,-1)			
5	蘋果	87	10	0.85	739.5				
6	澳洲牛小排	785	3	0.92	2166.6				
7	嫩肩菲力牛排	320	3	0.92	883.2				
8	野生鮭魚	260	3	0.9	702				
9	台灣鯛魚	88	6	0.86	454.08				
10	波士頓螯龍蝦	990	2	0.7	1386				
11									

在此要將折扣後不足十元的值以無條件進位法計算，因此 **ROUNDUP** 函數的位數需輸入「-1」。

1 於 F4 儲存格，輸入以 **折扣價** 無條件進位計算 "柳橙" **售價(1)** 金額的公式：**=ROUNDUP(E4,-1)**。

2 於 F4 儲存格，按住右下角的 **填滿控點** 往下拖曳，至最後一項產品 F10 儲存格再放開滑鼠左鍵，可快速將其他產品售價不足十元的值以無條件進位計算。

	A	B	C	D	E	F	G	H	I
1	生鮮、雜貨訂購清單								
2									
3	項目	單價	數量	折扣	折扣價	售價(1)	售價(2)		
4	柳橙	33	20	0.7	462	470	=ROUNDDOWN(E4,-1)		
5	蘋果	87	10	0.85	739.5	740			
6	澳洲牛小排	785	3	0.92	2166.6	2170			
7	嫩肩菲力牛排	320	3	0.92	883.2	890			
8	野生鮭魚	260	3	0.9	702	710			
9	台灣鯛魚	88	6	0.86	454.08	460			
10	波士頓螯龍蝦	990	2	0.7	1386	1390			
11									

在此要將折扣後不足十元的值以無條件捨去法計算，因此 **ROUNDDOWN** 函數的位數需輸入「-1」。

3 於 G4 儲存格，輸入以 **折扣價** 無條件捨去計算 "柳橙" **售價(2)** 金額的公式：**=ROUNDDOWN(E4,-1)**。

4 於 G4 儲存格，按住右下角的 **填滿控點** 往下拖曳，至最後一項產品 G10 儲存格再放開滑鼠左鍵，可快速將其他產品售價不足十元的值以無條件捨去計算。

25 四捨五入 / 無條件捨去指定位數

團購單的優惠價與單價計算

面對不能有小數位數的付款金額，將數值 "四捨五入" 到指定位數的 **ROUND** 函數是最常用到的，而 **ROUNDDOWN** 函數則是用在計算特別的優惠價時讓數值 "無條件捨去"。

● 範例分析

團購訂單的 **團體優惠總價** 要透過 ROUNDDOWN 函數運算，而 **團購優惠單價** 則是透過 ROUND 函數運算，其算法分別如下述說明：

▲	A	B	C	D	E	F	G
1	團購單						
2	團主	名稱	建議售價	數量	團體優惠總價	團購優惠單價	
3	饒程皓	薰衣草 Lavender highland	800	50	32,000	640	
4	廖梅純	香蜂草 Melissa	1,800	35	50,400	1,440	
5	蔡欣璇	尤加利 Eucalyptus	750	120	72,000	600	
6	李欣沂	百里香 Thyme	1,500	28	33,600	1,200	
7	高豪駿	甜橙 Orange	500	58	23,200	400	
8	劉美華	佛手柑 Bergamot	650	53	27,520	519	
9	林雅萍	檸檬香茅 Lemongrass	550	65	28,560	439	
10	巫敏吉	迷迭香 Rosemary	500	48	19,200	400	
11							

團體優惠總價：建議售價 × 數量
去除百元以下的尾數再打八折。

團體優惠單價：團體優惠總價 ÷ 數量
再將其金額於個位數四捨五入求得正整數。

ROUND 函數　　　　　　　　　　　　　　　　　| 數學與三角函數

說明：將數值四捨五入到指定位數。

格式：**ROUND(數值,位數)**

引數：**數值**　要四捨五入的值、運算式或儲存格位址 (不能指定範圍)。

　　　　位數　指定四捨五入的位數。
- 輸入「-2」取到百位數。(例如：123.456，取得 100。)
- 輸入「-1」取到十位數。(例如：123.456，取得 120。)
- 輸入「0」取到個位數。(例如：123.456，取得 123。)
- 輸入「1」取到小數點以下第一位。(例如：123.456，取得 123.5。)
- 輸入「2」取到小數點以下第二位。(例如：123.456，取得 123.46。)

ROUNDDOWN 函數

數學與三角函數

說明：將數值無條件捨去到指定位數。

格式：**ROUNDDOWN(數值,位數)**

引數：**數值**　要無條件捨去的值、運算式或儲存格位址 (不能指定範圍)。

　　　位數　指定無條件捨去的位數 (同 **ROUNDUP** 函數的定義)。

◉ 操作說明

	A	B	C	D	E	F	G
1	團購單						
2	團主	名稱	建議售價	數量	團體優惠總價	團購優惠單價	
3	饒程皓	薰衣草 Lavender highland	800	50	=ROUNDDOWN(C3*D3,-2)*0.8		
4	廖梅純	香蜂草 Melissa	1,800	35			
5	蔡欣璇	尤加利 Eucalyptus	750	120			
6	李欣沂	百里香 Thyme	1,500	28			
7	高豪駿	甜橙 Orange	500	58			
8	劉美華	佛手柑 Bergamot	650	53			
9	林雅萍	檸檬香茅 Lemongrass	550	65			
10	巫敏吉	迷迭香 Rosemary	500	48			
11							

1 於 E3 儲存格要計算 **建議售價 × 數量** 且去除百元以下的尾數再打八折，輸入公式：
=ROUNDDOWN(C3*D3,-2)*0.8。

2 於 E3 儲存格，按住右下角的 **填滿控點** 往下拖曳，至最後一項訂單 E10 儲存格再放開滑鼠左鍵，可快速求得其他產品的團體優惠總價。

	A	B	C	D	E	F	G
1	團購單						
2	團主	名稱	建議售價	數量	團體優惠總價	團購優惠單價	
3	饒程皓	薰衣草 Lavender highland	800	50	32,000	=ROUND(E3/D3,0)	
4	廖梅純	香蜂草 Melissa	1,800	35	50,400		
5	蔡欣璇	尤加利 Eucalyptus	750	120	72,000		
6	李欣沂	百里香 Thyme	1,500	28	33,600		
7	高豪駿	甜橙 Orange	500	58	23,200		
8	劉美華	佛手柑 Bergamot	650	53	27,520		
9	林雅萍	檸檬香茅 Lemongrass	550	65	28,560		
10	巫敏吉	迷迭香 Rosemary	500	48	19,200		
11							

3 於 F3 儲存格要計算 **團體優惠總價 ÷ 數量** 並在個位數四捨五入求得正整數，輸入公式：**=ROUND(E3/D3,0)**。

4 於 F3 儲存格，按住右下角的 **填滿控點** 往下拖曳，至最後一項訂單 F10 儲存格再放開滑鼠左鍵，可快速求得其他產品的團體優惠單價。

26 以指定的倍數進行無條件進位

每桌可坐 12 人，求 200 位客人要訂的桌數以及滿桌建議人數

CEILING 函數即是求得原數值依指定的 **基準值** 進位後的數值，不論原數值為多少，進位後求得的值一定會大於原數值，若原數值剛好是基準值的倍數，則會直接傳回原數值。(例如原數值 57，基準值：10，回傳的值即為 60。)

● 範例分析

桌數與費用統計表中，當知道預計要參加的人數 200 人與一桌可坐 12 個人的前提下，可運用 **CEILING** 函數求得每桌均坐滿 12 人的滿桌人數，並算出桌數與總價。

	A	B	C	D	E	F	G	H
1	餐廳桌數與費用統計							
2								
3	預計人數	每桌人數	單桌價錢	滿桌人數	桌數	總價		
4	200	12	$ 3,000	204	17	$ 51,000		
5								
6								
7								

滿桌人數：用 **CEILING** 函數，以預計人數 200 人、一桌可坐 12 人的基準值進行運算，求得滿桌的人數。(204 為 12 的倍數)

桌數：以 **滿桌人數÷每桌人數**

總價：以 **桌數×單桌價錢**

CEILING 函數 | 數學與三角函數

說明：求得依基準值倍數無條件進位後的值。

格式：**CEILING(數值,基準值)**

引數：**數值** 要無條件進位的值或儲存格位址 (不能指定範圍)。

基準值 依循的基準值倍數，可為值或儲存格位址。

公式的基礎

常用數值計算與進位

條件式統計分析

取得需要的資料

日期與時間資料處理

文字資料處理

財務資料計算

大量數據資料整理與驗證

主題資料表的函數應用

◉ 操作說明

▲	A	B	C	D	E	F	G	H
1	餐廳桌數與費用統計							
2								
3	預計人數	每桌人數	單桌價錢	滿桌人數	桌數	總價		
4	200	12	$ 3,000	=CEILING(A4,B4)				
5								
6								
7								

1 於 D4 儲存格求得 **滿桌人數** 的值，輸入以 **預計人數** 200 為原數值並以 **每桌人數** 12 為基準值倍數無條件進位的計算公式：**=CEILING(A4,B4)**。

▲	A	B	C	D	E	F	G	H
1	餐廳桌數與費用統計							
2								
3	預計人數	每桌人數	單桌價錢	滿桌人數	桌數	總價		
4	200	12	$ 3,000	204	=D4/B4			
5								
6								
7								

2 於 E4 儲存格求得 **桌數** 的值，輸入以 **滿桌人數** ÷ **每桌人數** 12 的計算公式：
=D4/B4。

▲	A	B	C	D	E	F	G	H
1	餐廳桌數與費用統計							
2								
3	預計人數	每桌人數	單桌價錢	滿桌人數	桌數	總價		
4	200	12	$ 3,000	204	17	=E4*C4		
5								
6								
7								

3 於 F4 儲存格求得 **總價** 的值，輸入以 **桌數** × **單桌價錢** 的計算公式：
=E4*C4。

27 求整數，小數點以下無條件捨去
售價金額一律為整數並無條件捨去小點後的位數

INT 函數會求得不超過原數值的最大整數，當原數值為正數時會直接捨去小數點以下的值成為整數，而原數值為負數時如果直接捨去小數點以下的值會大於原數值，因此會再減 1。(例如：經 **INT** 函數的運算，2.5 會轉換為 2，-2.5 會轉換為 -3。)

● 範例分析

訂購清單中的售價金額必須為整數，因此用 **INT** 函數進行運算。

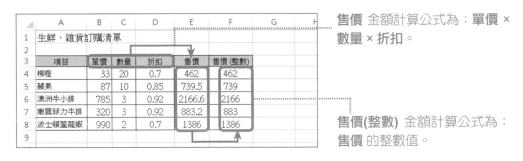

售價 金額計算公式為：**單價 × 數量 × 折扣**。

售價(整數) 金額計算公式為：**售價** 的整數值。

● 操作說明

	A	B	C	D	E	F	G	H
1	生鮮、雜貨訂購清單							
2								
3	項目	單價	數量	折扣	售價	售價(整數)		
4	柳橙	33	20	0.7	462	=INT(E4)		
5	蘋果	87	10	0.85	739.5			
6	澳洲牛小排	785	3	0.92	2166.6			
7	嫩肩菲力牛排	320	3	0.92	883.2			
8	波士頓螯龍蝦	990	2	0.7	1386			
9								
10								

1 於 F4 儲存格輸入求得 **售價** 欄整數值的計算公式：**=INT(E4)**。

2 最後一樣可複製公式至 F8 儲存格。

INT 函數
數學與三角函數

說明：求整數，小數點以下位數無條件捨去。

格式：**INT(數值)**

引數：**數值** 可為公式運算式，但若用儲存格標示時只能為特定儲存格不能為範圍。

28 格式化有小數位數的金額

數值四捨五入並標註千分位逗號與 "元" 文字

Excel 報表中，只要是金額的值為了付款與收款的便利性，會設計為整數並加註千分位逗號與 "元" 文字，這時用 **FIXED** 函數即可簡單做到。

● 範例分析

運算出 **總額** 的值，還要以四捨五入的方式轉換為整數並加註千分位逗號與 "元" 文字。

3	項目	單價	數量	折扣	售價 (整數)
4	柳橙	33	20	0.7	462
5	蘋果	87	10	0.85	739
6	澳洲牛小排	785	3	0.92	2166
7	嫩肩菲力牛排	320	3	0.92	883
8	波士頓螯龍蝦	990	2	0.7	1386
9				小計	5636
10				營業稅	281.8
11				總額	5,918元

.... **總額** 金額計算公式為：**小計 + 營業稅**。

● 操作說明

	A	B	C	D	E	F
1	生鮮、雜貨訂購清單					
2						
3	項目	單價	數量	折扣	售價 (整數)	
4	柳橙	33	20	0.7	462	
5	蘋果	87	10	0.85	739	
6	澳洲牛小排	785	3	0.92	2166	
7	嫩肩菲力牛排	320	3	0.92	883	
8	波士頓螯龍蝦	990	2	0.7	1386	
9				小計	5636	
10				營業稅	281.8	
11				總額	=FIXED(E9+E10,0,0)&"元"	

1️⃣ 選取 E11 儲存格。

2️⃣ 輸入計算並格式化 **總額** 值的公式：
=FIXED(E9+E10,0,0)&"元"。

FIXED 函數　｜ 文字

說明：將數值四捨五入，並標註千分位逗號與文字，轉換成文字字串。

格式：**FIXED(數值,位數,千分位)**

引數：**數值**　指定數值或輸入有數值的儲存格。

位數　指定四捨五入的位數，輸入「0」則取到個位數，小數點以下第一位四捨五入。(詳細說明請參考 P46)

千分位　輸入「1」為不加千分位符號，輸入「0」為要加上千分位符號。

29 求除式的商數與餘數
預算內可購買的商品數量與剩餘的金額

QUOTIENT 函數就是以四則運算中常用到的除法求得商數，而 **MOD** 函數則是求得餘數。例如 20 ÷ 7，商數為 "2"，餘數為 "6"，這時 **QUOTIENT** 函數會回傳的數值為 "2"，**MOD** 函數會回傳的數值為 "6"。

● 範例分析

預算清單中，以 30,000 元預算來評估買哪一項產品最為合適，除了可求得購買數量的值，也可得知購買後剩下的金額。

	A	B	C	D	E
1	公司尾牙預算：	30,000			
2	項目	單價	可購買數量	剩下金額	
3	象印保溫杯+燜燒杯	1790	16	1,360	
4	歐姆龍計步器	980	30	600	
5	GPS運動手錶	6500	4	4,000	
6	飛利浦負離子吹風機	1080	27	840	
7	飛利浦雙刀頭電鬍刀	2688	11	432	
8					
9					
10					
11					

剩下金額：預算 ÷ 單價，求餘數的值。

可購買數量：預算 ÷ 單價，求商數的值。

QUOTIENT 函數
數學與三角函數

說明：求 "被除數" 除以 "除數" 的商數。

格式：**QUOTIENT(被除數,除數)**

MOD 函數
數學與三角函數

說明：求 "被除數" 除以 "除數" 的餘數。

格式：**MOD(被除數,除數)**

● 操作說明

1 於 **C3** 儲存格，運用 **QUOTIENT** 函數輸入 **預算 ÷ 單價** 求商數的計算公式：
=QUOTIENT($B$1,B3)。

下個步驟要複製此公式，代表 "被除數" 的預算金額 (B1 儲存格) 是固定的，因此利用絕對
參照指定，而代表 "除數" 的產品單價 (B3 儲存格) 則逐 "列" 位移即可。

2 於 **C3** 儲存格，按住右下角的 **填滿控點** 往下拖曳，至最後一項產品 **C7** 儲存格再
放開滑鼠左鍵，可快速運算出預算之下其他產品可購買數量。

3 於 **D3** 儲存格，運用 **MOD** 函數輸入 **預算 ÷ 單價** 求餘數的計算公式：
=MOD($B$1,B3)。

下個步驟要複製此公式，代表 "被除數" 的預算金額 (B1 儲存格) 是固定的，因此利用絕對
參照指定，而代表 "除數" 的產品單價 (B3 儲存格) 則逐 "列" 位移即可。

4 於 **D3** 儲存格，按住右下角的 **填滿控點** 往下拖曳，至最後一項產品 **D7** 儲存格再
放開滑鼠左鍵，可快速運算出預算之下其他產品購買後剩下的金額。

30 求數值的絕對值

透過存貨數量管理庫存

ABS 函數可求得數值的絕對值，即是將數值的 "+" 與 "-" 符號去掉。

◉ 範例分析

存貨盤點清單中，可找出帳面與實際庫存數量不符的產品，當差異超過容許誤差時 (例如：±5)，即需追查產生差異的主要原因與擬訂改善對策，並請相關負責人員日後確實執行改善工作或流程。

	A	B	C	D	E	F
1	六月存貨					
2	項目	帳面數量	盤點庫存數量	差異	差異絕對值	
3	象印保溫杯+燜燒杯	55	57	2	2	
4	歐姆龍計步器	20	28	8	8	
5	GPS運動手錶	35	29	-6	6	
6	飛利浦負離子吹風機	80	78	-2	2	
7	飛利浦雙刀頭電鬍刀	75	80	5	5	
8						
9						

以 **ABS** 函數求得 差異 的絕對值。

◉ 操作說明

	A	B	C	D	E	F
1	六月存貨					
2	項目	帳面數量	盤點庫存數量	差異	差異絕對值	
3	象印保溫杯+燜燒杯	55	57	2	=ABS(D3)	
4	歐姆龍計步器	20	28	8		
5	GPS運動手錶	35	29	-6		
6	飛利浦負離子吹風機	80	78	-2		
7	飛利浦雙刀頭電鬍刀	75	80	5		
8						
9						

1️⃣ 於 E3 儲存格輸入公式：**=ABS(D3)**。

2️⃣ 複製公式至 E7 儲存格。

ABS 函數

| 數學與三角函數

説明：求絕對值。

格式：**ABS(數值)**

條件式統計分析

面對表單中琳瑯滿目的數值,除了可以透過 IF、AND、OR...等函數進行條件式的判斷,也可以運用 SUMIF、COUNTIF、DAVERAGE...等函數統計出符合條件的有效數值,讓表單提供更有意義的數據分析。

31

依循條件進行處理

IF 函數很常被使用，其實就如同我們平常所說的：如果...就...否則...，透過條件的判斷，進行符合與否的後續統計。

● 範例分析

茶葉訂購單中，當消費金額為 5000 元以下時，酌收 150 元的運送費用；如果消費金額為 5000 元以上時，則免收運送費用。另外如果消費金額超過 10000 元時，再提供九折優惠，參考相關運費及折扣條件，計算出這份訂單實際金額。

	A	B	C	D	E	F	G
1		茶葉訂購單					
2	商品項目	300克	數量	小計			
3	阿薩姆	900	3	2700			
4	紅玉	1200	2	2400			
5	高山烏龍	700	5	3500		合計	10200
6	凍頂烏龍	600	1	600		運費	0
7	茶包禮盒	400	1	400		折扣價	1020
8	罐裝禮盒	600	1	600		總計	9180
9							
10	◎消費滿 5000 元免運費，5000元以下加收運費 150元。						
11	◎消費滿 10000 元以上，給予九折優惠。						
12							
13							

合計 為所有商品 **小計** 的加總。

當 **合計** 小於 5000 元時，**運費** 為 150；大於等於 5000 元時，**運費** 為 0。

當 **合計** 小於 10000 元時，沒有相關折扣；大於等於 10000 元時，享有九折優惠。

訂購單 **總計** 金額公式為：**合計 + 運費 - 折扣價**。

IF 函數 | 邏輯

說明：IF 函數是一個判斷式，可依條件判定的結果分別處理，假設儲存格的值檢驗為 TRUE (真) 時，就執行條件成立時的命令，反之 FALSE (假) 則執行條件不成立時的命令。

格式：IF(條件,條件成立,條件不成立)

引數：條件 　　　 使用比較運算子的邏輯式設定條件判斷式。

　　　條件成立 　 若符合條件時的處理方式或顯示的值。

　　　條件不成立 若不符合條件時的處理方式或顯示的值。

● 操作說明

▲	B	C	D	E	F	G	H
1	茶葉訂購單						
2	300克	數量	小計				
3	900	3	2700				
4	1200	2	2400				
5	700	5	3500		合計	10200	
6	600	1	600		運費	=IF(G5>=5000,0,150)	
7	400	1	400		折扣價		
8	600	1	600		總計		
9							
10	0 元免運費，5000元以下加收運費 150元。						
11	00元以上，給予九折優惠。						
12							

C	D	E	F	G
萬單				
數量	小計			
3	2700			
2	2400			
5	3500		合計	10200
1	600		運費	0
1	400		折扣價	
1	600		總計	
00元以下加收運費 150元。				
予九折優惠。				

1 於 G6 儲存格輸入計算運費的公式：**=IF(G5>=5000,0,150)**。

▲	B	C	D	E	F	G	H
1	茶葉訂購單						
2	300克	數量	小計				
3	900	3	2700				
4	1200	2	2400				
5	700	5	3500		合計	10200	
6	600	1	600		運費	0	
7	400	1	400		折扣價	=IF(G5>=10000,G5*10%,0)	
8	600	1	600		總計		
9							
10	0 元免運費，5000元以下加收運費 150元。						
11	000元以上，給予九折優惠。						
12							

C	D	E	F	G
盖單				
數量	小計			
3	2700			
2	2400			
5	3500		合計	10200
1	600		運費	0
1	400		折扣價	1020
1	600		總計	
00元以下加收運費 150元。				
予九折優惠。				

2 於 G7 儲存格輸入計算折扣價的公式：**=IF(G5>=10000,G5*10%,0)**。

▲	A	B	C	D	E	F	G
1		茶葉訂購單					
2	商品項目	300克	數量	小計			
3	阿薩姆	900	3	2700			
4	紅玉	1200	2	2400			
5	高山烏龍	700	5	3500		合計	10200
6	凍頂烏龍	600	1	600		運費	0
7	茶包禮盒	400	1	400		折扣價	1020
8	罐裝禮盒	600	1	600		總計	=G5+G6-G7
9							
10	◎消費滿 5000 元免運費，5000元以下加收運費 150元。						
11	◎消費滿 10000 元以上，給予九折優惠。						
12							

C	D	E	F	G
萬單				
數量	小計			
3	2700			
2	2400			
5	3500		合計	10200
1	600		運費	0
1	400		折扣價	1020
1	600		總計	9180
00元以下加收運費 150元。				
予九折優惠。				

3 於 G8 儲存格輸入計算總計的公式：**=G5+G6-G7**。

32

判斷指定的條件是否全部符合

透過筆試與路考成績檢測考照狀況是否 "合格"

AND 函數的使用就如同中文字的 "和",當所有條件都符合時,會傳回 TRUE (真),否則傳回 FALSE (假)。

◉ 範例分析

汽車駕照考驗中,設定筆試分數必須大於等於 85 分,路考分數必須大於等於 70 分,才能 "合格" 取得駕照。

當 **筆試** 分數 >=85 且 **路考** 分數 >=70,顯示 "合格",否則就顯示 "不合格"。

	A	B	C	D	E
1		普通汽車駕照考驗			
2	姓名	性別	筆試	路考	合格
3	許佳樺	女	75		不合格
4	黃佳瑩	女	92.5	96	合格
5	駱佳燕	女	85	84	合格
6	吳玉萍	女	90	66	不合格
7	王柏治	男	82.5		不合格
8	吳家弘	男	87.5	86	合格
9	徐偉達	男	100	68	不合格
10	王怡伶	女	95	92	合格
11	1、筆試:及格標準85分,通過才能進行路考。				
12	2、路考:及格標準70分,考試項目一次完成,不得重複修正。				
13					

透過拖曳的方式,複製 E3 儲存格公式至 E10 儲存格,判斷出 "合格" 與 "不合格" 的狀況。

如果 **筆試** 未達 85 分者,無法進行 **路考** 項目的測驗。

IF 函數 | 邏輯

說明:**IF** 函數是一個判斷式,可依條件判定的結果分別處理,假設儲存格的值檢驗為 TRUE (真) 時,就執行條件成立時的命令,反之 FALSE (假) 則執行條件不成立時的命令。

格式:**IF(條件,條件成立,條件不成立)**

引數:**條件** 使用比較運算子的邏輯式設定條件判斷式。

條件成立 若符合條件時的處理方式或顯示的值。

條件不成立 若不符合條件時的處理方式或顯示的值。

AND 函數　　　　　　　　　　　　　　　　　　　　| 邏輯

說明：指定的條件都要符合。

格式：**AND(條件1,條件2,...)**

引數：**條件**　設定判斷的條件。

◉ 操作說明

	A	B	C	D	E
1		普通汽車駕照考驗			
2	姓名	性別	筆試	路考	合格
3	許佳樺	女	75		=IF(AND(C3>=85,D3>=70),"合格","不合格")
4	黃佳瑩	女	92.5	96	
5	駱佳燕	女	85	84	
6	吳玉萍	女	90	66	
7	王柏治	男	82.5		
8	吳家弘	男	87.5	86	
9	徐偉達	男	100	68	
10	王怡伶	女	95	92	
11	1．筆試：及格標準85分，通過才能進行路考。				
12	2．路考：及格標準70分，考試項目一次完成，不得重複修正。				
13					

1 於 E3 儲存格要計算筆試 >=85 且路考 >=70 時，顯示 "合格"，否則顯示 "不合格"，輸入公式：**=IF(AND(C3>=85,D3>=70),"合格","不合格")**。

	A	B	C	D	E
1		普通汽車駕照考驗			
2	姓名	性別	筆試	路考	合格
3	許佳樺	女	75		不合格
4	黃佳瑩	女	92.5	96	
5	駱佳燕	女	85	84	

▼

	A	B	C	D	E
1		普通汽車駕照考驗			
2	姓名	性別	筆試	路考	合格
3	許佳樺	女	75		不合格
4	黃佳瑩	女	92.5	96	合格
5	駱佳燕	女	85	84	合格
6	吳玉萍	女	90	66	不合格
7	王柏治	男	82.5		不合格
8	吳家弘	男	87.5	86	合格
9	徐偉達	男	100	68	不合格
10	王怡伶	女	95	92	合格

2 於 E3 儲存格，按住右下角的 **填滿控點** 往下拖曳，至最後一位考試人員再放開滑鼠左鍵，判斷出其他參加考試人員合格與否的狀況。

33

判斷指定的條件是否有符合任一個

透過收縮壓與舒張壓的數值檢測血壓狀況是否 "高血壓"

OR 函數的使用就如同中文字的 "或",只要符合其中一個條件即傳回 TRUE (真),否則就傳回 FALSE (假)。

● 範例分析

員工血壓檢測資料中,正常血壓為收縮壓 140-100 mmHg,舒張壓 90-60 mmHg。當收縮壓大於等於 140 mmHg,舒張壓大於等於 90 mmHg,即血壓太高,需在 **狀況** 欄中標註 "高血壓"。

當 **收縮壓** >=140 或 **舒張壓** >=90,顯示 "高血壓",否則就顯示空白。

	A	B	C	D	E
1			血壓檢測		
2	員工	性別	收縮壓	舒張壓	狀況
3	許佳樺	女	120	89	
4	黃佳瑩	女	123	78	
5	駱佳燕	女	155	100	高血壓
6	吳玉萍	女	136	85	
7	王柏治	男	162	110	高血壓
8	吳家弘	男	145	90	高血壓
9	徐偉達	男	150	100	高血壓
10	王怡伶	女	138	85	
11	1．正常血壓：收縮壓 140-100 舒張壓 90-60				
12	2．世界衛生組織訂定的標準,收縮壓 >=140 mm.Hg,或舒張壓 >=90mm.Hg,稱為高血壓。				
13					

透過拖曳的方式,複製 E3 儲存格公式至 E10 儲存格,判斷出員工有 "高血壓" 的狀況。

IF 函數 　　　　　　　　　　　　　　　　　　　　　　　　　　　　| 邏輯

說明：**IF** 函數是一個判斷式,可依條件判定的結果分別處理,假設儲存格的值檢驗為 TRUE (真) 時,就執行條件成立時的命令,反之 FALSE (假) 則執行條件不成立時的命令。

格式：**IF(條件,條件成立,條件不成立)**

引數：**條件** 　　　　　使用比較運算子的邏輯式設定條件判斷式。

　　　　條件成立 　　　若符合條件時的處理方式或顯示的值。

　　　　條件不成立 　　若不符合條件時的處理方式或顯示的值。

公式的基礎

常用數值計算與進位

條件式統計分析

取得需要的資料

日期與時間資料處理

文字資料處理

財務資料計算

大量數據資料整理與驗證

主題資料表的函數應用

OR 函數

說明：指定的條件只要符合一個即可。

格式：**OR(條件1,條件2,...)**

引數：**條件**　設定判斷的條件。

● 操作說明

▲	A	B	C	D	E	F
1		血壓檢測				
2	員工	性別	收縮壓	舒張壓	狀況	
3	許佳樺	女	120	89	=IF(OR(C3>=140,D3>=90),"高血壓","")
4	黃佳瑩	女	123	78	❶
5	駱佳燕	女	155	100	
6	吳玉萍	女	136	85	
7	王柏治	男	162	110	
8	吳家弘	男	145	90	
9	徐偉達	男	150	100	
10	王怡伶	女	138	85	
11	1．正常血壓：收縮壓 140-100　舒張壓 90-60					
12	2．世界衛生組織訂定的標準，收縮壓 >=140 mm.Hg，或舒張壓 >=90mm.Hg，稱為高血壓。					
13						

❶ 於 E3 儲存格要計算收縮壓 >=140 或舒張壓 >=90 時，顯示 "高血壓"，否則顯示
　 空白，輸入公式：**=IF(OR(C3>=140,D3>=90),"高血壓","")**。

▲	A	B	C	D	E	F
1		血壓檢測				
2	員工	性別	收縮壓	舒張壓	狀況	
3	許佳樺	女	120	89		❷
4	黃佳瑩	女	123	78		
5	駱佳燕	女	155	100		

▼

▲	A	B	C	D	E	F
1		血壓檢測				
2	員工	性別	收縮壓	舒張壓	狀況	
3	許佳樺	女	120	89		
4	黃佳瑩	女	123	78		
5	駱佳燕	女	155	100	高血壓	
6	吳玉萍	女	136	85		
7	王柏治	男	162	110	高血壓	
8	吳家弘	男	145	90	高血壓	
9	徐偉達	男	150	100	高血壓	
10	王怡伶	女	138	85		

❷ 於 E3 儲存格，按住右下角的 **填滿控點** 往下拖曳，至最後一位員工再放開滑鼠左
　 鍵，判斷出其他有高血壓的員工。

34 加總符合單一或多個條件的數值
依指定片名、日期與類別計算總和

SUM 函數為單純的數值加總，但如果面對大筆資料，想要依照單一或多重條件篩選出資料後再進行數值加總時，可以善用 **SUMIF** 或 **SUMIFS** 二個函數。

▶ 範例分析

在 DVD 出租統計資料中，以 **片名** 作為篩選條件，統計出華爾街之狼 DVD 的租金總和。另外以 **出租日期** 及 **種類** 作為篩選條件，統計出 1 到 6 月，屬於動作類型 DVD 的租金總和。

用 **SUMIF** 函數，計算片名 "華爾街之狼" 的 DVD 租金總和。

	A	B	C	D	E	F	G	H	I
2	出租日期	片名	種類	出租天數	租金		片名	租金總和	
3	2014/12/30	華爾街之狼	劇情	3	90		華爾街之狼	270	
4	2014/10/30	摯愛	劇情	5	150				
5	2014/9/10	特務殺很大	動作	5	150				
6	2014/8/31	冰雪奇緣	動畫	5	150		年度	種類	租金總和
7	2014/7/20	八月心風暴	劇情	3	90		1月~6月	動作	150
8	2014/7/15	特務殺很大	動作	3	90				
9	2014/7/9	華爾街之狼	劇情	2	60				
10	2014/6/28	大稻埕	喜劇	2	60				
11	2014/5/20	冰雪奇緣	動畫	2	60				
12	2014/5/15	華爾街之狼	劇情	4	120				
13	2014/3/22	大稻埕	喜劇	2	60				
14	2014/3/14	八月心風暴	劇情	5	150				
15	2014/3/12	特務殺很大	動作	5	150				

用 **SUMIFS** 函數，條件一指定 **出租日期** 欄內資料為參考範圍，接著指定 "小於 2014/7/1" 為搜尋條件；條件二指定 **種類** 欄內資料為參考範圍，接著指定 "動作" 為搜尋條件，綜合二個條件計算出符合條件的租金總和。

SUMIF 函數
　　　　　　　　　　　　　　　　　　　　　　　　　　　| 數學與三角函數

說明：加總符合單一條件的儲存格數值

格式：**SUMIF(搜尋範圍,搜尋條件,加總範圍)**

引數：**搜尋範圍**　以搜尋條件進行評估的儲存格範圍。

　　　　搜尋條件　可以為數值、運算式、儲存格位址或字串。

　　　　加總範圍　指定加總的儲存格範圍，搜尋範圍中的儲存格與搜尋條件相符時，加總相對應的儲存格數值。

公式的基礎

常用數值計算與進位

條件式統計分析

取得需要的資料

日期與時間資料處理

文字資料處理

財務資料計算

大量數據資料整理與驗證

主題資料表的函數應用

SUMIFS 函數

數學與三角函數

說明： 加總符合多重條件的儲存格數值

格式： **SUMIFS(加總範圍,搜尋範圍1,搜尋條件1,搜尋範圍2,搜尋條件2,...)**

引數： **加總範圍** 指定加總的儲存格範圍，搜尋範圍中的儲存格與搜尋條件相符時，加總相對應的儲存格數值。

搜尋範圍 以搜尋條件進行評估的儲存格範圍。

搜尋條件 可以為數值、運算式、儲存格位址或字串。

◉ 操作說明

	A	B	C	D	E	F	G	H	I	J	K	L
1	DVD 出租統計											
2	出租日期	片名	種類	出租天數	租金		片名	租金總和				
3	2014/12/30	華爾街之狼	劇情	3	90		華爾街之狼	=SUMIF(B3:B15,G3,E3:E15)				
4	2014/10/30	咎愛	劇情	5	150			①				
5	2014/9/10	特務殺很大	動作	5	150							
6	2014/8/31	冰雪奇緣	動畫	5	150		年度	種類	租金總和			
7	2014/7/20	八月心風暴	劇情	3	90		1月~6月	動作				
8	2014/7/15	特務殺很大	動作	3	90							
9	2014/7/9	華爾街之狼	劇情	2	60							
10	2014/6/28	大稻埕	喜劇	2	60							
11	2014/5/20	冰雪奇緣	動畫	2	60							
12	2014/5/15	華爾街之狼	劇情	4	120							
13	2014/3/22	大稻埕	喜劇	2	60							
14	2014/3/14	八月心風暴	劇情	5	150							
15	2014/3/12	特務殺很大	動作	5	150							

1 於 H3 儲存格以 **片名** B3:B15 儲存格範圍，搜尋符合 G3 儲存格條件 (華爾街之狼) 的項目並計算其租金總和，輸入公式：**=SUMIF(B3:B15,G3,E3:E15)**。

	A	B	C	D	E	F	G	H	I	J	K	L
2	出租日期	片名	種類	出租天數	租金		片名	租金總和				
3	2014/12/30	華爾街之狼	劇情	3	90		華爾街之狼	270				
4	2014/10/30	咎愛	劇情	5	150							
5	2014/9/10	特務殺很大	動作	5	150							
6	2014/8/31	冰雪奇緣	動畫	5	150		年度	種類	租金總和			
7	2014/7/20	八月心風暴	劇情	3	90		1月~6月	動作	=SUMIFS(E3:E15,A3:A15,"<2014/7/1",C3:C15,H7)			
8	2014/7/15	特務殺很大	動作	3	90				②			
9	2014/7/9	華爾街之狼	劇情	2	60							
10	2014/6/28	大稻埕	喜劇	2	60							
11	2014/5/20	冰雪奇緣	動畫	2	60							
12	2014/5/15	華爾街之狼	劇情	4	120							
13	2014/3/22	大稻埕	喜劇	2	60							
14	2014/3/14	八月心風暴	劇情	5	150							
15	2014/3/12	特務殺很大	動作	5	150							

2 於 I7 儲存格以 **出租日期** A3:A15 儲存格範圍，搜尋 "出租日期小於 2014/7/1" 的資料項目，再以 **種類** C3:C15 儲存格範圍搜尋種類為 "動作" 的資料項目，計算符合這二個條件的租金總和，輸入公式：
=SUMIFS(E3:E15,A3:A15,"<2014/7/1",C3:C15,H7)。

35 求得含數值與非空白的資料個數

統計已開設或需收費的課程數量

當某一個範圍內的資料，需要進行筆數的統計時，可以根據資料的屬性，選擇使用 **COUNT** 函數，計算含有數值的資料個數；或是使用 **COUNTA** 函數，計算包含任何資料類型 (文字、數值或符號，但無法計算空白儲存格) 的資料個數。

● 範例分析

課程費用表中，整理了所有的課程名稱與價格，如果想要統計需要收費的課程數量時，可以使用 **COUNT** 函數在指定的儲存格範圍內，計算儲存格中有數值的個數。若需要統計所有開設的課程數量時，則是可以用 **COUNTA** 函數在指定的儲存格範圍內，計算已開設課程名稱的實際數量。

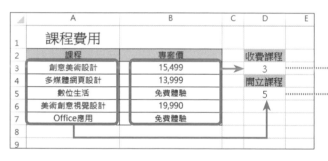

用 **COUNT** 函數計算需要付費的課程數量。

用 **COUNTA** 函數計算總共開設的課程數量。

COUNT 函數　　　　　　　　　　　　　　　　　　　　　　　| 統計

說明：求有數值與日期資料的儲存格個數

格式：**COUNT(數值1,數值2,...)**

引數：**數值**　數值、儲存格參照位址或範圍，若要設定不連續的儲存格範圍，則可以用逗號"," 區隔，最多可設定 255 個。

COUNTA 函數　　　　　　　　　　　　　　　　　　　　　　　| 統計

說明：求不是空白的儲存格個數

格式：**COUNTA(數值1,數值2,...)**

引數：**數值**　數值、儲存格參照位址或範圍，若要設定不連續的儲存格範圍，則可以用逗號"," 區隔，最多可設定 255 個。

公式的基礎

常用數值計算與進位

條件式統計分析

取得需要的資料

日期與時間資料處理

文字資料處理

財務資料計算

大量數據資料整理與驗證

主題資料表的函數應用

⊙ 操作說明

D3		▼ :	× ✓	fx	=COUNT(B3:B7)	
◢	A		B	C	D	E
1	課程費用					
2	課程		專案價		收費課程	❶
3	創意美術設計		15,499		=COUNT(B3:B7)	
4	多媒體網頁設計		13,999		開立課程	
5	數位生活		免費體驗			
6	美術創意視覺設計		19,990			
7	Office應用		免費體驗			
8						
9						

	✓	fx	=COUNT(B3:B7)	
	B	C	D	
	專案價		收費課程	
	15,499		3	
	13,999		開立課程	
	免費體驗			
	19,990			
	免費體驗			

❶ 於 **D3** 儲存格輸入計算儲存格範圍 **B3:B7** 內需要收費的課程數量公式：
=COUNT(B3:B7)。

D5		▼ :	× ✓	fx	=COUNTA(A3:A7)	
◢	A		B	C	D	E
1	課程費用					
2	課程		專案價		收費課程	
3	創意美術設計		15,499		3	
4	多媒體網頁設計		13,999		開立課程	
5	數位生活		免費體驗		=COUNTA(A3:A7)	
6	美術創意視覺設計		19,990		❷	
7	Office應用		免費體驗			
8						
9						

×	✓	fx	=COUNTA(A3:A7)	
	B	C	D	
	專案價		收費課程	
	15,499		3	
	13,999		開立課程	
	免費體驗		5	
	19,990			
	免費體驗			

❷ 於 **D5** 儲存格輸入計算儲存格範圍 **A3:A7** 內開設的課程數量公式：
=COUNTA(A3:A7)。

Tips

使用 **COUNT** 函數時，儲存格內如果是日期格式，也會一併計算進去。
使用 **COUNTA** 函數時，儲存格內如果包含邏輯值 (如：TRUE)、文字或錯誤值
(如：#DIV/0!)，也會一併計算進去。

36

求得符合單一條件的資料個數

統計男性、女性身高有達 170 的員工人數

儲存格範圍內的資料,根據其屬性可以使用 **COUNT** 或 **COUNTA** 函數進行筆數統計,但如果想統計符合某一個條件的資料個數時,則可以使用 **COUNTIF** 函數。

◐ 範例分析

健檢報告中,用 **COUNTIF** 函數分別計算出男性與女性員工的人數,以及統計高於 170 cm 以上的員工人數。

指定 **性別** 欄位內的資料為參考範圍,接著指定 "男" 為搜尋條件,計算出男性員工人數。

	A	B	C	D	E	F	G
1		員工健檢報告					
2	員工	性別	身高(cm)	體重(kg)		性別	人數
3	Aileen	女	170	60		男	3
4	Amber	女	168	56		女	5
5	Eva	女	152	38			
6	Hazel	女	155	65		高於 170 cm 的員工人數	
7	Javier	男	174	80		4	
8	Jeff	男	183	90			
9	Jimmy	男	172	75			
10	Joan	女	165	56			
11							

透過拖曳的方式,複製 G3 儲存格公式,計算出女性員工人數。

指定 **身高** 欄位內的資料為參考範圍,搜尋條件設為 ">=170",計算出高於 170 cm 的員工人數。

COUNTIF 函數 | 統計

說明:求符合搜尋條件的資料個數

格式:**COUNTIF(範圍,搜尋條件)**

引數:**範圍**   搜尋的儲存格範圍。

　　　搜尋條件 可以指定數值、條件式、儲存格參照或字串。

Tips

在 **COUNTIF** 函數中的搜尋條件,除了指定輸入字串的儲存格外,也可以直接輸入文字指定,只是前後必須用引號 " 區隔。另外字串不分大小寫,還可以搭配萬用字元 "?" 或 "*",指定搜尋條件。

◎ 操作說明

1 於 G3 儲存格運用 **COUNTIF** 函數統計男性員工人數，以 **性別** 資料為整體資料範圍 (B3:B10)，再指定搜尋條件為 F3 儲存格，輸入公式：
=COUNTIF($B$3:$B$10,F3)。

下個步驟要複製此公式，所以利用絕對參照指定 **性別** 資料的儲存格範圍。

2 於 G3 儲存格，按住右下角的 **填滿控點** 往下拖曳，至 G4 儲存格再放開滑鼠左鍵，完成女性員工人數統計。

3 於 F7 儲存格統計 C3:C10 儲存格範圍且身高大於 170 cm 的員工人數，輸入公式：
=COUNTIF(C3:C10,">=170")。

37

求得符合多個條件的資料個數

統計台北店女性員工人數、統計身高有達 **170** 的男性員工人數

如果條件不只一個，而是多個，加上儲存格範圍又不連續時，可以使用 **COUNTIFS** 函數統計資料個數。

● 範例分析

健檢報告中，用 **COUNTIFS** 函數分別統計位於台北店的女性員工人數，以及高於 170 cm 以上的男性員工人數。

條件一指定 **服務單位** 欄內的資料為參考範圍，以 "台北店" 為搜尋條件；條件二指定 **性別** 欄內的資料為參考範圍，以 "女" 為搜尋條件，綜合二個條件計算出符合條件的人數。

	A	B	C	D	E	F
1		員工健檢報告				
2	服務單位	員工	性別	身高(cm)	體重(kg)	
3	台北店	Aileen	女	170	60	
4	高雄店	Amber	女	168	56	
5	總公司	Eva	女	152	38	
6	台北店	Hazel	女	155	65	
7	總公司	Javier	男	174	80	
8	總公司	Jeff	男	183	90	
9	高雄店	Jimmy	男	172	75	
10	台北店	Joan	女	165	56	
11						
12	台北店女性員工人數		3			
13						
14	≥170cm 男性員工		3			
15						

	A	B	C	D	E	
1		員工健檢報告				
2	服務單位	員工	性別	身高(cm)	體重(kg)	
3	台北店	Aileen	女	170	60	
4	高雄店	Amber	女	168	56	
5	總公司	Eva	女	152	38	
6	台北店	Hazel	女	155	65	
7	總公司	Javier	男	174	80	
8	總公司	Jeff	男	183	90	
9	高雄店	Jimmy	男	172	75	
10	台北店	Joan	女	165	56	
11						
12	台北店女性員工人數		3			
13						
14	≥170cm 男性員工		3			
15						

條件一指定 **性別** 欄內資料為參考範圍，以 "男" 為搜尋條件；條件二指定 **身高** 欄內資料為參考範圍，以 ">=170" 為搜尋條件，綜合二個條件計算出符合條件的人數。

COUNTIFS 函數 | 統計

説明：在多個儲存格範圍內，計算符合所有搜尋條件的資料個數。

格式：**COUNTIFS(範圍1,搜尋條件1,[範圍2,搜尋條件2],...)**

引數：**範圍**　　　搜尋的儲存格範圍。

　　　搜尋條件　可以指定數值、條件式、儲存格參照或字串，如果是字串或條件式，前後必須用引號 " 區隔。

⊙ 操作說明

	A	B	C	D	E	F	G
2	服務單位	員工	性別	身高(cm)	體重(kg)		
3	台北店	Aileen	女	170	60		
4	高雄店	Amber	女	168	56		
5	總公司	Eva	女	152	38		
6	台北店	Hazel	女	155	65		
7	總公司	Javier	男	174	80		
8	總公司	Jeff	男	183	90		
9	高雄店	Jimmy	男	172	75		
10	台北店	Joan	女❶	165	56		
11							
12	台北店女性員工人數	=COUNTIFS(A3:A10,"台北店",C3:C10,"女")					

▶

	A	B	C	D
2	服務單位	員工	性別	身高(
3	台北店	Aileen	女	17
4	高雄店	Amber	女	16
5	總公司	Eva	女	15
6	台北店	Hazel	女	15
7	總公司	Javier	男	17
8	總公司	Jeff	男	18
9	高雄店	Jimmy	男	17
10	台北店	Joan	女	16
11				
12	台北店女性員工人數		3	

❶ 於 C12 儲存格要統計 A3:A10 儲存格範圍服務單位為 "台北店"、並且 C3:C10 儲存格範圍性別為 "女性" 的員工人數，輸入公式：

=COUNTIFS(A3:A10,"台北店",C3:C10,"女")。

	A	B	C	D	E	F	G
2	服務單位	員工	性別	身高(cm)	體重(kg)		
3	台北店	Aileen	女	170	60		
4	高雄店	Amber	女	168	56		
5	總公司	Eva	女	152	38		
6	台北店	Hazel	女	155	65		
7	總公司	Javier	男	174	80		
8	總公司	Jeff	男	183	90		
9	高雄店	Jimmy	男	172	75		
10	台北店	Joan	女	165	56		
11							
12	台北店女性員工人數		3 ❷				
13							
14	≥170cm 男性員工	=COUNTIFS(C3:C10,"男",D3:D10,">=170")					
15							

▶

	A	B	C	D
2	服務單位	員工	性別	身高(
3	台北店	Aileen	女	17
4	高雄店	Amber	女	16
5	總公司	Eva	女	15
6	台北店	Hazel	女	15
7	總公司	Javier	男	17
8	總公司	Jeff	男	18
9	高雄店	Jimmy	男	17
10	台北店	Joan	女	16
11				
12	台北店女性員工人數		3	
13				
14	≥170cm 男性員工		3	
15				

❷ 於 C14 儲存格要統計 C3:C10 儲存格範圍性別為 "男性"、並且 D3:D10 儲存格範圍 "身高大於等於 170 cm" 的員工人數，輸入公式：

=COUNTIFS(C3:C10,"男",D3:D10,">=170")。

Tips

在 **COUNTIFS** 函數中，要依照多項條件統計資料，所以公式上的呈現，第一個搜尋的儲存格範圍必須搭配第一個搜尋條件，形成一組。接著用 "," 區隔前一組條件後，第二組則是由第二個搜尋的儲存格範圍搭配第二個搜尋條件...依此類推。

搜尋條件不用受限於制式條件表，可以直接輸入數值、文字或指定儲存格值，也可以是 >=、<=...等比較符號。

38

求得符合條件表的資料個數

統計身高有達 160 的女性員工並排除婚姻欄位為空白或離職的人員

DCOUNT 或 **DCOUNTA** 函數使用上如同 **COUNTIFS** 函數一樣,可以計算符合多個條件的資料個數,不過條件均指定在表格內,並針對空白或文字資料進行排除。

● 範例分析

健檢報告中,用 **DCOUNT** 函數計算大於並等於 160 cm 的女性員工人數,如果該名員工 **婚姻** 欄位為空白或「離職」文字時,則不納入計算。如果是用 **DCOUNTA** 函數計算時,該名員工 **婚姻** 欄位不可為空白,但顯示「離職」文字時則會納入計算。

在選取資料庫範圍時,必須包含欄位名稱。　搜尋條件中的欄位名稱必須跟資料庫欄位名稱一樣

	A	B	C	D	E	F	G	H	I	J
1			員工健檢報告							
2	服務單位	員工	性別	身高(cm)	體重(kg)	婚姻		性別	身高(cm)	
3	台北店	Aileen	女	170	60	0		女	>=160	
4	高雄店	Amber	女	168	56					
5	總公司	Eva	女	152	38	1				
6	台北店	Hazel	女	155	65	1				
7	總公司	Javier	男	174	80	1				
8	總公司	Jeff	男	183	90	1				
9	高雄店	Jimmy	男	172	75	0				
10	台北店	Joan	女	165	56	離職				
11						未婚:0,已婚:1				
12	≧160cm女性員工人數(婚姻欄位不可為空白資料及文字)									
13	1									
14	≧160cm女性員工人數(婚姻欄位不可為空白資料但可包含文字)									
15	2									

用 **DCOUNTA** 函數統計時,**婚姻** 欄位如果為空白將不納入不計算。
用 **DCOUNT** 函數統計時,**婚姻** 欄位如果為空白或文字將不納入不計算。

DCOUNT 函數
　　　　　　　　　　　　　　　　　　　　　　　　　　　　　　　　| 資料庫

說明:計算在清單或資料庫的欄位中,包含符合指定條件的儲存格個數。

格式:**DCOUNT(資料庫,欄位,搜尋條件)**

引數:**資料庫**　　包含欄位名稱及主要資料的儲存格範圍。

　　　　欄位　　　符合條件時的計算對象 (欄位名稱)。

　　　　搜尋條件　搜尋條件的儲存格範圍,上一列是欄位名稱,下面一列是要搜尋的條件項目。

公式的基礎

常用數值計算與進位

條件式統計分析

取得需要的資料

日期與時間資料處理

文字資料處理

財務資料計算

大量數據資料整理與驗證

主題資料表的函數應用

DCOUNTA 函數

說明： 計算在清單或資料庫的欄位中，包含符合指定條件的非空白儲存格個數。

格式： **DCOUNTA(資料庫,欄位,搜尋條件)**

引數： **資料庫** 包含欄位名稱及主要資料的儲存格範圍。

　　　　欄位 符合條件時的計算對象 (欄位名稱)。

　　　　搜尋條件 搜尋條件的儲存格範圍，上一列是欄位名稱，下面一列是要搜尋的條件項目。

⊙ 操作說明

	A	B	C	D	E	F	G	H	I	J	K
1			員工健檢報告								
2	服務單位	員工	性別	身高(cm)	體重(kg)	婚姻		性別	身高(cm)		
3	台北店	Aileen	女	170	60	0		女	>=160		
4	高雄店	Amber	女	168	56						
5	總公司	Eva	女	152	38	1					
6	台北店	Hazel	女	155	65	1					
7	總公司	Javier	男	174	80	1					
8	總公司	Jeff	男	183	90	1					
9	高雄店	Jimmy	男	172	75	0					
10	台北店	Joan	女	165	56	離職					
11					未婚：0，已婚：1						
12	≥160cm女性員工人數(婚姻欄位不可為空白資料及文字)										
13		=DCOUNT(A2:F10,F2,H2:I3)					**1**				
14	≥160cm女性員工人數(婚姻欄位不可為空白資料但可包含文字)										

12	≥160cm女性員工人數(婚姻欄位不可為空白資料及文字)	
13	1	
14	≥160cm女性員工人數(婚姻欄位不可為空白資料但可包含文字)	
15	=DCOUNTA(A2:F10,F2,H2:I3)	**2**

1 於儲存格中要統計 A2:F10 儲存格範圍，**婚姻** 欄位 F2 儲存格為計算對象，排除空白與文字資料，指定搜尋條件為 H2:I3 儲存格範圍，計算身高大於等於 160 cm 的女性員工人數，輸入公式：**=DCOUNT(A2:F10,F2,H2:I3)**。

2 於儲存格中要統計 A2:F10 儲存格範圍，**婚姻** 欄位 F2 儲存格為計算對象，排除空白但可包含文字資料，指定搜尋條件為 H2:I3 儲存格範圍，計算身高大於等於 160 cm 的女性員工人數，輸入公式：**=DCOUNTA(A2:F10,F2,H2:I3)**。

Tips

不管 **DCOUNT** 或 **DCOUNTA** 函數，如果在公式中省略 **欄位** 引數設定時，以上面範例來說，也就是公式為 =DCOUNT(A2:F10,,H2:I3) 時，會直接統計出符合搜尋條件的資料個數 (3 位)，不管其 **婚姻** 欄位中是否為數值、空白或文字。

39

數值於區間內出現的次數

統計身高各個區間的人數

FREQUENCY 函數，主要計算資料中各個區間內數值出現的次數，像是學生成績、員工年齡...等分佈情況。

◉ 範例分析

健檢報告中，用 **FREQUENCY** 函數計算員工在身高區間內的分佈人數。

	A	B	C	D	E	F	G	H	I
1	員工健檢報告								
2	員工	性別	身高(cm)	體重(kg)		身高區間		人數	
3	Aileen	女	170	60		150-	155	2	
4	Amber	女	168	56		156-	160	0	
5	Eva	女	152	38		161-	165	1	
6	Hazel	女	155	65		166-	170	2	
7	Javier	男	174	80		171-	175	2	
8	Jeff	男	183	90		176-	180	0	
9	Jimmy	男	172	75		181-	185	1	
10	Joan	女	165	56		186-	190	0	
11									

先指定 **身高** 欄內的資料為參考範圍，再以 **身高區間** 欄內後方的區間數值為參考分組範圍，統計出符合各個 **身高區間** 的員工人數。

FREQUENCY 函數 | 統計

說明：計算數值在指定區間內出現的次數。

格式：**FREQUENCY(資料範圍,參照表)**

引數：**資料範圍** 準備計算次數分配的陣列或儲存格範圍。

參照表 依由小到大的分組方式為資料範圍中的值分組，區間值為 155 時代表 150-155，為 160 時代表 156-160。

Tips

"陣列公式" 可以縮短複雜或多重的函數公式，只要於公式中指定要運算的範圍，而且相對應的運算範圍欄列數要相等，才能自動對應不會有錯，這樣只要一個陣列公式就可以取代範圍內所有的公式了。

公式的基礎

常用數值計算與進位

條件式統計分析

取得需要的資料

日期與時間資料處理

文字資料處理

財務資料計算

大量數據資料整理與驗證

主題資料表的函數應用

操作說明

1 於 **人數** 欄位先以拖曳的方式選取 H3:H10 儲存格範圍。

2 於 H3 儲存格要統計 C3:C10 儲存格範圍各身高區間 G3:G10 儲存格範圍內，發生的頻率，輸入公式：**=FREQUENCY(C3:C10,G3:G10)**。

3 公式輸入完畢後，接著按 Ctrl + Shift + Enter 鍵，公式前後會自動產生「{」與「}」包含，成為陣列公式：**{=FREQUENCY(C3:C10,G3:G10)}**。

40 資料庫中符合條件之所有資料的平均值

統計女性員工與台北店女性員工的平均身高

DAVERAGE 函數最大特色在於從資料庫中搜尋出符合條件的數值後，可以再針對這些數值計算出平均值。只是使用 **DAVERAGE** 函數前，必須先將條件以表格方式呈現，欄位名稱也必須與資料庫中的欄位名稱一致。

範例分析

健檢報告中，用 **DAVERAGE** 函數分別計算出公司全部女性員工的平均身高，以及台北店女性員工的平均身高。

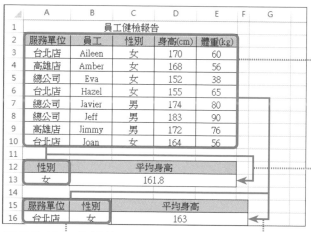

在選取資料庫時，必須包含欄位名稱。

選取所有健檢資料後，指定 **身高** 欄位為計算對象，指定搜尋條件為 A12:A13 儲存格範圍，計算女性員工的平均身高。

搜尋條件中的欄位名稱必須跟資料庫欄位名稱一樣

選取所有的健檢資料後，指定 **身高** 欄位為計算對象，指定搜尋條件為 A15:B16 儲存格範圍，計算服務台北店且為女性員工的平均身高。

DAVERAGE 函數 | 資料庫

說明：計算清單或資料庫中符合條件的所有資料的平均值。

格式：**DAVERAGE(資料庫,欄位,搜尋條件)**

引數：**資料庫** 包含欄位名稱及主要資料的儲存格範圍。

　　　欄位 符合條件時的計算對象 (欄位名稱)。

　　　搜尋條件 搜尋條件的儲存格範圍，上一列是欄位名稱，下面一列是要搜尋的條件項目。

● 操作說明

	A	B	C	D	E	F
1			員工健檢報告			
2	服務單位	員工	性別	身高(cm)	體重(kg)	
3	台北店	Aileen	女	170	60	
4	高雄店	Amber	女	168	56	
5	總公司	Eva	女	152	38	
6	台北店	Hazel	女	155	65	
7	總公司	Javier	男	174	80	
8	總公司	Jeff	男	183	90	
9	高雄店	Jimmy	男	172	76	
10	台北店	Joan	女	164	56	
11						
12	性別	**①**		平均身高		
13	女	=DAVERAGE(A2:E10,D2,A12:A13)				

▶

	A	B	C	D	E
1			員工健檢報告		
2	服務單位	員工	性別	身高(cm)	體重(kg)
3	台北店	Aileen	女	170	60
4	高雄店	Amber	女	168	56
5	總公司	Eva	女	152	38
6	台北店	Hazel	女	155	65
7	總公司	Javier	男	174	80
8	總公司	Jeff	男	183	90
9	高雄店	Jimmy	男	172	76
10	台北店	Joan	女	164	56
11					
12	性別		平均身高		
13	女		161.8		

① 於 B13 儲存格要計算女性員工平均身高，A2:E10 儲存格範圍內 **身高** 欄位 (D2 儲存格) 為計算對象，指定搜尋條件為 A12:A13 儲存格範圍，輸入公式： **=DAVERAGE(A2:E10,D2,A12:A13)**。

	A	B	C	D	E	F
2	服務單位	員工	性別	身高(cm)	體重(kg)	
3	台北店	Aileen	女	170	60	
4	高雄店	Amber	女	168	56	
5	總公司	Eva	女	152	38	
6	台北店	Hazel	女	155	65	
7	總公司	Javier	男	174	80	
8	總公司	Jeff	男	183	90	
9	高雄店	Jimmy	男	172	76	
10	台北店	Joan	女	164	56	
11						
12	性別		平均身高			
13	女		161.8			
14						
15	服務單位	性別	**②** 平均身高			
16	台北店	女	=DAVERAGE(A2:E10,D2,A15:B16)			

▶

	A	B	C	D	E
2	服務單位	員工	性別	身高(cm)	體重(kg)
3	台北店	Aileen	女	170	60
4	高雄店	Amber	女	168	56
5	總公司	Eva	女	152	38
6	台北店	Hazel	女	155	65
7	總公司	Javier	男	174	80
8	總公司	Jeff	男	183	90
9	高雄店	Jimmy	男	172	76
10	台北店	Joan	女	164	56
11					
12	性別		平均身高		
13	女		161.8		
14					
15	服務單位	性別	平均身高		
16	台北店	女	163		

② 於 C16 儲存格中要計算台北店女性員工平均身高，A2:E10 儲存格範圍內的 **身高** 欄位 (D2 儲存格) 為計算對象，指定搜尋條件為 A15:B16 儲存格範圍，輸入公式： **=DAVERAGE(A2:E10,D2,A15:B16)**。

Tips

用 **DAVERAGE** 函數時，搜尋條件的範圍不可以為空白，其中至少需包含一個欄位名稱，而欄位名稱之下至少需要有一項搜尋條件儲存格。另外當搜尋條件處於同一列時，彼此為 AND 關係，如果處於不同列時，則彼此為 OR 關係。

41 # 符合單一條件之所有資料的平均值

統計男性與女性員工的平均體重

同樣是求滿足條件的平均值，**AVERAGEIF** 函數不同於 **DAVERAGE** 函數，可以直接從範圍內搜尋符合條件的資料後再計算平均值，條件不需要用表格方式呈現，但是一次只能指定一個搜尋條件。

◉ 範例分析

健檢報告中，用 **AVERAGEIF** 函數計算出公司所有男性與女性員工的平均體重。

指定 **性別** 欄位內的資料為條件範圍，G3、G4 儲存格的 "男"、"女" 為搜尋條件，計算符合條件的員工於 **體重** 欄位內的數值平均數。

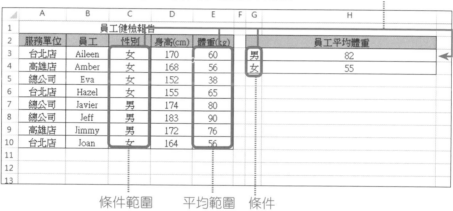

	A	B	C	D	E	F	G	H
1			員工健檢報告					
2	服務單位	員工	性別	身高(cm)	體重(kg)			員工平均體重
3	台北店	Aileen	女	170	60		男	82
4	高雄店	Amber	女	168	56		女	55
5	總公司	Eva	女	152	38			
6	台北店	Hazel	女	155	65			
7	總公司	Javier	男	174	80			
8	總公司	Jeff	男	183	90			
9	高雄店	Jimmy	男	172	76			
10	台北店	Joan	女	164	56			
11								
12								
13								

　　　　　　　條件範圍　　　平均範圍　　條件

AVERAGEIF 函數　　　　　　　　　　　　　　　　　　　　Ⅰ 統計

說明：計算範圍中符合條件的所有資料的平均值。

格式：**AVERAGEIF(條件範圍,條件,平均範圍)**

引數：**條件範圍**　　要進行評估的儲存格範圍。

　　　條件　　　　要進行評估的的條件，可指定數值、條件式、儲存格參照或字串，如果是字串或條件式，前後必須用引號 " 區隔。

　　　平均範圍　　要計算平均值的儲存格範圍。

● 操作說明

C	D	E	F	G	H	I
健檢報告						
性別	身高(cm)	體重(kg)			**①** 員工平均體重	
女	170	60		男	=AVERAGEIF($C$3:$C$10,G3,$E$3:$E$10)	
女	168	56		女		
女	152	38				
女	155	65				
男	174	80				
男	183	90				
男	172	76				
女	164	56				

G	H
	員工平均體重
男	82
女	

1 於 H3 儲存格運用 **AVERAGEIF** 函數統計男性員工平均體重，先指定 **性別** 欄內的資料為條件範圍 (C3:C10)、指定搜尋條件為 G3 儲存格，再指定 **體重** 欄內的資料為要計算平均值的儲存格範圍 (E3:E10)，輸入公式：

=AVERAGEIF($C$3:$C$10,G3,$E$3:$E$10)。

下個步驟要複製此公式，所以利用絕對參照指定 **性別** 與 **體重** 的儲存格範圍。

C	D	E	F	G	H	I
健檢報告						
性別	身高(cm)	體重(kg)			員工平均體重	
女	170	60		男	82	**②**
女	168	56		女		
女	152	38				
女	155	65				
男	174	80				
男	183	90				
男	172	76				
女	164	56				

G	H
	員工平均體重
男	82
女	55

2 於 H3 儲存格，按住右下角的 **填滿控點** 往下拖曳，至 H4 儲存格再放開滑鼠左鍵，完成女性員工平均體重的計算，產生的公式：

=AVERAGEIF($C$3:$C$10,G4,$E$3:$E$10)。

符合多個條件之所有資料的平均值

統計各服務單位男性、女性員工平均體重

同樣是求滿足條件的平均值，**AVERAGEIFS** 函數可以直接從範圍內搜尋符合多個條件的資料後再計算平均值。

○ 範例分析

健檢報告中，用 **AVERAGEIFS** 函數計算出公司各服務單位 (台北店、高雄店、總公司) 的男性與女性員工平均體重。

指定 **性別、服務單位** 欄位內的資料為條件範圍，G3、G4 儲存格的 "男"、"女" 為搜尋條件 1，H2、I2、J2 儲存格的 "台北店"、"高雄店"、"總公司" 為搜尋條件 2，計算符合條件的員工於 **體重** 欄位內的數值平均數。

	A	B	C	D	E	F	G	H	I	J	K
1			員工健檢報告					*各服務單位員工平均體重			
2	服務單位	員工	性別	身高(cm)	體重(kg)		性別	台北店	高雄店	總公司	
3	台北店	Aileen	女	170	50		男	60.5	76	85	
4	高雄店	Amber	女	168	56		女	57	66	56	
5	總公司	Eva	女	152	38						
6	台北店	Hazel	女	155	65						
7	總公司	Javier	男	174	80						
8	總公司	Jeff	男	183	90						
9	高雄店	Jimmy	男	172	76						
10	台北店	Joan	女	164	56						
11	台北店	David	男	155	65						
12	總公司	Lily	女	174	80						
13	總公司	Cynthia	女	183	50						

條件範圍 2　　條件範圍 1　　平均範圍　　條件 1　　　條件 2

AVERAGEIFS 函數　　　　　　　　　　　　　　　　　　　　| 統計

說明：計算範圍中符合多個條件的所有資料的平均值。

格式：**AVERAGEIFS(平均範圍,條件範圍1,條件1,[條件範圍2,條件2]...)**

引數：**平均範圍**　　要計算平均值的儲存格範圍。

　　　　條件範圍　　要進行評估的儲存格範圍。

　　　　條件　　　　要進行評估的條件，可指定數值、條件式、儲存格參照或字串，如果是字串或條件式，前後必須用引號 " 區隔。

公式的基礎

常用數值計算與進位

條件式統計分析

取得需要的資料

日期與時間資料處理

文字資料處理

財務資料計算

大量數據資料整理與驗證

主題資料表的函數應用

● 操作說明

	A	B	C	D	E	F	G	H	I	J	K	L	M
1		員工健檢報告					*各服務單位員工平均體重						
2	服務單位	員工	性別	身高(cm)	體重(kg)		性別	台北店	高雄店	總公司			
3	台北店	Aileen	女	170	50		男	=AVERAGEIFS($E$3:$E$15,$C$3:$C$15,$G3,$A$3:$A$15,H$2)					
4	高雄店	Amber	女	168	56		女						
5	總公司	Eva	女	152	38								
6	台北店	Hazel	女	155	65		①						
7	總公司	Javier	男	174	80								
8	總公司	Jeff	男	183	90								
9	高雄店	Jimmy	男	172	76								
10	台北店	Joan	女	164	56								
11	台北店	David	男	155	65								
12	總公司	Lily	女	174	80								

1 於 H3 儲存格運用 **AVERAGEIFS** 函數統計台北店男性員工平均體重，先指定 **體重** 欄內的資料為要計算平均值的儲存格範圍 (E3:E15)，以 **性別** 欄內的資料為 條件範圍 1 (C3:C15)、指定條件 1 為 G3 儲存格，再以 **服務單位** 欄內的資料為 條件範圍 2 (A3:A15)、指定條件 2 為 H2 儲存格，輸入公式：

=AVERAGEIFS($E$3:$E$15,$C$3:$C$15,$G3,$A$3:$A$15,H$2)。

下個步驟要複製此公式，所以利用絕對參照指定 **體重**、**性別**、**服務單位** 的儲存格範圍，
利用混合參照指定條件1(固定欄名)、條件2 (固定列號) 的儲存格範圍。

	B	C	D	E	F	G	H	I	J
		員工健檢報告				*各服務單位員工平均體重			
	員工	性別	身高(cm)	體重(kg)		性別	台北店	高雄店	總公司
	Aileen	女	170	50		男			
	Amber	女	168	56		女	②		→
	Eva	女	152	38					
	Hazel	女	155	65					
	Javier	男	174	80					
	Jeff	男	183	90					

2 於 H3 儲存格，按住右下角的 **填滿控點** 往右拖曳，至 J3 儲存格再放開滑鼠左 鍵，完成高雄店、總公司的男性員工平均體重計算。

	B	C	D	E	F	G	H	I	J
		員工健檢報告				*各服務單位員工平均體重			
	員工	性別	身高(cm)	體重(kg)		性別	台北店	高雄店	總公司
	Aileen	女	170	50		男	60.5	76	85
	Amber	女	168	56		女			③
	Eva	女	152	38					
	Hazel	女	155	65					

	F	G	H	I	J
		*各服務單位員工平均體重			
		性別	台北店	高雄店	總公司
		男	60.5	76	85
		女	57	66	56

3 於 J3 儲存格，按住右下角的 **填滿控點** 往右拖曳，至 J4 儲存格再放開滑鼠左 鍵，完成台北店、高雄店、總公司的女性員工平均體重計算。

43 求最大值、最小值

計算基金最高與最低績效值

面對資料，常需要搜尋其中的最大值與最小值，這時應用 **MAX** 函數可顯示一組數值中的最大值而 **MIN** 函數可顯示一組數值中的最小值。

◉ 範例分析

基金績效表中，用 **MAX** 與 **MIN** 函數，取得十筆基金資料在近一年中最高與最低的績效值。

	A	B	C	D	E	F
1	基金績效表				淨值日期:	2月28日
2	基金名稱	淨值	幣別	近三月績效	近六月績效	近一年績效
3	天然資源	46.35	美元	4.32%	2.68%	14.55%
4	生物科技	4.7	美元	2.26%	6.71%	5.44%
5	石油煤能源	20.83	美元	0.06%	3.86%	0.82%
6	金融產業	29.73	美元	2.52%	6.75%	13.18%
7	消費性產品	22.81	美元	1.64%	12.25%	6.08%
8	基礎建設	59.92	美元	7.45%	2.47%	22.28%
9	黃金貴金屬	179.87	美元	2.14%	28.41%	6.04%
10	資訊科技	89.02	美元	11.74%	1.20%	12.26%
11	醫療產業	25.58	美元	3.88%	16.22%	27.62%
12	亞洲成長基金	8.41	美元	7%	17.62%	25.15%
13						
14					高績效	27.62%
15					低績效	0.82%

用 **MAX** 函數計算基金資料近一年績效中的最大值。

用 **MIN** 函數計算基金資料近一年績效中的最小值。

MAX 函數 | 統計

說明：傳回一組數值中的最大值。

格式：**MAX(數值1,數值2,...)**

引數：**數值** 為數值、參照儲存格、儲存格範圍。

MIN 函數 | 統計

說明：傳回一組數值中的最小值。

格式：**MIN(數值1,數值2,...)**

引數：**數值** 為數值、參照儲存格、儲存格範圍。

● 操作說明

	A	B	C	D	E	F
1	基金績效表				淨值日期：	2月28日
2	基金名稱	淨值	幣別	近三月績效	近六月績效	近一年績效
3	天然資源	46.35	美元	4.32%	2.68%	14.55%
4	生物科技	4.7	美元	2.26%	6.71%	5.44%
5	石油煤能源	20.83	美元	0.06%	3.86%	0.82%
6	金融產業	29.73	美元	2.52%	6.75%	13.18%
7	消費性產品	22.81	美元	1.64%	12.25%	6.08%
8	基礎建設	59.92	美元	7.45%	2.47%	22.28%
9	黃金貴金屬	179.87	美元	2.14%	28.41%	6.04%
10	資訊科技	89.02	美元	11.74%	1.20%	12.26%
11	醫療產業	25.58	美元	3.88%	16.22%	27.62%
12	亞洲成長基金	8.41	美元	7%	17.62%	25.15%
13						①
14					高績效	=MAX(F3:F12)
15					低績效	

D	E	F
	淨值日期：	2月28日
近三月績效	近六月績效	近一年績效
4.32%	2.68%	14.55%
2.26%	6.71%	5.44%
0.06%	3.86%	0.82%
2.52%	6.75%	13.18%
1.64%	12.25%	6.08%
7.45%	2.47%	22.28%
2.14%	28.41%	6.04%
11.74%	1.20%	12.26%
3.88%	16.22%	27.62%
7%	17.62%	25.15%
	高績效	27.62%
	低績效	

① 於 F14 儲存格要計算儲存格範圍 F3:F12 內近一年績效中的最大值，輸入公式：
=MAX(F3:F12)。

	A	B	C	D	E	F
1	基金績效表				淨值日期：	2月28日
2	基金名稱	淨值	幣別	近三月績效	近六月績效	近一年績效
3	天然資源	46.35	美元	4.32%	2.68%	14.55%
4	生物科技	4.7	美元	2.26%	6.71%	5.44%
5	石油煤能源	20.83	美元	0.06%	3.86%	0.82%
6	金融產業	29.73	美元	2.52%	6.75%	13.18%
7	消費性產品	22.81	美元	1.64%	12.25%	6.08%
8	基礎建設	59.92	美元	7.45%	2.47%	22.28%
9	黃金貴金屬	179.87	美元	2.14%	28.41%	6.04%
10	資訊科技	89.02	美元	11.74%	1.20%	12.26%
11	醫療產業	25.58	美元	3.88%	16.22%	27.62%
12	亞洲成長基金	8.41	美元	7%	17.62%	25.15%
13						
14					高績效	② 27.62%
15					低績效	=MIN(F3:F12)

D	E	F
	淨值日期：	2月28日
近三月績效	近六月績效	近一年績效
4.32%	2.68%	14.55%
2.26%	6.71%	5.44%
0.06%	3.86%	0.82%
2.52%	6.75%	13.18%
1.64%	12.25%	6.08%
7.45%	2.47%	22.28%
2.14%	28.41%	6.04%
11.74%	1.20%	12.26%
3.88%	16.22%	27.62%
7%	17.62%	25.15%
	高績效	27.62%
	低績效	0.82%

② 於 F15 儲存格要計算儲存格範圍 F3:F12 內近一年績效中的最小值，輸入公式：
=MIN(F3:F12)。

Tips

MAX 與 **MIN** 函數，其中的數值引數中如果不相鄰時，必須用 "," 或 ":" 區隔，指定正確的儲存格或儲存格範圍。另外空白儲存格並不代表數值 0，如果是數值 0，一定要輸入「0」。

44 求中位數與出現頻率最高的值

以年資統計出公司人員分佈的中位數與眾數

中位數與眾數是統計學中最常使用的統計量，而藉由 **MEDIAN** 與 **MODE** 函數的計算，就可以輕鬆分析資料的集中趨勢。

◯ 範例分析

以員工的年資記錄為基準，使用 **MEDIAN** 函數取得年資的中位數，另外使用 **MODE** 函數統計出年資中出現頻率最多的值。

	A	B	C	D	E	F
1	員工年資記錄表					
2	員工	性別	年資		員工年資	
3	Aileen	女	5		中位數	5.5
4	Amber	女	9		眾數	6
5	Eva	女	11			
6	Hazel	女	6			
7	Javier	男	6			
8	Jeff	男	4			
9	Jimmy	男	1			
10	Joan	女	3			
11						
12						

MEDIAN 函數使用時，會以 **年資** 欄位進行分析，由小到大排序為 1,3,4,5,6,6,9,11，其中因為數據的個數是偶數 (共有八筆資料)，所以計算方式為：取中間的二個值 5、6 加起來之後計算平均，而最後得到的數值即是這群數據的中位數。

用 **MODE** 函數統計 **年資** 欄位中出現最多次的年資數值。

MEDIAN 函數 | 統計

說明：自動以小到大排序後，傳回這組數值位於中間的值。筆數為偶數時，為中間二個數加總後的平均值；筆數為奇數時，即為排列中最中間的值。

格式：**MEDIAN(數值1,數值2,...)**

引數：**數值** 為數值、參照儲存格、儲存格範圍，當值為字串、空白儲存格或邏輯值時會被忽略。

MODE 函數 | 統計

說明：傳回一組數值中最常出現的數值。

格式：**MODE(數值1,數值2,...)**

引數：**數值** 為數值、參照儲存格、儲存格範圍，當值為字串、空白儲存格或邏輯值時會被忽略。

● 操作說明

	A	B	C	D	E	F
1	員工年資記錄表					
2	員工	性別	年資		員工年資	
3	Aileen	女	5		中位數	=MEDIAN(C3:C10)
4	Amber	女	9		眾數	
5	Eva	女	11			
6	Hazel	女	6			
7	Javier	男	6			
8	Jeff	男	4			
9	Jimmy	男	1			
10	Joan	女	3			
11						

D	E	F
	員工年資	
	中位數	5.5
	眾數	

1 於 F3 儲存格要計算儲存格範圍 C3:C10 內公司員工年資的中位數，輸入公式：
=MEDIAN(C3:C10)。

	A	B	C	D	E	F
1	員工年資記錄表					
2	員工	性別	年資		員工年資	
3	Aileen	女	5		中位數	5.5
4	Amber	女	9		眾數	=MODE(C3:C10)
5	Eva	女	11			
6	Hazel	女	6			
7	Javier	男	6			
8	Jeff	男	4			
9	Jimmy	男	1			
10	Joan	女	3			
11						

D	E	F
	員工年資	
	中位數	5.5
	眾數	6

2 於 F4 儲存格要計算儲存格範圍 C3:C10 內公司員工年資出現頻率最多次的數值，輸入公式：**=MODE(C3:C10)**。

Tips

一組數值中，**MEDIAN** 函數計算出來的中位數有一半的數值會比它大，而另外一半的數值會比它小。在計算時除了把一群數值按照小至大順序排列外，如果這組數值的個數是奇數，那中位數就是這組數值位於中間的值；如果這組數值的個數是偶數，那中間二個值加總之後的平均值，就是這組數值的中位數。

另外用 **MODE** 函數計算時，如果求得的眾數有二個以上時，則是以最先出現在資料表中的數值為結果值。

取得前幾名、後幾名的值

統計花費最多的前二名金額與品名

生活支出、學校考試、各類型比賽，常會需依照分數取得前幾名或後幾名的值以及項目、人員名稱...等資料，這時可以運用 **LARGE**、**SMALL** 與 **LOOKUP** 函數。

● 範例分析

公司雜項第一季支出中，運用 **LARGE** 函數可取得支出前幾名的金額，而 **SMALL** 函數則可取得支出後幾名的金額，這二個函數的運用方式相同，此例中以 **LARGE** 函數示範，另外再加上 **LOOKUP** 函數找出相對應的品名。

指定 **第一季支出** 欄位內的資料為參考範圍，指定等級 "1"，
求得第一名支出金額。

	A	B	C	D	E	F	G	H	I
1			公司雜項支出						
2	品名	一月	二月	三月	第一季支出		第一季支出金額最高的二個項目		
3	清潔用品	200	120	54	374		排名	第一季支出	品名
4	其他雜支	340	290	560	1,190		1	10,070	差旅費用
5	辦公設備	2,090	800	530	3,420		2	7,209	郵寄費用
6	公關費用	1,300	500	2,000	3,800				
7	書籍雜誌	1,035	890	2,560	4,485				
8	文具用品	660	2,100	2,000	4,760				
9	硬體機器	3,000	2,100	900	6,000				
10	餐飲費用	2,800	460	3,800	7,060				
11	郵寄費用	1,000	2,399	3,810	7,209				
12	差旅費用	4,590	4,580	900	10,070				

以求得的第一名支出金額為依據，回到 "公司雜項支出" 表中 **第一季支出** 欄位搜尋到該金額，再取得該金額 **品名** 欄位內對應的資料傳回。

LARGE 函數
I 統計

說明：求得範圍中指定排在第幾順位的值 (由大到小排序)

格式：**LARGE(範圍,等級)**

引數：**範圍**　計算的陣列或儲存格範圍。

等級　範圍中從最大的值算起，最大值的等級為「1」。等級可以直接輸入「1」、「2」...，但不可以超過原有資料個數。

SMALL 函數　　　　　　　　　　　　　　　　　　　　　　| 統計

說明：求得範圍中指定排在第幾順位的值 (由小到大排序)

格式：**SMALL(範圍,等級)**

引數：**範圍**　計算的陣列或儲存格範圍。

　　　等級　範圍中從最小的值算起，最小值的等級為「1」。等級可以直接輸入「1」、「2」...，但不可以超過原有資料個數。

LOOKUP 函數　　　　　　　　　　　　　　　　　　　　| 檢視與參照

說明：從搜尋範圍搜尋指定值，再從對應範圍傳回其對應的值。

格式：**LOOKUP(搜尋值,搜尋範圍,對應範圍)**

引數：**搜尋值**　　設定要搜尋的值。

　　　搜尋範圍　為單一列或單一欄的儲存格範圍。

　　　對應範圍　相對應而且一樣大小的單一列或單一欄的儲存格範圍。

● 操作說明

▲	D	E	F	G	H	I	J
1	支出						
2	三月	第一季支出		第一季-支出金額最高的二個項目			
3	2560	4,485		排名	第一季支出	品名	
4	2000	4,760		1	=LARGE($E$3:$E$12,G4)		
5	54	374		2			
6	530	3,420					
7	900	6,000					
8	3810	7,209					
9	900	10,070					
10	3800	7,060					
11	2000	3,800					
12	560	1,190					

▲	F	G	H	I
1				
2		第一季-支出金額最高的二個項目		
3		排名	第一季支出	品名
4		1	10,070	
5		2	7,209	
6				
7				
8				
9				
10				
11				
12				

1 於 H4 儲存格要求得第一季支出最高的金額，用 **LARGE** 函數以 **第一季支出** 資料為整體資料範圍 (E3:E12)，再指定等級為 G4 儲存格，輸入公式：
=LARGE($E$3:$E$12,G4)。

下個步驟要複製此公式，所以利用絕對參照指定 **第一季支出** 資料的儲存格範圍。

2 於 H4 儲存格，按住右下角的 **填滿控點** 往下拖曳，至 H5 儲存格再放開滑鼠左鍵，求得第一季支出第二高的金額。

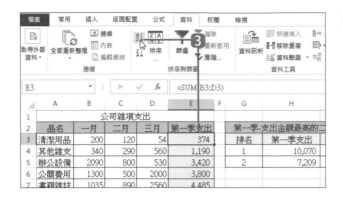

3 接下來要用的 **LOOKUP** 函數中 **搜尋範圍** 引數的範圍必需是 **遞增** 排序，因此選取 **E3** 儲存格，於 **資料** 索引標籤選按 **從最小到最大排序**，讓整個資料內容依據第一季支出金額，從小到大遞增排序。

	A	B	C	D	E	F	G	H	I	J	K	L
1			公司雜項支出									
2	品名	一月	二月	三月	第一季支出		第一季·支出金額最高的二個項目					
3	清潔用品	200	120	54	374		排名	第一季支出	品名			
4	其他雜支	340	290	560	1,190		1	10,070	=LOOKUP(H4,$E$3:$E$12,$A$3:$A$12)			
5	辦公設備	2090	800	530	3,420		2	7,209				
6	公關費用	1300	500	2000	3,800							
7	書籍雜誌	1035	890	2560	4,485							
8	文具用品	660	2100	2000	4,760							
9	硬體機器	3000	2100	900	6,000							
10	餐飲費用	2800	460	3800	7,060							
11	郵寄費用	1000	2399	3810	7,209							
12	差旅費用	4590	4580	900	10,070							
13												

4 於 **I4** 儲存格要求得支出排名第一的品名，用 **LOOKUP** 函數以支出排名第一的金額為搜尋值 (H4 儲存格)，**第一季支出** 資料為搜尋範圍 (E3:E12)，**品名** 資料為對應範圍 (A3:A12)，輸入公式：

=LOOKUP(H4,$E$3:$E$12,$A$3:$A$12)

下個步驟要複製此公式，所以利用絕對參照指定搜尋範圍與對應範圍。

	A	B	C	D	E	F	G	H	I	J	K	L
1			公司雜項支出									
2	品名	一月	二月	三月	第一季支出		第一季·支出金額最高的二個項目					
3	清潔用品	200	120	54	374		排名	第一季支出	品名			
4	其他雜支	340	290	560	1,190		1	10,070	差旅費用			
5	辦公設備	2090	800	530	3,420		2	7,209	郵寄費用			
6	公關費用	1300	500	2000	3,800							
7	書籍雜誌	1035	890	2560	4,485							
8	文具用品	660	2100	2000	4,760							
9	硬體機器	3000	2100	900	6,000							
10	餐飲費用	2800	460	3800	7,060							

5 於 **I4** 儲存格，按住右下角的 **填滿控點** 往下拖曳，至 **I5** 儲存格再放開滑鼠左鍵，求得支出排名第二的品名。

公式的基礎

常用數值計算與進位

條件式統計分析

取得需要的資料

日期與時間資料處理

文字資料處理

財務資料計算

大量數據資料整理與驗證

主題資料表的函數應用

46 顯示排名順序
統計第一季雜項支出排行榜

RANK.EQ 函數可為指定範圍內的數值加上排名編號，當數值有重複時會以同一個排名編號顯示，但下一個排名編號則會被跳過。

● 範例分析

公司雜項支出中，依據 **總計** 欄的值使用 **RANK.EQ** 函數傳回每項品名的支出排行。(支出金額最多的項目為第一名)

▲	A	B	C	D	E	F	G
1			公司雜項支出				
2	支出排名	品名	一月	二月	三月	總計	
3	1	差旅費用	4590	4580	900	10070	
4	2	郵寄費用	1000	2399	3810	7209	
5	3	餐飲費用	2800	460	3800	7060	
6	4	硬體機器	3000	2100	900	6000	
7	5	文具用品	660	2100	2000	4760	
8	6	書籍雜誌	1035	890	2560	4485	
9	7	公關費用	1300	500	2000	3800	
10	8	辦公設備	2090	800	530	3420	
11	9	其他雜支	340	290	560	1190	
12	10	清潔用品	200	120	54	374	
13							
14							

總計 是用 **SUM** 函數加總各月份的費用。

用 **RANK.EQ** 函數指定 **總計** 欄位內的值為要排序依據，再指定整個 **總計** 欄位為參考範圍，求得出各項品名的 **支出排名**。

透過拖曳的方式，複製 A3 儲存格公式，計算出其他品名的 **支出排名**。最後依求得的 **支出排名** 遞增排序，讓整體資料內容從第一名到第十名進行顯示。

RANK.EQ 函數　　　　　　　　　　　　　　　　　　　　　　　　| 統計

說明：傳回指定數值在範圍內的排名順序。

格式：RANK.EQ(數值,範圍,排序方法)

引數：數值　指定要排名的數值或儲存格參照。

　　　　範圍　陣列或儲存格參照範圍。

　　　　排序　指定排序的方法，省略或輸入「0」會將資料為由大到小的遞減排序；
　　　　　　　　輸入「1」為由小到大的遞增排序。

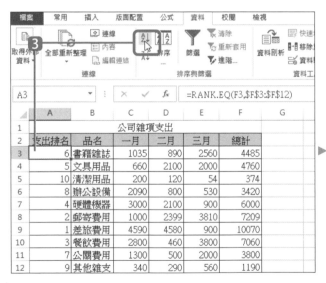

1 於 **A3** 儲存格運用 **RANK.EQ** 函數統計以 **總計** 欄中的值進行排名，先指定要排序的數值 **F3** 儲存格，再以 **總計** 資料為整體資料範圍 (F3:F12)，輸入公式：
=RANK(F3,$F$3:$F$12)。

下個步驟要複製此公式，所以利用絕對參照指定 **總計** 資料的儲存格範圍。

2 於 **A3** 儲存格，按住右下角的 **填滿控點** 往下拖曳，至最後一項品名再放開滑鼠左鍵，可快速完成其他品名的支出排名。

3 最後選取 **A3** 儲存格，於 **資料** 索引標籤選按 **從最小到最大排序**，讓整體資料內容從第一名到第十名進行顯示。

取得需要的資料

面對手頭上資料筆數眾多的資料表,如:人數統計表、
績效考核表、進貨單、員工名冊、選課單、費用表...等,
運用函數可快速從多筆資料中取得符合條件的內容,
或可搜尋需要的資料進行計算與符號標註,不但省時方
便,也能讓你更有效的應用這些資料表。

47 依條件判斷需顯示的三種結果

比較去年與今年人數：增、減、相同

IF 函數很常被使用，不只可以判斷 "條件成立" 與 "不成立" 二個結果下的動作，若寫成巢狀式 **IF** 公式，則可判斷更多的狀況並讓看似簡單的邏輯判斷函數擁有更多的變化。

範例分析

旅遊人數統計表中要依 2013 年與 2014 年統計的人數做比較，並傳回三種結果。2014 年人數大於 2013 年時顯示 "↑"，小於 2014 年時顯示 "↓"，相同時則顯示 "-"。

	A	B	C	D	E	F	G	H
1	國民旅遊人數統計表							
2								
3	國家	2013	2014	比較				
4	歐洲	2,846,572	2,739,055	↓				
5	日本	1,136,394	136,300	↓				
6	韓國	723,266	822,729	↑				
7	馬來西亞	207,808	241,893	↑				
8	新加坡	193,170	193,170	-				
9	香港	2,156,760	2,021,212	↓				
10								
11								
12								

以 2013 與 2014 年統計的人數進行比較，
再將比較結果顯示於 **比較** 欄中。

IF 函數 | 邏輯

説明：**IF** 函數是一個判斷式，可依條件判定的結果分別處理，假設儲存格的值檢驗為 TRUE (真) 時，就執行條件成立時的命令，反之 FALSE (假) 則執行條件不成立時的命令。

格式：**IF(條件,條件成立,條件不成立)**

引數：

- **條件**　使用比較運算子的邏輯式設定條件判斷式。
- **條件成立**　若符合條件時的處理方式或顯示的值。
- **條件不成立**　若不符合條件時的處理方式或顯示的值。

公式的基礎

常用數值計算與進位

條件式統計分析

取得需要的資料

日期與時間資料處理

文字資料處理

財務資料計算

大量數據資料整理與驗證

主題資料表的函數應用

● 操作說明

	A	B	C	D	E	F	G	H
1	國民旅遊人數統計表							
2								
3	國家	2013	2014	比較				
4	歐洲	2,846,572	2,739,055	=IF(C4>B4,"↑",IF(C4<B4,"↓","-"))				
5	日本	1,136,394	136,300	①				
6	韓國	723,266	822,729					
7	馬來西亞	207,808	241,893					
8	新加坡	193,170	193,170					
9	香港	2,156,760	2,021,212					
10								
11								
12								
13								

① 於 D4 儲存格要使用巢狀結構的二個 **IF** 函數，先以第一個 **IF** 函數判斷當 2014 年人數統計的值大於 2013 年時顯示 "↑"，再以第二個 **IF** 函數判斷當 2014 年人數統計的值小於 2013 年時顯示 "↓"，否則顯示 "-"，輸入公式：

=IF(C4>B4,"↑",IF(C4<B4,"↓","-"))。

	A	B	C	D	E	F	G	H
1	國民旅遊人數統計表							
2								
3	國家	2013	2014	比較				
4	歐洲	2,846,572	2,739,055	↓	②			
5	日本	1,136,394	136,300	↓				
6	韓國	723,266	822,729	↑				
7	馬來西亞	207,808	241,893	↑				
8	新加坡	193,170	193,170	-				
9	香港	2,156,760	2,021,212	↓				
10								
11								
12								
13								

② 於 D4 儲存格，按住右下角的 **填滿控點** 往下拖曳，至最後一個國家統計項目再放開滑鼠左鍵，可快速完成所有國家旅遊人數統計比較。

48 依指定的值顯示符號

考核表中以 ★ 符號呈現評價分數

REPT 函數可顯示指定的字串,讓資料表除了數字與文字,也可以透過圖形符號來呈現。

● 範例分析

績效考核表中,需考核每位員工創新、語文能力、完成度這三個項目,接著於 **評價合計** 欄加總三項的分數並以 ★ 符號呈現評價分數。

	A	B	C	D	E	F	G	H	I	J
1	員工績效考核表 / 期間:2014年度									
2										
3	姓名	工作代號	部門	創新	語文能力	完成度		評價合計		
4	陳淑貞	A001	採購	1	1	2	4	★★★★		
5	楊廷德	A002	業務	2	1	3	6	★★★★★★		
6	徐佳瑩	A003	業務	2	2	3	7	★★★★★★★		
7	吳登合	A004	人事	1	2	2	5	★★★★★		
8	陳啟盈	A005	採購	2	1	1	4	★★★★		
9										
10	**1=未達成績效標準		2=成功達成績效標準		3=超過績效標準					

用 **SUM** 函數,加總三個項目的分數。⋯⋯⋯⋯ 用 **REPT** 函數,以加總後的值轉變成 ★ 符號呈現。

SUM 函數
數學與三角函數

說明:求得指定數值、儲存格或儲存格範圍內所有數值的總和。

格式:**SUM(數值1,數值2,...)**

REPT 函數
文字

說明:以指定的次數複製並顯示字串內容。

格式:**REPT(字串,次數)**

引數: **字串** 字串或有字串內容的儲存格,若是直接輸入文字、符號,需要用半形雙引號 " 將文字、符號括住,若沒括住會傳回錯誤訊息:[#NAME?]。

次數 指定值或有數值資料的儲存格,如果數值有小數位數時,預設會直接捨棄小數點以下的數值。

公式的基礎

常用數值計算與進位

條件式統計分析

取得需要的資料

日期與時間資料處理

文字資料處理

財務資料計算

大量數據資料整理與驗證

主題資料表的函數應用

操作說明

	A	B	C	D	E	F	G	H
1	員工績效考核表 / 期間：2014年度							
2								
3	姓名	工作代號	部門	創新	語文能力	完成度	評價合計	
4	陳淑貞	A001	採購	1	1	2	=SUM(D4:F4)	
5	楊廷德	A002	業務	2	1	3		
6	徐佳蓉	A003	業務	2	2	3		
7	吳登合	A004	人事	1	2	2		
8	陳啟盈	A005	採購	2	1	1		
9								
10	**1=未達成績效標準		2=成功達成績效標準		3=超過績效標準			
11								
12								

1️⃣ 於 G4 儲存格輸入加總 D4、E4、F3 儲存格的公式：**=SUM(D4:F4)**。

2️⃣ 於 G4 儲存格，按住右下角的 **填滿控點** 往下拖曳，至最後一位員工項目再放開滑鼠左鍵，可快速完成所有員工的評價合計運算。

	A	B	C	D	E	F	G	H	I
1	員工績效考核表 / 期間：2014年度								
2									
3	姓名	工作代號	部門	創新	語文能力	完成度		評價合計	
4	陳淑貞	A001	採購	1	1	2	4	=REPT("★",G4)	
5	楊廷德	A002	業務	2	1	3	6		
6	徐佳蓉	A003	業務	2	2	3	7		
7	吳登合	A004	人事	1	2	2	5		
8	陳啟盈	A005	採購	2	1	1	4		
9									
10	**1=未達成績效標準		2=成功達成績效標準		3=超過績效標準				
11									

3️⃣ 於 H4 儲存格輸入將加總的數值以 ★ 呈現的公式：**=REPT("★",G4)**。

4️⃣ 於 H4 儲存格，按住右下角的 **填滿控點** 往下拖曳，至最後一位員工項目再放開滑鼠左鍵，可快速將所有員工的評價合計以 ★ 符號呈現。

取出符合條件的資料並加總

查詢特定商品的進貨日期、進貨金額與金額總和

IF 與 **SUM** 函數的搭配,可以讓整份資料運算出更多依條件取得的值。

▶ 範例分析

進貨單中除了左側的主資料表,在此希望取得 "曼特寧咖啡豆" 與 "摩卡咖啡豆" 這二個商品的 **進貨日期** 與 **進貨金額**,並計算其 **總進貨額**。

	日期	商品	數量	單價/磅	金額	曼特寧咖啡豆&摩卡咖啡豆 進貨日期	進貨金額
1	進貨單						
2						曼特寧咖啡豆&摩卡咖啡豆	
3	日期	商品	數量	單價/磅	金額	進貨日期	進貨金額
4	2014/8/2	哥倫比亞咖啡豆	50	300	15000		
5	2014/8/15	曼特寧咖啡豆	30	700	21000	2014/8/15	21000
6	2014/8/30	藍山咖啡豆	20	680	13600		
7	2014/9/2	巴西咖啡豆	10	530	5300		
8	2014/9/15	藍山咖啡豆	20	680	13600		
9	2014/9/30	曼特寧咖啡豆	10	700	7000	2014/9/30	7000
10	2014/10/2	哥倫比亞咖啡豆	5	300	1500		
11	2014/10/15	巴西咖啡豆	30	530	15900		
12	2014/10/30	曼特寧咖啡豆	30	700	21000	2014/10/30	21000
13	2014/11/2	摩卡咖啡豆	40	890	35600	2014/11/2	35600
14	2014/11/5	藍山咖啡豆	10	680	6800		
15	2014/11/30	哥倫比亞咖啡豆	50	300	15000		
16						總進貨額:	84600
17							

主資料表
(A3:F15 儲存格)

SUM 函數 | 數學與三角函數

說明:求得指定儲存格範圍內所有數字的總和。

格式:**SUM(範圍1,範圍2,...,範圍30)**

IF 函數 | 邏輯

說明:一個判斷式,可依條件判定的結果分別處理。

格式:**IF(條件,條件成立,條件不成立)**

OR 函數 | 邏輯

說明:指定的條件只要符合一個即可。

格式:**OR(條件1,條件2,...)**

◉ 操作說明

	A	B	C	D	E	F	G	H	I	J	K
1	進貨單										
2							曼特寧咖啡豆&摩卡咖啡豆				
3	日期	商品	數量	單價/磅	金額		進貨日期	進貨金額			
4	2014/8/2	哥倫比亞咖啡豆	50	300	15000		=IF(OR($B4="曼特寧咖啡豆",$B4="摩卡咖啡豆"),A4,"")				
5	2014/8/15	曼特寧咖啡豆	30	700	21000						
6	2014/8/30	藍山咖啡豆	20	680	13600		①				

① 於 G4 儲存格要進行判斷並取得指定值，只要商品為 "曼特寧咖啡豆" 或 "摩卡咖啡豆" 時即顯示其 **日期** 欄中的資料，所以在此 **IF** 函數中用了 **OR** 判斷：
=IF(OR($B4="曼特寧咖啡豆",$B4="摩卡咖啡豆"),A4,"")。

	A	B	C	D	E	F	G	H	I	J	K
1	進貨單										
2							曼特寧咖啡豆&摩卡咖啡豆				
3	日期	商品	數量	單價/磅	金額		進貨日期	進貨金額			
4	2014/8/2	哥倫比亞咖啡豆	50	300	15000						
5	2014/8/15	曼特寧咖啡豆	30	700	21000		2014/8/15	②			
6	2014/8/30	藍山咖啡豆	20	680	13600						
7	2014/9/2	巴西咖啡豆	10	530	5300						
8	2014/9/15	藍山咖啡豆	20	680	13600						
9	2014/9/30	摩卡咖啡豆	10	700	7000		2014/9/30				
10	2014/10/2	哥倫比亞咖啡豆	5	300	1500						
11	2014/10/15	巴西咖啡豆	30	530	15900						
12	2014/10/30	摩卡咖啡豆	30	700	21000		2014/10/30				
13	2014/11/2	摩卡咖啡豆	40	890	35600		2014/11/2				
14	2014/11/15	藍山咖啡豆	10	680	6800						
15	2014/11/30	哥倫比亞咖啡豆	50	300	15000						
16							總進貨額：				
17											

② 於 G4 儲存格，按住右下角的 **填滿控點** 往下拖曳，至最後一個商品項目再放開滑鼠左鍵，可快速完成所有商品資料的判斷。

	A	B	C	D	E	F	G	H	I	J	K
1	進貨單										
2							曼特寧咖啡豆&摩卡咖啡豆				
3	日期	商品	數量	單價/磅	金額		進貨日期	進貨金額			
4	2014/8/2	哥倫比亞咖啡豆	50	300	15000			=IF(OR($B4="曼特寧咖啡豆",$B4="摩卡咖啡豆"),E4,"")			
5	2014/8/15	曼特寧咖啡豆	30	700	21000		2014/8/15				
6	2014/8/30	藍山咖啡豆	20	680	13600		③				

③ 同樣的，於 H4 儲存格要進行判斷並取得指定值，只要商品為 "曼特寧咖啡豆" 或 "摩卡咖啡豆" 時即顯示其 **金額** 欄中的資料，所以在此 **IF** 函數中用了 **OR** 判斷：
=IF(OR($B4="曼特寧咖啡豆",$B4="摩卡咖啡豆"),E4,"")。

▲	A	B	C	D	E	F	G	H	I	J	K
1	進貨單										
2							曼特寧咖啡豆&摩卡咖啡豆				
3	日期	商品	數量	單價/磅	金額		進貨日期	進貨金額			
4	2014/8/2	哥倫比亞咖啡豆	50	300	15000						
5	2014/8/15	曼特寧咖啡豆	30	700	21000		2014/8/15	21000			
6	2014/8/30	藍山咖啡豆	20	680	13600						
7	2014/9/2	巴西咖啡豆	10	530	5300						
8	2014/9/15	藍山咖啡豆	20	680	13600						
9	2014/9/30	曼特寧咖啡豆	10	700	7000		2014/9/30	7000			
10	2014/10/2	哥倫比亞咖啡豆	5	300	1500						
11	2014/10/15	巴西咖啡豆	30	530	15900						
12	2014/10/30	曼特寧咖啡豆	30	700	21000		2014/10/30	21000			
13	2014/11/2	摩卡咖啡豆	40	890	35600		2014/11/2	35600			
14	2014/11/15	藍山咖啡豆	10	680	6800						
15	2014/11/30	哥倫比亞咖啡豆	50	300	15000						
16							總進貨額：				
17											

4 於 H4 儲存格，按住右下角的 **填滿控點** 往下拖曳，至最後一個商品項目再放開滑鼠左鍵，可快速完成所有商品資料的判斷。

▲	A	B	C	D	E	F	G	H	I	J	K
1	進貨單										
2							曼特寧咖啡豆&摩卡咖啡豆				
3	日期	商品	數量	單價/磅	金額		進貨日期	進貨金額			
4	2014/8/2	哥倫比亞咖啡豆	50	300	15000						
5	2014/8/15	曼特寧咖啡豆	30	700	21000		2014/8/15	21000			
6	2014/8/30	藍山咖啡豆	20	680	13600						
7	2014/9/2	巴西咖啡豆	10	530	5300						
8	2014/9/15	藍山咖啡豆	20	680	13600						
9	2014/9/30	曼特寧咖啡豆	10	700	7000		2014/9/30	7000			
10	2014/10/2	哥倫比亞咖啡豆	5	300	1500						
11	2014/10/15	巴西咖啡豆	30	530	15900						
12	2014/10/30	曼特寧咖啡豆	30	700	21000		2014/10/30	21000			
13	2014/11/2	摩卡咖啡豆	40	890	35600		2014/11/2	35600			
14	2014/11/15	藍山咖啡豆	10	680	6800						
15	2014/11/30	哥倫比亞咖啡豆	50	300	15000						
16							總進貨額：	=SUM(H4:H15)			
17											

5 最後於 H16 儲存格求得總進貨額，即取出於 H4:H15 儲存格中金額的總額，輸入公式：**=SUM(H4:H15)**。

Tips

輸入了正確的公式卻出現奇怪資料？

Excel 中最常見的就是數值資料，數值預設的類別為：數值、貨幣、會計專用、日期、時間、百分比、分數...等，範例中 **進貨日期**、**進貨金額** 欄內的值均是由公式來產生，而其資料存放的儲存格已預先依會產生的資料內容分別設定為 **日期** 與 **數值** 類別的儲存格格式，若儲存格的格式設定錯誤，當然就無法出現正確的資料。

日期可呈現的格式有：12 月 25 日、2013/12/25、二〇一三年十二月二十五日、25-Dec-13、中華民國102年12月25日、民國102年12月25日...等。若想手動調整儲存格格式，可於選取要調整的儲存格後，於 **常用** 索引標籤選按 **數值** 區中的對話方塊啟動器，即可開啟 **儲存格格式** 對話方塊，接著於 **數值** 標籤中就可為儲存格指定合適的 **類別** 與 **類型**。

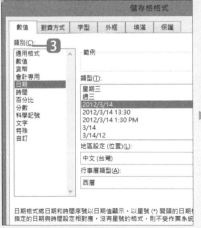

50 取得符合多重條件的資料並加總

計算多樣商品的進貨總額

相較於上一個範例 **IF** 函數與 **SUM** 函數的組合，**DSUM** 函數不僅可依條件取出相關資料，還能同時進行資料值的加總。

● 範例分析

這份進貨單要計算特定產品的進貨總額，首先於條件範圍中指定搜尋 **商品** 欄位內的 "曼特寧咖啡豆" 與 "摩卡咖啡豆" 這二個項目，取得其 **金額** 欄中的值計算進貨總額。

符合條件時加總 **金額** 欄位的值　　條件範圍

▲	A	B	C	D	E	F	G	H	I
1	進貨單								
2									
3	日期	商品	數量	單價/磅	金額		商品	此二項商品的進貨總額	
4	2014/8/2	哥倫比亞咖啡豆	50	300	15000		曼特寧咖啡豆	84600	
5	2014/8/15	曼特寧咖啡豆	30	700	21000		摩卡咖啡豆		
6	2014/8/30	藍山咖啡豆	20	680	13600				
7	2014/9/2	巴西咖啡豆	10	530	5300				
8	2014/9/15	藍山咖啡豆	20	680	13600				
9	2014/9/30	曼特寧咖啡豆	10	700	7000				
10	2014/10/2	哥倫比亞咖啡豆	5	300	1500				
11	2014/10/15	巴西咖啡豆	30	530	15900				
12	2014/10/30	曼特寧咖啡豆	30	700	21000				
13	2014/11/2	摩卡咖啡豆	40	890	35600				
14	2014/11/15	藍山咖啡豆	10	680	6800				
15	2014/11/30	哥倫比亞咖啡豆	50	300	15000				
16									
17									

資料庫的資料範圍 (A3:F15 儲存格)

DSUM 函數　　　　　　　　　　　　　　　　　　　　　　　　　| 資料庫

說明：從範圍中取出符合條件的資料，並求得其總和。

格式：**DSUM(資料庫,搜尋欄,條件範圍)**

引數：**資料庫**　　　包含欄位名稱及主要資料的儲存格範圍。

　　　　搜尋欄　　　符合條件時的計算對象，可以是欄位標題名稱 (例如："金額"；要用半型雙引號 " 括住)、欄編號 (最左欄的編號為1) 或欄位標題儲存格。

　　　　條件範圍　　條件的儲存格範圍，上一列是欄位名稱，下一列開始是要搜尋的條件項目。

操作說明

搜尋條件 的欄位名稱需與資料庫欄位名稱完全相同，這樣才能順利進行搜尋。

	A	B	C	D	E	F	G	H	I
1	進貨單						①		
2									
3	日期	商品	數量	單價/磅	金額		商品	此二項商品的進貨總額	
4	2014/8/2	哥倫比亞咖啡豆	50	300	15000		曼特寧咖啡豆		
5	2014/8/15	曼特寧咖啡豆	30	700	21000		摩卡咖啡豆		
6	2014/8/30	藍山咖啡豆	20	680	13600		②		
7	2014/9/2	巴西咖啡豆	10	530	5300				
8	2014/9/15	藍山咖啡豆	20	680	13600				
9	2014/9/30	曼特寧咖啡豆	10	700	7000				
10	2014/10/2	哥倫比亞咖啡豆	5	300	1500				
11	2014/10/15	巴西咖啡豆	30	530	15900				
12	2014/10/30	曼特寧咖啡豆	30	700	21000				
13	2014/11/2	摩卡咖啡豆	40	890	35600				
14	2014/11/15	藍山咖啡豆	10	680	6800				
15	2014/11/30	哥倫比亞咖啡豆	50	300	15000				
16									

① 於 G3 儲存格輸入要搜尋的欄位名稱：「商品」。

② 於 G4 與 G5 儲存格分別輸入指定的商品項目：「曼特寧咖啡豆」、「摩卡咖啡豆」。

	A	B	C	D	E	F	G	H	I
1	進貨單								
2									
3	日期	商品	數量	單價/磅	金額		商品	此二項商品的進貨總額	
4	2014/8/2	哥倫比亞咖啡豆	50	300	15000		曼特寧咖啡豆	=DSUM(A3:E15,E3,G3:G5)	
5	2014/8/15	曼特寧咖啡豆	30	700	21000		摩卡咖啡豆		
6	2014/8/30	藍山咖啡豆	20	680	13600			③	
7	2014/9/2	巴西咖啡豆	10	530	5300				
8	2014/9/15	藍山咖啡豆	20	680	13600				
9	2014/9/30	曼特寧咖啡豆	10	700	7000				
10	2014/10/2	哥倫比亞咖啡豆	5	300	1500				
11	2014/10/15	巴西咖啡豆	30	530	15900				
12	2014/10/30	曼特寧咖啡豆	30	700	21000				
13	2014/11/2	摩卡咖啡豆	40	890	35600				
14	2014/11/15	藍山咖啡豆	10	680	6800				
15	2014/11/30	哥倫比亞咖啡豆	50	300	15000				
16									

③ 於 H4 儲存格以 **DSUM** 函數在左側資料庫範圍 **商品** 欄中找出 "曼特寧咖啡豆"、"摩卡咖啡豆" 這二項商品並加總其金額，輸入公式：

=DSUM(A3:E15,E3,G3:G5)。

此引數也可輸入「"金額"」或「5」，其執行結果會相同。

51 取得符合多重條件的資料並加總

計算特定期間、特定商品的進貨總額 (AND \ OR 判斷)

與上個範例同樣是運用 **DSUM** 函數，只要搭配上多欄式的條件範圍，就可以快速取得工作表中符合多重條件的資料數值並進行加總。

● 範例分析

狀況一：取出同時符合 **日期** "和" **商品** 二個欄位中指定條件的資料並計算其進貨總額。
狀況二：取出符合 **日期** "或" **商品** 二個欄位中任一指定條件的資料並計算其進貨總額。

1	進貨單				
2					
3	日期	商品	數量	單價/磅	金額
4	2014/8/2	哥倫比亞咖啡豆	50	300	15000
5	2014/8/15	曼特寧咖啡豆	30	700	21000
6	2014/8/30	藍山咖啡豆	20	680	13600
7	2014/9/2	巴西咖啡豆	10	530	5300
8	2014/9/15	藍山咖啡豆	20	680	13600

日期	商品	進貨總額
>=2014/10/1	哥倫比亞咖啡豆	16500

日期	商品	進貨總額
>=2014/10/1		110800
	哥倫比亞咖啡豆	

⋯⋯狀況一　　　　　　　狀況二⋯⋯

● 操作說明

	A	B	C	D	E	F	G	H	I	J	K
2									①		
3	日期	商品	數量	單價/磅	金額		日期	商品	進貨總額		
4	2014/8/2	哥倫比亞咖啡豆	50	300	15000		>=2014/10/1	哥倫比亞咖啡豆	=DSUM(A3:E15,E3,G3:H4)		
5	2014/8/15	曼特寧咖啡豆	30	700	21000				②		
6	2014/8/30	藍山咖啡豆	20	680	13600				進貨總額		
7	2014/9/2	巴西咖啡豆	10	530	5300						
8	2014/9/15	藍山咖啡豆	20	680	13600						
9	2014/9/30	曼特寧咖啡豆	10	700	7000						
10	2014/10/2	哥倫比亞咖啡豆	5	300	1500						
11	2014/10/15	巴西咖啡豆	30	530	15900						
12	2014/10/30	曼特寧咖啡豆	30	700	21000						
13	2014/11/2	摩卡咖啡豆	40	890	35600						
14	2014/11/15	藍山咖啡豆	10	680	6800						
15	2014/11/30	哥倫比亞咖啡豆	50	300	15000						

① 於 G3、H3 儲存格分別輸入要搜尋的欄位名稱：「日期」、「商品」，再於 G4 與 H4 儲存格分別輸入指定的日期與商品項目：「>=2014/10/1」、「哥倫比亞咖啡豆」。

② 於 I4 儲存格，運用 **DSUM** 函數在資料庫範圍 **日期** 與 **商品** 欄中找出 "2014/10/1" 之後的資料且商品內容需為 "哥倫比亞咖啡豆" 的項目，並加總其金額，輸入公式：**=DSUM(A3:E15,E3,G3:H4)**

公式的基礎

常用數值計算與進位

條件式統計分析

取得需要的資料

日期與時間資料處理

文字資料處理

財務資料計算

大量數據資料整理與驗證

主題資料表的函數應用

3 於 G6、H6 儲存格分別輸入要搜尋的欄位名稱：「日期」、「商品」，再於 G7 與 H8 儲存格分別輸入指定的日期與商品項目：「>=2014/10/1」、「哥倫比亞咖啡豆」。

4 於 I7 儲存格，運用 **DSUM** 函數在資料庫範圍 **日期** 與 **商品** 欄中找出 "2014/10/1" 之後的資料或者商品內容為 "哥倫比亞咖啡豆" 的項目，並加總其金額，輸入公式：**=DSUM(A3:E15,E3,G6:H8)**

DSUM 函數　　　　　　　　　　　　　　　　　　　　│ 資料庫

說明：從範圍中取出符合條件的資料，並求得其總和。

格式：**DSUM(資料庫,搜尋欄,條件範圍)**

Tips

DSUM 函數的 AND 與 OR 二種條件應用

為 **DSUM** 函數設計條件範圍時，除了需注意欄位名稱一定要跟資料庫中要搜尋的欄位名稱完全相同，當條件範圍內有一個以上的欄位時，其中要搜尋的資料項目是否擺放在同一列也是有差異的。

> AND 條件：在同一列裡輸入條件時，搜尋的資料需同時符合所有條件才成立 (如右圖)。

日期	商品
>=2014/10/1	哥倫比亞咖啡豆

> OR 條件：在不同列裡輸入條件時，搜尋的資料只要符合任一條件即可 (如右圖)。

日期	商品
>=2014/10/1	
	哥倫比亞咖啡豆

取得最大值、最小值的相關資料

查詢最高進貨額的進貨日期

MAX 函數與 **DGET** 函數的搭配，在計算出整份資料金額的最大數值後，還可取得該筆數值相對應的資料內容。

⊙ 範例分析

這一份進貨單，需要查詢到底是哪一天進貨日的花費最高，以便有效控管每次的進貨項目與數量。

用 **MAX** 函數，於所有資料內容的 **金額** 欄中求得最高進貨額。

▲	A	B	C	D	E	F	G	H	I
1	進貨單								
2									
3	日期	商品	數量	單價/磅	金額		最高進貨額		
4	2014年8月2日	哥倫比亞咖啡豆	50	300	15000		金額	進貨日	
5	2014年8月15日	曼特寧咖啡豆	30	700	21000		35600	2014/11/2	
6	2014年8月30日	藍山咖啡豆	20	680	13600				
7	2014年9月2日	巴西咖啡豆	10	530	5300				
8	2014年9月15日	藍山咖啡豆	20	680	13600				
9	2014年9月30日	曼特寧咖啡豆	10	700	7000				
10	2014年10月2日	哥倫比亞咖啡豆	5	300	1500				
11	2014年10月15日	巴西咖啡豆	30	530	15900				
12	2014年10月30日	曼特寧咖啡豆	30	700	21000				
13	2014年11月2日	摩卡咖啡豆	40	890	35600				
14	2014年11月15日	藍山咖啡豆	10	680	6800				
15	2014年11月30日	巴西咖啡豆	50	530	26500				
16									

用 **DGET** 函數，於所有資料內容的 **日期** 欄位中，取得 **金額** 欄內最高進貨額的日期。

DGET 函數
｜ 資料庫

說明：搜尋符合條件的資料記錄，再取出指定欄位中的值。

格式：**DGET(資料庫,欄位,搜尋條件)**

引數：**資料庫**　　　包含欄位名稱及主要資料的儲存格範圍。

　　　　欄位　　　　於符合條件的資料記錄中，取出這個欄位內的值。

　　　　搜尋條件　　包含指定搜尋的欄位名稱與資料項目，搜尋條件的資料項目於該欄中只能有一筆符合。

MAX \ MIN 函數　　　　　　　　　　　　　　　　　　| 統計

說明：傳回一組數值中的最大值 (MAX 函數)、最小值 (MIN 函數)。

公式：**MAX(數值1,數值2,...)**

◉ 操作說明　　　條件的欄位名稱需與資料庫中要搜尋的欄位名稱完全相同，這樣才能順利進行搜尋。

	A	B	C	D	E	F	G	H	I	J	K
1	進貨單										
2											
3	日期	商品	數量	單價/磅	金額		最高進貨額				
4	2014年8月2日	哥倫比亞咖啡豆	50	300	15000		金額	進貨日			
5	2014年8月15日	曼特寧咖啡豆	30	700	21000		=MAX(E4:E15)				
6	2014年8月30日	藍山咖啡豆	20	680	13600						
7	2014年9月2日	巴西咖啡豆	10	530	5300						
8	2014年9月15日	藍山咖啡豆	20	680	13600						
9	2014年9月30日	曼特寧咖啡豆	10	700	7000						
10	2014年10月2日	哥倫比亞咖啡豆	5	300	1500						
11	2014年10月15日	巴西咖啡豆	30	530	15900						
12	2014年10月30日	曼特寧咖啡豆	30	700	21000						
13	2014年11月2日	摩卡咖啡豆	40	890	35600						
14	2014年11月15日	藍山咖啡豆	10	680	6800						
15	2014年11月30日	巴西咖啡豆	50	530	26500						

1 於 G4 儲存格輸入要指定搜尋的欄位名稱：「金額」。

2 於 G5 儲存格輸入 **MAX** 函數求得 **金額** 欄位內的最高值：**=MAX(E4:E15)**。

	A	B	C	D	E	F	G	H	I	J	K
1	進貨單										
2											
3	日期	商品	數量	單價/磅	金額		最高進貨額				
4	2014年8月2日	哥倫比亞咖啡豆	50	300	15000		金額	進貨日			
5	2014年8月15日	曼特寧咖啡豆	30	700	21000		35600	=DGET(A3:E15,A3,G4:G5)			
6	2014年8月30日	藍山咖啡豆	20	680	13600						
7	2014年9月2日	巴西咖啡豆	10	530	5300						
8	2014年9月15日	藍山咖啡豆	20	680	13600						
9	2014年9月30日	曼特寧咖啡豆	10	700	7000						
10	2014年10月2日	哥倫比亞咖啡豆	5	300	1500						
11	2014年10月15日	巴西咖啡豆	30	530	15900						
12	2014年10月30日	曼特寧咖啡豆	30	700	21000						
13	2014年11月2日	摩卡咖啡豆	40	890	35600						
14	2014年11月15日	藍山咖啡豆	10	680	6800						
15	2014年11月30日	巴西咖啡豆	50	530	26500						

3 於 H5 儲存格，運用 **DGET** 函數在資料庫範圍 **金額** 欄中找出最高進貨額該筆資料記錄，再取出 **日期** 欄位中的值，輸入公式：**=DGET(A3:E15,A3,G4:G5)**。

53 取得符合條件的資料
輸入員工姓名查詢相關資料

DGET 函數可以於多筆資料中依指定條件進行搜尋,找出符合條件的資料列,但要注意的是指定為搜尋條件的資料項目建議最好是唯一的 (例如:身份證、員工編號、姓名...),若符合條件的資料有很多筆時會出現錯誤訊息。

● 範例分析

員工名冊中,要於右側員工查詢區讓使用者自行輸入員工姓名,而下方的就會自動取得部門、職稱、電話的相對應資料。

	A	B	C	D	E	F	G	H	I	J
1	員工名冊									
2										
3	姓名	部門	職稱	電話	住址		員工查詢			
4	黃雅琪	業務	助理	02-27671757	台北市松山區八德路四段692號6樓		姓名			
5	張智弘	總務	經理	042-6224299	台中市清水區中山路196號		姚明惠			
6	李娜娜	總務	助理	02-25014616	台北市中山區松江路367號7樓					
7	郭建輝	會計	專員	042-3759979	台中市西區五權西路一段237號		部門	職稱	電話	
8	姚明惠	會計	助理	049-2455888	南投縣草屯鎮和興街98號		會計	助理	049-2455888	
9	張淑芳	人事	專員	02-27825220	台北市南港區南港路一段360號7樓					
10	楊燕珍	公關	主任	02-27234598	台北市信義路五段15號					
11	簡弘智	業務	專員	05-12577890	嘉義市西區垂楊路316號					
12	阮珮伶	業務	專員	047-1834560	彰化市彰美路一段186號					
13										
14										

DGET 函數
資料庫

說明:搜尋符合條件的資料記錄,再取出指定欄位中的值。

格式:DGET(資料庫,欄位,搜尋條件)

引數:資料庫　　　包含欄位名稱及主要資料的儲存格範圍。

　　　　欄位　　　於符合條件的資料記錄中,取出這個欄位內的值。

　　　　搜尋條件　包含指定搜尋的欄位名稱與資料項目,搜尋條件的資料項目於該欄中只能有一筆符合。
　　　　　　　　　　若符合條件的資料有很多筆時會出現錯誤值:#NUM!,若沒有任何資料符合條件則會出現錯誤值:#VALUE!。

公式的基礎

常用數值計算與進位

條件式統計分析

取得需要的資料

日期與時間資料處理

文字資料處理

財務資料計算

大量數據資料整理與驗證

主題資料表的函數應用

◯ 操作說明

條件的欄位名稱需與資料庫中要搜尋的欄位名稱完全相同，這樣才能搜尋。

	A	B	C	D	E	F	G	H	I	J
1	員工名冊									
2										
3	姓名	部門	職稱	電話	住址		員工查詢			
4	黃雅琪	業務	助理	02-27671757	台北市松山區八德路四段692號6樓		姓名			
5	張智弘	總務	經理	042-6224299	台中市清水區中山路196號					
6	李娜娜	總務	助理	02-25014616	台北市中山區松江路367號7樓					
7	郭畢輝	會計	專員	042-3759979	台中市西區五權西路一段237號		部門	職稱	電話	
8	姚明惠	會計	助理	049-2455888	南投縣草屯鎮和興街98號		=DGET($A$3:$E$12,B3,$G$4:$G$5)			
9	張淑芳	人事	專員	02-27825220	台北市南港區南港路一段360號7樓					
10	楊燕珍	公關	主任	02-27234598	台北市信義路五段15號					
11	簡弘智	業務	專員	05-12577890	嘉義市西區亞楊路316號					
12	阮珮伶	業務	專員	047-1834560	彰化市彰美路一段186號					
13										
14										

1️⃣ 於 **G4** 儲存格輸入指定搜尋的欄位名稱：「**姓名**」。

2️⃣ 於 **G8** 儲存格要在左側資料庫範圍 **姓名** 欄中找出指定的員工，再取出其 **部門** 欄位中的值，輸入公式：**=DGET($A$3:$E$12,B3,$G$4:$G$5)**。

下個步驟要複製此公式，所以利用絕對參照指定員工資料與搜尋條件的整體範圍。

	員工查詢		
段692號6樓	姓名		
號			
號7樓			
段237號	部門	職稱	電話
號	#NUM!	#NUM!	#NUM!
段360號7樓			

3️⃣ 於 **G8** 儲存格，按住右下角的 **填滿控點** 往右拖曳，至 **電話** 欄位再放開滑鼠左鍵，可快速完成公式複製。但由於還沒輸入要查詢的員工姓名，因此會出現錯誤值：**#NUM!**。

	員工查詢		
段692號6樓	姓名		
號	小王	4️⃣	
號樓			
段237號	部門	職稱	電話
號	#VALUE!	#VALUE!	#VALUE!
段360號7樓			

4️⃣ 若隨意輸入一個名單中沒有的姓名，找不到任何資料符合條件時則會出現錯誤值：**#VALUE!**。

	員工查詢		
四段692號6樓	姓名		
196號	姚明惠	5️⃣	
367號7樓			
一段237號	部門	職稱	電話
98號	會計	助理	049-2455888
一段360號7樓			
號			
6號			

5️⃣ 一旦輸入了名冊中正確的員工名稱，在下方的欄位中即會自動取出相關的資料內容。

54 取得指定百分率的值

業績達整體績效 **70%** 及以上的業務員評比給 **"優"**

PERCENTILE 函數可求出整體數值資料各個比率上的值，例如：在 **50%** 的值即整體數值資料的中間值，**70%** 的值則是介於中間值與最高值之間，**100%** 的值即整體數值資料的最高值。

● 範例分析

業績評比中，首先運用 **PERCENTILE** 函數求得整體業績達 **70%** 時的標準值，再以這個標準值給予各個業務人員合適的評比。

	A	B	C	D	E	F	G
1	業績評比						
2	業務員	業績	評比		此次業績評比標準		
3	蔡佳諭	30,000	-		70%	35,420	
4	王柏湖	35,800	優				
5	李馨盈	38,000	優				
6	蔡雅治	19,700	-				
7	曾定其	22,000	-				
8	高雅筑	28,000	-				
9	黃筱淳	32,000	-				
10	楊佩穎	43,200	優				
11							

以 **PERCENTILE** 函數將整體業績成績指定為主要的數值資料範圍，再指定百分率。

以求得的標準值給予各個業務人員合適的評比，有大於等於這個標準值的給「優」，沒達到的則給「-」。

PERCENTILE 函數 ┃ 統計

說明：取得範圍中指定百分率的值。

格式：**PERCENTILE(範圍,比率數值)**

引數：**範圍**   欲求出比率等級的整體數值資料範圍。

     比率數值   常用的是以百分比呈現：0% ~ 100%，也可指定已輸入比率的儲存格。

IF 函數 ┃ 邏輯

說明：一個判斷式，可依條件判定的結果分別處理。

格式：**IF(條件,條件成立,條件不成立)**

◯ 操作說明

1 因為要求得整體業績達 70% 時的標準值，於 E3 儲存格輸入：「70%」。

2 於 F3 儲存格輸入 **PERCENTILE** 函數公式：**=PERCENTILE(B3:B10,E3)**。

3 於 C3 儲存格運用 **IF** 函數的判斷式，當該員業績值 >= 標準值 (F3 儲存格) 時給
"優" 評比，不符合的則給 "-"，輸入公式：**=IF(B3>=$F$3,"優","-")**。

> 下個步驟要複製此公式，所以利用絕對參照指定評比標準值的儲存格。

4 於 C3 儲存格，按
住右下角的 **填滿
控點** 往下拖曳，
至最後一位業務員
項目再放開滑鼠左
鍵，可快速完成所
有業務員評比。

55 取得數值的百分率

依業績值求得等級與評比

PERCENTRANK 函數可求得特定數值於整體數值中所佔百分率，等級最小是 0%，等級最高是 100%。

● 範例分析

業績評比中，往往無法直接得知該員工的業績在整體業績資料中所佔百分率為何，因此可以先以 **PERCENTRANK** 函數求得各員工業績的等級，再依等級的值進行評比。

	A	B	C	D	E	F	G
1	業績評比						
2	業務員	業績	等級	評比			
3	蔡佳諭	30,000	➤43%	待努力			
4	王柏湖	35,800	71%	優			
5	李馨盈	38,000	86%	優			
6	蔡雅治	19,700	0%	待努力			
7	曾定其	22,000	14%	待努力			
8	高雅筑	28,000	29%	待努力			
9	黃筱淳	32,000	57%	待努力			
10	楊佩穎	43,200	100%	優			
11							
12							

以 **PERCENTRANK** 函數將整體業績成績指定為主要的數值資料範圍，再指定欲求其等級的業績值，這樣就可求得**等級** (百分率)。

以 **等級** 的值給予各個業務人員合適的評比，有大於 **70%** 的給「優」，沒達到的則給「待努力」。

PERCENTRANK 函數 | 統計

說明：取得範圍中指定數值的百分率。

格式：**PERCENTRANK(範圍,欲求出比率的數值,有效位數)**

引數：**範圍**　　　欲求出比率等級的整體數值資料範圍。

　　　比率數值　欲求出比率等級的個別數值或儲存格。

　　　有效位數　若是省略則會被當作「3」，求到小數點以下第 3 位，若是輸入小於「1」的值則會出現錯誤訊息。

IF 函數 | 邏輯

說明：IF 函數是一個判斷式，可依條件判定的結果分別處理。

格式：**IF(條件,條件成立,條件不成立)**

公式的基礎

常用數值計算與進位

條件式統計分析

取得需要的資料

日期與時間資料處理

文字資料處理

財務資料計算

大量數據資料整理與驗證

主題資料表的函數應用

● 操作說明

1 於 C3 儲存格運用 **PERCENTRANK** 函數求得第一位員工的業績等級，以十位員工的業績資料為整體資料範圍 (B3:B10 儲存格) 再指定欲求出比率的數值，輸入公式：**=PERCENTRANK($B$3:$B$10,B3)**。

下個步驟要複製此公式，所以利用絕對參照指定 業績 資料的整體範圍。

2 選取剛才輸入公式的 C3 儲存格，於 **常用** 索引標籤選按 **百分比樣式**，將儲存格中的值轉換為百分比格式。

3 於 C3 儲存格，按住右下角的 **填滿控點** 往下拖曳，至最後一位業務員項目再放開滑鼠左鍵，可快速求得所有業務員等級。

4 於 D3 儲存格運用 **IF** 函數的判斷式，當該員業等級值大於 70% 時給 "優" 評比，不符合的則給 "待努力" 評比，輸入公式：**=IF(C3>70%,"優","待努力")**。

5 於 D3 儲存格，按住右下角的 **填滿控點** 往下拖曳，至最後一位業務員項目再放開滑鼠左鍵，可快速完成所有業務員評比。

56

取得直向參照表中符合條件的資料

依課程費用表求得各課程費用

VLOOKUP 函數的 V 代表 Vertical 垂直的意思,因此可從直向的參照表中判斷符合條件的資料傳回並加以顯示。

● 範例分析

選課單將參照右側課程費用表訂定,首先於課程費用表中找到目前學員選擇的課程項目,並回傳其對應的專案價金額。

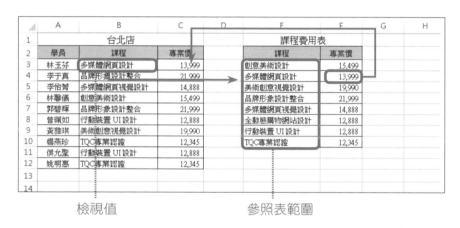

檢視值   參照表範圍

VLOOKUP 函數 | 檢視與參照

説明:從直向參照表中取得符合條件的資料。

格式:**VLOOKUP(檢視值,參照範圍,欄數,查詢模式)**

引數:**檢視值**   指定檢視的儲存格位址或數值。

   參照範圍 指定參照表範圍 (不包含標題欄)。

   欄數   數值,指定傳回參照表範圍由左算起第幾欄的資料。

   查詢模式 查詢的方法有 TRUE (1) 或 FALSE (0)。值為 TRUE 或被省略,會以大約符合的方式找尋,如果找不到完全符合的值則傳回僅次於檢視值的最大值。當值為 FALSE,會尋找完全符合的數值,如果找不到則傳回錯誤值 #N/A。

操作說明

⬚	A	B	C	D	E	F	G
1		台北店				課程費用表	
2	學員	課程	專案價		課程	專案價	
3	林玉芬	多媒體網頁設計	=VLOOKUP(B3,$E$3:$F$10,2,0)		創意美術設計	15,499	
4	李于真	品牌形象設計整合			多媒體網頁設計	13,999	
5	李怡蒼	多媒體網頁視覺設計			美術創意視覺設計	19,990	
6	林繫儀	創意美術設計			品牌形象設計整合	21,999	
7	郭碧輝	品牌形象設計整合			多媒體網頁視覺設計	14,888	
8	曾珮如	行動裝置 UI 設計			全動態購物網站設計	12,888	
9	黃雅琪	美術創意視覺設計			行動裝置 UI 設計	12,888	
10	楊燕珍	TQC專業認證			TQC專業認證	12,345	
11	侯允聖	行動裝置 UI 設計					
12	姚明惠	TQC專業認證					
13							

1 於 C3 儲存格運用 **VLOOKUP** 函數求得課程的專案價，指定要比對的檢視值 (B3 儲存格)，指定參照範圍 (E3:F10；不包含表頭)，最後指定傳回參照範圍由左數來第二欄的值並需尋找完全符合的值，輸入公式：

=VLOOKUP(B3,$E$3:$F$10,2,0)。

下個步驟要複製此公式，所以利用絕對參照指定參照範圍。

⬚	A	B	C	D	E	F	G
1		台北店				課程費用表	
2	學員	課程	專案價		課程	專案價	
3	林玉芬	多媒體網頁設計	13,999		創意美術設計	15,499	
4	李于真	品牌形象設計整合	21,999		多媒體網頁設計	13,999	
5	李怡蒼	多媒體網頁視覺設計	14,888		美術創意視覺設計	19,990	
6	林繫儀	創意美術設計	15,499		品牌形象設計整合	21,999	
7	郭碧輝	品牌形象設計整合	21,999		多媒體網頁視覺設計	14,888	
8	曾珮如	行動裝置 UI 設計	12,888		全動態購物網站設計	12,888	
9	黃雅琪	美術創意視覺設計	19,990		行動裝置 UI 設計	12,888	
10	楊燕珍	TQC專業認證	12,345		TQC專業認證	12,345	
11	侯允聖	行動裝置 UI 設計	12,888				
12	姚明惠	TQC專業認證	12,345				
13							

2 於 C3 儲存格，按住右下角的 **填滿控點** 往下拖曳，至最後一位學員項目再放開滑鼠左鍵，可快速完成所有專案價參照顯示。

Tips

參照顯示時出現了 #NUM! 錯誤值！

如果檢視值 (即此例中學員的選課課程)，是目前參照表中所沒有的項目，這樣傳回的值就會出現 #NUM!，這時可檢查是否有課程名稱輸入錯誤或是有開立新的課程但還未加入參照表中。

		台北店	
1			
2	學員	課程	專案價
3	林玉芬	MOS考試認證	#N/A
4	李于真	品牌形象設計整合	21,999
5	李怡蒼	多媒體網頁視覺設計	14,888
6	林繫儀	創意美術設計	15,499

57

取得橫向參照表中符合條件的資料

依課程費用表求得各課程費用

與 **VLOOKUP** 函數用法相似，**HLOOKUP** 函數的 H 代表 horizontal 橫向的意思，因此可從橫向的參照表中判斷符合條件的資料傳回並加以顯示。

● 範例分析

選課單將參照下方的課程費用表訂定，首先於課程費用表中找到目前學員選擇的課程項目，並回傳其對應的專案價金額。

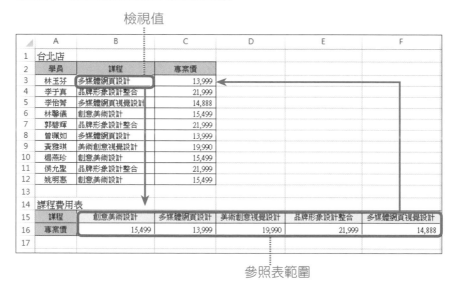

檢視值

參照表範圍

HLOOKUP 函數
| 檢視與參照

說明：從橫向參照表中取得符合條件的資料。

格式：**HLOOKUP(檢視值,參照範圍,列數,查詢模式)**

引數：**檢視值**　　指定檢視的儲存格位址或數值。

　　　參照範圍　指定參照表範圍 (不包含標題欄)。

　　　列數　　　數值，指定傳回參照表範圍由上算起第幾列的資料。

　　　查詢模式　查詢的方法有 TRUE (1) 或 FALSE (0)。值為 TRUE 或被省略，會以大約符合的方式找尋，如果找不到完全符合的值則傳回僅次於檢視值的最大值。當值為 FALSE，會尋找完全符合的數值，如果找不到則傳回錯誤值 #N/A。

◎ 操作說明

	A	B	C	D	E	F	G
1	台北店						
2	學員	課程	專案價				
3	林玉芛	多媒體網頁設計	=HLOOKUP(B3,$B$15:$F$16,2,0)				
4	李于真	品牌形象設計整合					
5	李怡筍	多媒體網頁視覺設計					
6	林馨儀	創意美術設計					
7	郭碧輝	品牌形象設計整合					
8	曾珮如	多媒體網頁設計					
9	黃雅琪	美術創意視覺設計					
10	楊燕珍	創意美術設計					
11	侯允聖	品牌形象設計整合					
12	姚明惠	創意美術設計					
13							
14	課程費用表						
15	課程	創意美術設計	多媒體網頁設計	美術創意視覺設計	品牌形象設計整合	多媒體網頁視覺設計	
16	專案價	15,499	13,999	19,990	21,999	14,888	
17							

1 於 C3 儲存格運用 **HLOOKUP** 函數求得課程的專案價，指定要比對的檢視值 (B3 儲存格)，指定參照範圍 (B15:F16；不包含表頭)，最後指定傳回參照範圍由上數來第二列的值並需尋找完全符合的值，輸入公式：
=HLOOKUP(B3,$B$15:$F$16,2,0)。

下個步驟要複製此公式，所以利用絕對參照指定參照範圍。

	A	B	C	D	E	F	G
1	台北店						
2	學員	課程	專案價				
3	林玉芛	多媒體網頁設計	13,999				
4	李于真	品牌形象設計整合	21,999				
5	李怡筍	多媒體網頁視覺設計	14,888				
6	林馨儀	創意美術設計	15,499				
7	郭碧輝	品牌形象設計整合	21,999				
8	曾珮如	多媒體網頁設計	13,999				
9	黃雅琪	美術創意視覺設計	19,990				
10	楊燕珍	創意美術設計	15,499				
11	侯允聖	品牌形象設計整合	21,999				
12	姚明惠	創意美術設計	15,499				
13							
14	課程費用表						
15	課程	創意美術設計	多媒體網頁設計	美術創意視覺設計	品牌形象設計整合	多媒體網頁視覺設計	
16	專案價	15,499	13,999	19,990	21,999	14,888	
17							

2 於 C3 儲存格，按住右下角的 **填滿控點** 往下拖曳，至最後一位學員項目再放開滑鼠左鍵，可快速完成所有專案價參照顯示。

58 快速取得其他工作表中的值

多張工作表同時從另一張工作表取得商品名稱與單價

當手頭上的試算表有多個工作表,且這些工作表內資料筆數與配置均相同,可以用 **VLOOKUP** 函數取得另一個工作表中的值。

● 範例分析

進貨表中,首先檢查 "北區分店進貨表"、"中區分店進貨表" 二個工作表內資料筆數與配置均相同,接著要先將這二個工作表組合成一個工作群組,再運用 **VLOOKUP** 函數同時取得 "商品名細"工作表中 A3:C10 儲存格範圍中的值。

北區分店進貨表

編號	名稱	單價	數量	金額
a1002	摺疊萬用手冊-橘	350	10	3,500
a1003	色彩日誌-48K	45	15	675
a1004	閱讀學習畫本	585	5	2,925
a1006	童話筆袋-玫瑰	450	3	1,350
				$ 8,450

北區分店進貨表　中區分店進貨表　商品名細　⊕

商品產品總明細

編號	名稱	單價
a1001	6 孔萬用手冊	780
a1002	摺疊萬用手冊-橘	350
a1003	色彩日誌-48K	45
a1004	閱讀學習畫本	585
a1005	童話筆袋-藍	450
a1006	童話筆袋-玫瑰	450
a1007	證件票卡夾-咖啡/綠	830
a1008	生活綁帶筆袋-典雅灰	790

北區分店進貨表　中區分店進貨表　商品名細　⊕

中區分店進貨表

編號	名稱	單價	數量	金額
a1001	6 孔萬用手冊	780	10	7,800
a1005	童話筆袋-藍	450	15	6,750
a1007	證件票卡夾-咖啡/綠	830	5	4,150
a1008	生活綁帶筆袋-典雅灰	790	3	2,370
				$ 21,070

北區分店進貨表　中區分店進貨表　商品名細　⊕

VLOOKUP 函數
| 檢視與參照

說明:從直向參照表中取得符合條件的資料。

格式:**VLOOKUP(檢視值,參照範圍,欄數,查詢模式)**

引數:**檢視值**　　指定檢視的儲存格位址或數值。

　　　參照範圍　指定參照表範圍 (不包含標題欄)。

　　　欄數　　　數值,指定傳回參照表範圍由左算起第幾欄的資料。

　　　查詢模式　查詢的方法有 TRUE (1) 或 FALSE (0)。值為 TRUE 或被省略,會以大約符合的方式找尋,如果找不到完全符合的值則傳回僅次於檢視值的最大值。當值為 FALSE,會尋找完全符合的數值,如果找不到則傳回錯誤值 #N/A。

公式的基礎

常用數值計算與進位

條件式統計分析

取得需要的資料

日期與時間資料處理

文字資料處理

財務資料計算

大量數據資料整理與驗證

主題資料表的函數應用

◎ 操作說明

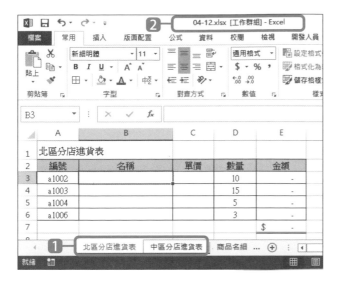

1️⃣ 按 Ctrl 鍵不放，利用滑鼠左鍵分別選按 "北區分店進貨表" 和 "中區分店進貨表" 二個工作表標籤，這樣 Excel 會將這二個工作表視為一個群組。

2️⃣ 當這二個工作表成為群組作業時，會發現視窗最上方顯示了 **工作群組**。

	A	B	C	D	E
1	北區分店進貨表				
2	編號	名稱	單價	數量	金額
3	a1002	=VLOOKUP(A3,商品名細!$A$3:$C$10,2,0)			-
4	a1003			15	-
5	a1004	3️⃣		5	-
6	a1006			3	-
7				$	-
8					

北區分店進貨表　中區分店進貨表　商品名細 … ⊕ ┊ ◀

3️⃣ 於 "北區分店進貨表" 工作表 B3 儲存格運用 **VLOOKUP** 函數求得產品名稱，指定要比對的編號資料 (A3 儲存格)，指定參照範圍 ("商品名細" 工作表的 A3:C10 儲存格)，最後指定傳回參照範圍由左數來第二欄的值並需尋找完全符合的值，輸入公式：**=VLOOKUP(A3,商品名細!$A$3:$C$10,2,0)**。

> 輸入 "!" 標註再輸入參照表所在的工作表名稱，這樣即能參照該張工作表的指定範圍。("!" 需為半形符號)
>
> 下頁步驟要複製此公式，所以利用絕對參照指定參照範圍。

	A	B	C	D	E	F	G	H
1	北區分店進貨表							
2	編號	名稱	單價	數量	金額			
3	a1002	摺疊萬用手冊-橘	=VLOOKUP(A3,商品名細!$A$3:$C$10,3,0)					
4	a1003			15	-			
5	a1004			5	-			
6	a1006			3	-			
7					$ -			
8								

北區分店進貨表　　中區分店進貨表　　商品名細 ... ⊕

4 於 "北區分店進貨表" 工作表中，C3 儲存格同樣的運用 **VLOOKUP** 函數求得產品單價，指定要比對的編號資料 (A3 儲存格)，指定參照範圍 ("商品名細" 工作表的 A3:C10 儲存格)，最後指定傳回參照範圍由左數來第三欄的值並需尋找完全符合的值，輸入公式：**=VLOOKUP(A3,商品名細!$A$3:$C$10,3,0)**。

> 輸入 "!" 標註再輸入參照表所在的工作表　　下個步驟要複製此公式，所以
> 名稱，這樣即能參照該張工作表的指定　　利用絕對參照指定參照範圍。
> 範圍。("!" 需為半形符號)

	A	B	C	D	E	F	G	H
1	北區分店進貨表							
2	編號	名稱	單價	數量	金額			
3	a1002	摺疊萬用手冊-橘	350	10	3,500			
4	a1003	色彩日誌-48K	45	15	675			
5	a1004	閱讀學習計畫本	585	5	2,925			
6	a1006	童話筆袋-玫瑰	450	3	1,350			
7					$ 8,450			
8								

北區分店進貨表　　中區分店進貨表　　商品名細 ... ⊕

5 拖曳選取 B3 與 C3 儲存格，按住 C3 儲存格右下角的 **填滿控點** 往下拖曳，至最後一項商品項目再放開滑鼠左鍵，可快速完成所有商品的 **名稱** 與 **單價** 參照顯示。

	A	B	C	D	E	F	G	H
1	中區分店進貨表							
2	編號	名稱	單價	數量	金額			
3	a1001	6 孔萬用手冊	780	10	7,800			
4	a1005	童話筆袋-藍	450	15	6,750			
5	a1007	證件票卡夾-咖啡綠	830	5	4,150			
6	a1008	生活綁帶筆袋-典雅灰	790	3	2,370			
7					$ 21,070			

北區分店進貨表　　中區分店進貨表　　商品名細 ... ⊕

6 切換至 "中區分店進貨表" 工作表，可看到也同時完成了此工作表內商品的 **名稱** 與 **單價** 參照資料取得。

59 取得多個表格中的資料

先定義儲存格範圍名稱，再從二類商品依指定類別取出對應的值

面對多個表格資料時，可以更靈活的應用 **VLOOKUP** 函數取得正確的資料。

● 範例分析

商行產品總明細中有 "手冊" 與 "文具" 二個類別的商品資料，其編號均是由 1001 開始的流水號，如果單純以 **編號** 欄內的值來取得資料是不正確的。

在商品檢索時希望輸入 **類別** 的值會自動判斷出要檢索哪類商品，再運用 **編號** 取得該類別中正確的商品項目。如此一來需先為這二個類別資料定義範圍名稱，再運用 **VLOOKUP** 函數搭配 **INDIRECT** 函數於正確資料範圍取得資料。

範圍名稱：手冊

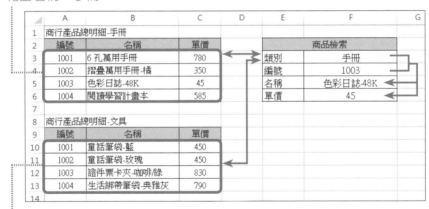

範圍名稱：文具

VLOOKUP 函數

| 檢視與參照

說明： 從直向參照表中取得符合條件的資料。

格式： **VLOOKUP(檢視值,參照範圍,欄數,查詢模式)**

引數： **檢視值** 　指定檢視的儲存格位址或數值。

　　　參照範圍 　指定參照表範圍 (不包含標題欄)。

　　　欄數 　數值，指定傳回參照表範圍由左算起第幾欄的資料。

　　　查詢模式 　查詢的方法有 TRUE (1) 或 FALSE (0)。值為 TRUE 或被省略，會以大約符合的方式找尋，值為 FALSE，會尋找完全符合的數值。

說明：傳回儲存格參照的資料內容

格式：**INDIRECT(字串,[參照形式])**

引數：**字串**　　儲存格參照位址

　　　參照形式　儲存格參照形式分為 A1 及 R1C1 二種，若省略或輸入 TRUE 則為 A1 參
　　　　　　　　照形式，若輸入 FALSE 則為 R1C1 參照形式。(詳細說明可參考 P121)

● 操作說明

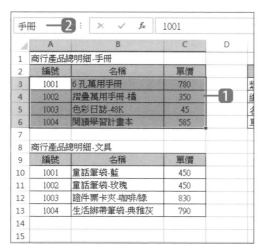

1 選取手冊類商品的資料範圍 A3:C6 儲存格。

2 於名稱方塊中輸入「手冊」，按 Enter 鍵完成此範圍的命名。

3 同樣的，選取文具類商品的資料範圍 A10:C13 儲存格，於名稱方塊中輸入「文
具」，按 Enter 鍵完成此範圍的命名。

Tips

編輯與刪除已命名的儲存格範圍名稱

資料範圍命名後才發現範圍選錯了或想
刪除不需要的命名，可於 **公式** 索引標
籤選按 **名稱管理員**，於其對話方塊中
可看到這份 Excel 活頁簿中各工作表
已命名的項目，並可進行管理。

公式的基礎

常用數值計算與進位

條件式統計分析

取得需要的資料

日期與時間資料處理

文字資料處理

財務資料計算

大量數據資料整理與驗證

主題資料表的函數應用

	A	B	C	D	E	F	G	H
1	商行產品總明細-手冊							
2	編號	名稱	單價			商品檢索		
3	1001	6 孔萬用手冊	780		類別			
4	1002	摺疊萬用手冊-橘	350		編號			
5	1003	色彩日誌-48K	45		名稱	=VLOOKUP(F4,INDIRECT(F3),2,0)		
6	1004	閱讀學習計畫本	585		單價			
7								
8	商行產品總明細-文具							
9	編號	名稱	單價					
10	1001	童話筆袋-藍	450					
11	1002	童話筆袋-玫瑰	450					
12	1003	證件票卡夾-咖啡綠	830					
13	1004	生活綁帶筆袋-典雅灰	790					
14								

4 於 F5 儲存格要檢索商品名稱，運用 **VLOOKUP** 函數並搭配 **INDIRECT** 函數將 F3 儲存格內的字串轉換為範圍名稱以找到正確的商品類別，輸入公式：
=VLOOKUP(F4,INDIRECT(F3),2,0)。

編號的值 F4 儲存格為檢視值

範圍的指定使用 **INDIRECT** 函數將 F3 儲存格內的字串轉換為範圍名稱以找到正確的商品類別

指定傳回參照 範圍由左數來 第二欄的值

尋找完全符合的值

	C	D	E	F
	單價			商品檢索
	780		類別	
	350		編號	
	45		名稱	#REF!
	585		單價	
	單價			
	450			
	450			
	830			
	790			

	C	D	E	F
	單價			商品檢索
	780		類別	手冊
	350		編號	1003
	45		名稱	色彩日誌-48K
	585		單價	
	單價			
	450			
	450			
	830			
	790			

5 這時會出現錯誤訊息，別擔心！只要於 F3、F4 儲存格分別輸入要檢索的 **類別** 與 **編號** 就可檢索出正確的商品名稱。

	A	B	C	D	E	F	G	H
1	商行產品總明細-手冊							
2	編號	名稱	單價			商品檢索		
3	1001	6 孔萬用手冊	780		類別	手冊		
4	1002	摺疊萬用手冊-橘	350		編號	1003		
5	1003	色彩日誌-48K	45		名稱	色彩日誌-48K		
6	1004	閱讀學習計畫本	585		單價	=VLOOKUP(F4,INDIRECT(F3),3,0)		
7								
8	商行產品總明細-文具					⑥		
9	編號	名稱	單價					
10	1001	壹托答供 転	450					

⑥ 於 F6 儲存格要檢索商品單價，同樣運用 **VLOOKUP** 函數並搭配 **INDIRECT** 函數將 F3 儲存格內的字串轉換為範圍名稱以找到正確的商品類別，輸入公式：**=VLOOKUP(F4,INDIRECT(F3),3,0)**。

編號的值 F4 儲存格為檢視值

範圍的指定使用 **INDIRECT** 函數將 F3 儲存格內的字串轉換為範圍名稱以找到正確的商品類別

指定傳回參照 範圍由左數來 第三欄的值

尋找完全符合的值

Tips

檢索資料從清單中選取

此範例於檢索時需要輸入 **類別** 與 **編號** 資料，若輸入錯誤就無法正確取得需要的內容，如果可以讓使用者於下拉式清單中直接選按要檢索的 **類別** 與 **編號** 資料項目，這樣是不是更方便！

☑ 選取要設定為清單的 F3 儲存格，於 **資料** 索引標籤選按 **資料驗證**。

於 **資料驗證** 對話方塊 **設定** 標籤設定 **儲存格內允許：清單**，在 **來源** 欄中輸入清單項目 (項目間以半形逗號區隔，若項目是工作表中的值也可以輸入儲存格範圍)，最後按 **確定** 鈕完成設定。

☑ 選按 F3 儲存格，再選按右側出現的 ▾ 鈕，則可由清單選按需要的項目。

60 取得指定儲存格內的值
依指定房型、床位檢索房價資訊

先一一為房型、床位資料的儲存格命名，再利用 **INDIRECT** 函數從多個已命名的欄、列儲存格範圍找出交會點並取出該點的值。

範例分析

房價表中，記錄三款床位資料的 B3:B8、C3:C8、D3:D8 是垂直欄儲存格範圍，而記錄了六款房型資料的 B3:D3、B4:D4、B5:D5、B6:D6、B7:D7、B8:D8 是水平列儲存格範圍，針對以上九個儲存格範圍先進行名稱命名後，就可透過 **INDIRECT** 函數檢索出指定 **房型**、**床位** 的房間價位。

▲	A	B	C	D	E	F	G	H
1								
2	房型	一大床2人房	二小床2人房	二大床4人房			房價資訊	
3	精緻客房	3,500	3,800	4,000		房型	尊爵客房	
4	經典套房	4,200	4,600	4,500		床位	二小床2人房	
5	尊爵客房	4,500	4,500	4,800		價位	4500	◄
6	景觀客房	4,600	4,600	5,200				
7	家庭精緻客房	5,200	5,500	6,000				
8	家庭客房	6,500	6,500	7,000				
9								
10								

INDIRECT 函數　　　　　　　　　｜檢視與參照

說明：傳回儲存格參照的資料內容

格式：**INDIRECT(字串,[參照形式])**

引數：**字串**　　儲存格參照位址

參照形式　儲存格參照形式分為 A1 及 R1C1 二種，若省略或輸入 TRUE 則為 A1 參照形式，若輸入 FALSE 則為 R1C1 參照形式。
在 A1 參照形式中，欄用英文字母、列用數字來指定，R1C1 參照形式中，R 是指連續的列之數值，C 是指連續的欄之數值。例如：C2 儲存格，A1 參照形式仍是「C2」，R1C1 參照形式則會變成「R2C3」。

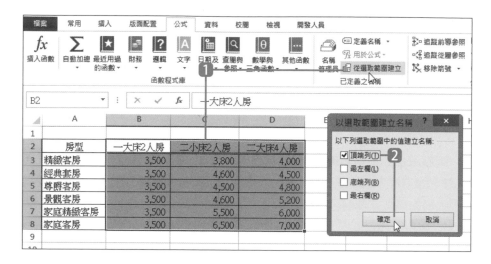

操作說明

1. 除了可一一選取儲存格範圍再於 **名稱方塊** 中命名，也可運用列標題或欄標題來快速命名，在此選取包含欄標題的 B2:D8 儲存格範圍，再於 **公式** 索引標籤 選按 **從選取範圍建立**。

2. 接著於 **以選取範圍建立名稱** 對話方塊中，核選 **頂端列**，再按 **確定** 鈕，就能以欄標題建立三組儲存格範圍名稱，分別為："一大床2人房"、"二小床2人房"、"二大床4人房"。

3 同樣的，選取包含列標題的 **A3:D8** 儲存格範圍，再於 **公式** 索引標籤選按 **從選取範圍建立**。

4 接著於 **以選取範圍建立名稱** 對話方塊中，核選 **最左欄**，再按 **確定** 鈕，就能以列標題建立六組儲存格範圍名稱，分別為："精緻客房"、"經典套房"、"尊爵客房"、"景觀客房"、"家庭精緻客房"、"家庭客房"。

	A	B	C	D	E	F	G	H	I
1									
2	房型	一大床2人房	二小床2人房	二大床4人房		房價資訊			
3	精緻客房	3,500	3,800	4,000		房型	尊爵客房		
4	經典套房	4,200	4,600	4,500		床位	二小床2人房		
5	尊爵客房	4,500	4,500	4,800		價位	=INDIRECT(G3) INDIRECT(G4)		
6	景觀客房	4,600	4,600	5,200			**5**		
7	家庭精緻客房	5,200	5,500	6,000					
8	家庭客房	6,500	6,500	7,000					
9									
10									

5 完成九組的儲存格範圍命名後，於 G5 儲存格輸入公式運用 **INDIRECT** 函數取得欄、列交會的值：**=INDIRECT(G3) INDIRECT(G4)**。

以此儲存格中的字串取得相同名稱的範圍　　以半形空白字元銜接列範圍與欄範圍，取出其交會的值。　　以此儲存格中的字串取得相同名稱的範圍

Tips

編輯與刪除已命名的儲存格範圍名稱

資料範圍命名後才發現範圍選錯了或想刪除不需要的命名，可於 **公式** 索引標籤選按 **名稱管理員**，於其對話方塊中可看到這份 Excel 活頁簿中各工作表已命名的項目，並可進行管理。

61 取得指定欄、列交會的值

指定取出資料範圍中第二列第三欄的值

INDEX 函數可以回傳指定的欄、列交會處的儲存格值，只要輕鬆指定範圍內的列號與欄號就能取得需要的資料。

● 範例分析

在此費用一覽表中，首先將費用資料指定給 **INDEX** 函數，再將 **長度編號** 的值指定給 **INDEX** 函數的列號引數、將 **項目編號** 的值指定給 **INDEX** 函數的欄號引數，這樣就能得到交會處的值。

參照的範圍

	A	B	C	D	E	F	G	H	I
1				美髮服務一覽表					
2		項目1	項目2	項目3	項目4	項目5	項目6		
3		一般燙髮	髮根燙	熱塑燙	陶瓷燙	髮質調理	極致護髮		
4	長度1 (短髮)	2,300	2,300	3,300	3,500	600	1,200		
5	長度2 (中髮)	2,500	2,500	3,500	4,000	800	1,400		
6	長度3 (長髮)	2,800	2,800	3,800	4,500	1,000	1,600		
7									
8	項目編號	3							
9	長度編號	2							
10	費用	3,500							
11									

長度編號 包含 **長度1**、**長度2**、**長度3** 這三列資料，所以將此儲存格指定給 **INDEX** 函數的 **列號** 引數。

項目編號 包含 **項目1...項目6** 這六欄資料，所以將此儲存格指定給 **INDEX** 函數的 **欄號** 引數。

INDEX 函數
檢視與參照

說明：傳回指定列編號、欄編號交會的儲存格值。

格式：**INDEX(範圍,列號,欄號,區域編號)**

引數：
範圍	指定參照的範圍
列號	用編號指定要回傳的是從範圍上方數下來第幾列的值，若指定的值超過範圍中列的值，則會出現錯誤值 #REF!。
欄號	用編號指定要回傳的是從範圍左方數來第幾欄的值，若指定的值超過範圍中欄的值，則會出現錯誤值 #REF!。
區域編號	當工作表中指定了一個以上的範圍時，可在此引數指定要參考第幾個範圍，若只有一個範圍時則可省略這個引數值。

⊙ 操作說明

	A	B	C	D	E	F	G
1				美髮服務一覽表			
2		項目1	項目2	項目3	項目4	項目5	項目6
3		一般燙髮	髮根燙	熱塑燙	陶瓷燙	髮質調理	極致護髮
4	長度1 (短髮)	2,300	2,300	3,300	3,500	600	1,200
5	長度2 (中髮)	2,500	2,500	3,500	4,000	800	1,400
6	長度3 (長髮)	2,800	2,800	3,800	4,500	1,000	1,600
7							
8	項目編號						
9	長度編號						
10	費用	=INDEX(B4:G6,B9,B8)	❶				
11							

❶ 主要的資料範圍為：B4:G6，於 B10 儲存格輸入 **INDEX** 函數求得由 **項目編號** (欄號) 和 **長度編號** (列號) 交會的值：**=INDEX(B4:G6,B9,B8)**。

	A	B	C	D	E	F	G
1				美髮服務一覽表			
2		項目1	項目2	項目3	項目4	項目5	項目6
3		一般燙髮	髮根燙	熱塑燙	陶瓷燙	髮質調理	極致護髮
4	長度1 (短髮)	2,300	2,300	3,300	3,500	600	1,200
5	長度2 (中髮)	2,500	2,500	3,500	4,000	800	1,400
6	長度3 (長髮)	2,800	2,800	3,800	4,500	1,000	1,600
7							
8	項目編號						
9	長度編號						
10	費用 ◇	#VALUE!	❷				
11							

❷ 出現了錯誤值 #VALUE!，別擔心，這是因為還沒輸入 **項目編號** 和 **長度編號** 的值。

	A	B	C	D	E	F	G
1				美髮服務一覽表			
2		項目1	項目2	項目3	項目4	項目5	項目6
3		一般燙髮	髮根燙	熱塑燙	陶瓷燙	髮質調理	極致護髮
4	長度1 (短髮)	2,300	2,300	3,300	3,500	600	1,200
5	長度2 (中髮)	2,500	2,500	3,500	4,000	800	1,400
6	長度3 (長髮)	2,800	2,800	3,800	4,500	1,000	1,600
7							
8	項目編號	3	❸				
9	長度編號	2					
10	費用	3,500					
11							

❸ 輸入要檢索的 **項目編號** 和 **長度編號** 的編號值後，就可取得正確的費用金額。

取得指定欄、列交會的值

輸入款式與項目的名稱自動查出費用

相較於前一個範例只用 **INDEX** 函數的費用表檢索，讓 **INDEX** 函數搭配上 **MATCH** 函數，檢索時可以直接輸入項目與款式的名稱而不是只能用編號查詢。

● 範例分析

在此費用一覽表中，要透過 **項目** 與 **髮長** 右側輸入的名稱，判斷並取得其交會儲存格中的費用資料。

參照的範圍

	A	B	C	D	E	F	G	H
1				美髮費用一覽表				
2	項目	一般燙髮	髮根燙	熱塑燙	陶瓷燙	髮質調理	極致護髮	
3	短髮	2,300	2,300	3,300	3,500	600	1,200	
4	中髮	2,500	2,500	3,500	4,000	800	1,400	
5	長髮	2,800	2,800	3,800	4,500	1,000	1,600	
6								
7	項目	熱塑燙						
8	髮長	長髮						
9	費用	3,800						
10								

透過 **MATCH** 函數取得在此輸入的名稱位於 A3:A5 範圍中第幾順位，再將值傳回給 **INDEX** 函數的 **列號** 引數。

透過 **MATCH** 函數取得在此輸入的名稱位於 B2:G2 範圍中第幾順位，再將值傳回給 **INDEX** 函數的 **欄號** 引數。

INDEX 函數
檢視與參照

說明：傳回指定列編號、欄編號交會的儲存格值。

格式：**INDEX(範圍,列號,欄號,區域編號)**

引數：**範圍** 　　指定參照的範圍

　　　列號 　　用編號指定要回傳的是從範圍上方數下來第幾列的值，若指定的值超過範圍中列的值，則會出現錯誤值 #REF!。

　　　欄號 　　用編號指定要回傳的是從範圍左方數來第幾欄的值，若指定的值超過範圍中欄的值，則會出現錯誤值 #REF!。

　　　區域編號 當工作表中指定了一個以上的範圍時，可在此引數指定要參考第幾個範圍，若只有一個範圍時則可省略這個引數值。

MATCH 函數

說明：以數值格式傳回搜尋值位於搜尋範圍中第幾順位。

格式：**MATCH(搜尋值,搜尋範圍,型態)**

引數：**搜尋值**　　指定要搜尋的值。

　　　搜尋範圍　指定主要資料的儲存格範圍。

　　　型態　　　若省略則為 "1"，是搜尋比搜尋值小的最大值。"0" 是搜尋與搜尋值
　　　　　　　　　完全相同的值，若沒有則會傳回錯誤值 #N/A!。"-1" 是搜尋比搜尋值
　　　　　　　　　大的最小值。

○ 操作說明

	A	B	C	D	E	F	G	H
1				美髮費用一覽表				
2	項目	一般燙髮	髮根燙	熱塑燙	陶瓷燙	髮質調理	極致護髮	
3	短髮	2,300	2,300	3,300	3,500	600	1,200	
4	中髮	2,500	2,500	3,500	4,000	800	1,400	
5	長髮	2,800	2,800	3,800	4,500	1,000	1,600	
6								
7	項目							
8	髮長							
9	費用	=INDEX(B3:G5, ❶						
10								

❶ 於 B9 儲存格要依 B7 與 B8 中的值取得正確的費用，運用 **INDEX** 函數先指定資料參照範圍，輸入：「=INDEX(B3:G5,」。

	A	B	C	D	E	F	G	H
1				美髮費用一覽表				
2	項目	一般燙髮	髮根燙	熱塑燙	陶瓷燙	髮質調理	極致護髮	
3	短髮	2,300	2,300	3,300	3,500	600	1,200	
4	中髮	2,500	2,500	3,500	4,000	800	1,400	
5	長髮	2,800	2,800	3,800	4,500	1,000	1,600	
6								
7	項目			❷				
8	髮長							
9	費用	=INDEX(B3:G5,MATCH(B8,A3:A5,0)						
10								

❷ 接著在 **INDEX** 函數輸入完資料參照範圍後，指定 **列號** 的引數使用一個 **MATCH** 函數，輸入：「MATCH(B8,A3:A5,0),」。

	A	B	C	D	E	F	G	H
1				美髮費用一覽表				
2	項目	一般燙髮	髮根燙	熱塑燙	陶瓷燙	髮質調理	極致護髮	
3	短髮	2,300	2,300	3,300	3,500	600	1,200	
4	中髮	2,500	2,500	3,500	4,000	800	1,400	
5	長髮	2,800	2,800	3,800	4,500	1,000	1,600	
6								
7	項目							
8	髮長				❸			
9	費用	=INDEX(B3:G5,MATCH(B8,A3:A5,0),MATCH(B7,B2:G2,0))						
10								

❸ 最後於指定 欄號 的引數同樣使用一個 **MATCH** 函數，輸入：
「MATCH(B7,B2:G2,0))」。

如此一來儲存格中完整的 **INDEX** 函數公式為：
=INDEX(B3:G5,MATCH(B8,A3:A5,0),MATCH(B7,B2:G2,0))。

	A	B	C	D	E	F
1				美髮費用一覽表		
2	項目	一般燙髮	髮根燙	熱塑燙	陶瓷燙	髮質調
3	短髮	2,300	2,300	3,300	3,500	6
4	中髮	2,500	2,500	3,500	4,000	8
5	長髮	2,800	2,800	3,800	4,500	1,0
6						
7	項目					
8	髮長					
9	費用	#N/A	❹			
10						
11						

❹ 公式已完整輸入卻出現了錯誤值 #N/A！別擔心，這是因為還沒輸入 **項目** 和 **髮長** 的值。

	A	B	C	D	E	F
1				美髮費用一覽表		
2	項目	一般燙髮	髮根燙	熱塑燙	陶瓷燙	髮質調
3	短髮	2,300	2,300	3,300	3,500	6
4	中髮	2,500	2,500	3,500	4,000	8
5	長髮	2,800	2,800	3,800	4,500	1,0
6						
7	項目	熱塑燙	❺			
8	髮長	長髮				
9	費用	3,800				
10						
11						
12						

❺ 輸入 **項目** 和 **髮長** 的名稱後，就可取得正確的費用金額。

日期與時間資料處理

日期時間函數可以在公式中分析處理日期值和時間
值,除了單純顯示製表日期或時間,像是員工年
資、工作天數、最後訂購日或付款日...等資料也都
可以輕鬆取得。

63 何謂序列值

日期與時間序列值

Excel 以序列值儲存日期與時間，所以它們是可以相加、相減或用於其他運算中。

日期序列值

從 1900 年 1 月 1 日開始到 9999 年 12 月 31 日為止，代表的序列值即為 1 到 2958465 數值，每天以 1 的數值遞增。

當日期轉換成序列值後，不但可以計算，也可以根據結果進行日期格式的設定。假設要計算 2014/3/1 到 2014/6/25 之間的天數，可以利用 **DATE** 函數：

DATE (2014,6,25) - DATE (2014,3,1)=116

時間序列值

從 00:00:00 時到 23:59:59 為止，代表的序列值即為 0 到 0.99998426 的數值。

當時間轉換成序列值後，不但可以進行計算，也可以根據結果進行時間格式的設定。假設我們要計算 3 時 10 分到 9 時 50 分之間的差距，可以利用 **TIME** 函數：

TIME (9,50,0) - TIME (3,10,0)=06:40 (6 時 40 分)

查看日期或時間序列值

在儲存格中輸入含有「/」或「-」的數值時，會轉換為今年的日期；如果輸入含有「:」的數值時，則會轉換為時間。

想要查看日期或時間的序列值時，可以於該儲存格上按一下滑鼠右鍵，選按 **儲存格格式**，於對話方塊的 **數值** 標籤中選按 **通用格式** 即可。

以 2014/3/1 日期為例，查詢出來的序列值為 41699。

公式的基礎

常用數值計算與進位

條件式統計分析

取得需要的資料

日期與時間資料處理

文字資料處理

財務資料計算

大量數據資料整理與驗證

主題資料表的函數應用

64 顯示現在的日期、時間
統計目前距離應試日期的剩餘天數

TODAY 函數常出現在各式報表的日期欄位，主要用於顯示今天日期。而 **NOW** 函數不僅顯示今天日期，還有目前時間。(二個函數都會在每次開啟檔案時自動更新)

⊙ 範例分析

面試流程表中，以當天日期為基準，計算出距離這三次應試日期的各自剩餘天數。

使用 **TODAY** 函數取得電腦系統
中今天的日期並顯示。

將 **NOW** 函數減去 **TODAY** 函數，
單獨顯示目前時間。

	A	B	C	D	E	F	G
1	今天日期：	2021/5/3	1:58 PM				
2	流程	日期	剩餘天數				
3	第一次筆試	2022/11/1	547				
4	第二次面試(初試)	2022/11/1	547				
5	第三次面試(複試)	2022/12/15	591				
6							
7							
8							
9							

將 **日期** 減去 **今天日期**，計算出目前距離應試日期的 **剩餘天數**。

TODAY 函數
| 日期及時間

說明：顯示今天的日期 (即目前電腦中的系統日期)。

格式：**TODAY()**

NOW 函數
| 日期及時間

說明：顯示目前的日期與時間 (即目前電腦中的系統日期與時間)。

格式：**NOW()**

1️⃣ 於 B1 儲存格要求得今天的日期，輸入公式：**=TODAY()**。

2️⃣ 於 C1 儲存格輸入 **NOW** 函數減去 **TODAY** 函數，藉此顯示目前時間，輸入公式：**=NOW()-TODAY()**。

3️⃣ 在 C1 儲存格上，按一下滑鼠右鍵選按 **儲存格格式**。

4️⃣ 於對話方塊 **數值** 標籤設定 **類別：時間、類型：1:30 PM、地區設定：中文(台灣)、行事曆類型：西曆**，按 **確定** 鈕將代表時間的數值轉換為可辨識的格式。

	A	B	C	D
1	今天日期：	2021/5/3	2:18 PM	
2	流程	日期	剩餘天數	
3	第一次筆試	2022/11/1	=B3-$B$1	5️⃣
4	第二次面試(初試)	2022/11/1		
5	第三次面試(複試)	2022/12/15		

	A	B	C	D
1	今天日期：	2021/5/3	2:19 PM	
2	流程	日期	剩餘天數	
3	第一次筆試	2022/11/1	547	6️⃣
4	第二次面試(初試)	2022/11/1	547	
5	第三次面試(複試)	2022/12/15	591	

5️⃣ 於 C3 儲存格計算距離應試日期的剩餘天數，輸入公式：**=B3-$B$1**。

> 下個步驟要複製此公式，所以利用絕對參照指定今天日期儲存格。

6️⃣ 於 C3 儲存格，按住右下角的 **填滿控點** 往下拖曳，至最後流程項目再放開滑鼠左鍵，完成其他流程的剩餘天數計算。

公式的基礎

常用數值計算與進位

條件式統計分析

取得需要的資料

日期與時間資料處理

文字資料處理

財務資料計算

大量數據資料整理與驗證

主題資料表的函數應用

65 計算日期期間

從到職日至今天為止的服務年資並以年、月個別顯示

要計算二個時間差距的年數或天數，如：年資、年齡...時，可以運用 **TODAY** 與 **DATEDIF** 二個函數搭配。

▶ 範例分析

服務年資表中，以到職日為開始日期，開啟這份文件的當日作為結束日期，計算每個員工實際服務年資，並以 "年" 與 "月" 顯示。

	A	B	C	D	E	F
1		服務年資				
2				日期：	2018/2/9	
3	員工	性別	到職日	年資		
4				年	月	
5	Aileen	女	2008/5/1	9	9	
6	Amber	女	2004/1/3	14	1	
7	Eva	女	2002/12/2	15	2	
8	Hazel	女	2007/7/16	10	6	
9	Javier	男	2007/2/5	11	0	
10	Jeff	男	2009/4/1	8	10	
11	Jimmy	男	2012/12/20	5	1	
12	Joan	女	2010/1/20	8	0	
13						

使用 **TODAY** 函數自動捉取系統今天日期並顯示。

設定到職日為開始日期，**TODAY** 函數為結束日期，而二個日期間的天數即為年資，讓年資以完整 "年" 及不足一年的 "月" 方式顯示。

TODAY 函數
日期及時間

説明：顯示今天的日期 (即目前電腦中的系統日期)。

格式：**TODAY()**

DATEDIF 函數
日期及時間

説明：求二個日期之間的天數、月數或年數。

格式：**DATEDIF(起始日期,結束日期,單位)**

引數：**起始日期**　代表期間的最初 (或開始) 日期。

結束日期　代表期間的最後 (或結束) 日期。

單位　顯示的資料類型，可指定 Y (完整年數)、M (完整月數)、D (完整天數)、YM (未滿一年的月數)、YD (未滿一年的日數)、MD (未滿一月的日數)。

● 操作說明

① 於 E2 儲存格要取得今天的日期，輸入公式：**=TODAY()**。

② 於 D5 儲存格運用 **DATEDIF** 函數求得日期期間的完整年數，指定開始日期為 C5 儲存格，結束日期為 E2 儲存格，輸入公式：
=DATEDIF(C5,$E$2,"Y")。

後面步驟要複製此公式，所以利用絕對參照指定今天日期的儲存格。

③ 於 E5 儲存格運用 **DATEDIF** 函數求得日期期間未滿一年的月數，指定開始日期為 C5 儲存格，結束日期為 E2 儲存格，輸入公式：
=DATEDIF(C5,$E$2,"YM")。

後面步驟要複製此公式，所以利用絕對參照指定今天日期的儲存格。

④ 最後，拖曳選取已運算好的 D5:E5 儲存格，按住 E5 儲存格右下角的 **填滿控點** 往下拖曳，至最後一個員工再放開滑鼠左鍵，可快速完成其他員工的服務年資計算。

66 由年月日的資料數值轉換為日期

將個別的年、月、日整合以「YYYY/MM/DD」格式顯示

報表中分開的年、月、日數值，可以透過 **DATE** 函數，將其結合為 Excel 可以辨識的日期序列值。

● 範例分析

到職表中，將新進員工開始進入公司的各別年、月、日資料，整合為完整的到職日期，並以 YYYY/MM/DD 格式顯示。

	A	B	C	D	E	F	G
1			新進員工到職表				
2	序號	姓名	到職日			到職日期	
3			年	月	日		
4	101	George	2013	5	28	2013/5/28	
5	102	Eric	2013	9	20	2013/9/20	
6	103	Jessie	2013	12	15	2013/12/15	
7	104	Sally	2014	1	8	2014/1/8	
8	105	Robert	2014	2	1	2014/2/1	
9	106	Monica	2014	3	5	2014/3/5	
10							

將 **年**、**月**、**日** 欄位內的數值，透過 **DATE** 函數算出 **到職日期** 的序列值，並自動以 **日期** 格式顯示。

DATE 函數

日期及時間

說明：將指定的年、月、日數值轉換成代表日期的序列值。

格式：**DATE(年,月,日)**

引數：

年　代表年的數值，可以是 1 到 4 個數值，建議使用四位數；避免產生不合需要的結果。例如：DATE(2018,3,2) 會傳回 2018 年 3 月 2 日的序例值。

月　代表一年中的 1 到 12 月份的正、負數值。如果大於 12，會將多出來的月數加到下個年份，例如：DATE(2018,14,2) 會傳回代表 2019 年 2 月 2 日的序列值；相反如果小於 1，則是在減去相關月數後，以上個年份顯示，例如：DATE(2018,-3,2) 會傳回代表 2017 年 9 月 2 日的序列值。

日　代表一個月中的 1 到 31 日的正、負數值。如果大於指定月份的天數，會將多出來的天數加到下個月份，例如：DATE(2018,1,35) 會傳回代表 2018 年 2 月 4 日的序列值；相反的如果小於 1，則會推算回去前一個月份，並將該天數加 1，例如：DATE(2018,1,-15) 會傳回代表 2017 年 12 月 16 日的序列值。

◉ 操作說明

1️⃣ 於 F4 儲存格用 **DATE** 函數將 C4、D4、E4 儲存格裡的 "年"、"月"、"日" 數值，轉換為到職日期的序列值，輸入公式：**=DATE(C4,D4,E4)**。

2️⃣ 於 F4 儲存格，按住右下角的 **填滿控點** 往下拖曳，至最後一位員工項目再放開滑鼠左鍵，快速求得其他員工到職日期的序列值。

Tips

日期格式顯示與變更

輸入 **DATE** 函數時，儲存格的格式預設會從原本的 **通用格式** 轉換為 **日期** 格式，所以結果會以 "YYYY/MM/DD" 方式顯示，而不是以序列值。

如果想要調整格式，可於要調整的儲存格上按一下滑鼠右鍵，選按 **儲存格格式** 開啟對話方塊，再於 **數值** 標籤中設定。

公式的基礎

常用數值計算與進位

條件式統計分析

取得需要的資料

日期與時間資料處理

文字資料處理

財務資料計算

大量數據資料整理與驗證

主題資料表的函數應用

67 由日期取得對應的星期值

顯示日期對應的星期並判斷平日與週末房價

日期資料可以透過 **WEEKDAY** 函數，傳回 1 至 7 或 0 至 6 數值，判斷出星期值。

◉ 範例分析

房價一覽表中，計算出日期相對應的星期值，並根據平日 (星期日~四) 與週末 (星期五、六) 的定義，列出房價金額為 2999 或 3999。

用 **WEEKDAY** 函數計算出 **日期** 相對應的 **星期** 數，並依照預設，傳回 1 (星期日) 至 7 (星期六) 整數，然後再設定為 **日期** 格式。

用 **IF** 函數判斷，如果是平日時段 (星期日~四)，客房房價為 2999，如果是週末時段 (星期五、六)，客房房價為 3999。

WEEKDAY 函數　　　　　　　　　　　　　　　　　| 日期及時間

説明：從日期的序列值中求得對應的星期數值。

格式：**WEEKDAY(序列值,類型)**

引數：**序列值**　　為要尋找星期數值的日期。

　　　類型　　　決定傳回值的類型，預設星期日會傳回 "1"，星期六會傳回 "7"...。其中類型 1 與 Excel 舊版的性質相同，而 Excel 2010 以後的版本才可以指定類型 11 至 17。

類型	傳回值	類型	傳回值
1 或省略	數值 1 (星期日) 到 7 (星期六)	13	數值 1 (星期三) 到 7 (星期二)
2	數值 1 (星期一) 到 7 (星期日)	14	數值 1 (星期四) 到 7 (星期三)
3	數值 0 (星期一) 到 6 (星期六)	15	數值 1 (星期五) 到 7 (星期四)
11	數值 1 (星期一) 到 7 (星期日)	16	數值 1 (星期六) 到 7 (星期五)
12	數值 1 (星期二) 到 7 (星期一)	17	數值 1 (星期日) 到 7 (星期六)

說明：依條件判定的結果分別處理。

格式：**IF(條件,條件成立,條件不成立)**

● 操作說明

1️⃣ 於 B3 儲存格以 **WEEKDAY** 函數求得對應的星期並指定類型 "1"，代表傳回值為 1 (星期日) 到 7 (星期六)，輸入公式：**=WEEKDAY(A3,1)**。

2️⃣ 在 B3 儲存格上，按一下滑鼠右鍵選按 **儲存格格式**。

3️⃣ 於對話方塊 **數值** 標籤設定 **類別：日期**、**類型：星期三**、**地區設定：中文(台灣)**、**行事曆類型：西曆**，按 **確定** 鈕轉換格式。

4️⃣ 於 B3 儲存格，按住右下角的 **填滿控點** 往下拖曳，至最後一個日期項目再放開滑鼠左鍵，完成其他日期的星期值取得。

公式的基礎

常用數值計算與進位

條件式統計分析

取得需要的資料

日期與時間資料處理

文字資料處理

財務資料計算

大量數據資料整理與驗證

主題資料表的函數應用

	A	B	C	D	E	F	G
1	客房房價一覽表						
2	日期	星期	參考房價				
3	2018/9/1	星期六	=IF(B3>5,3999,2999)				
4	2018/9/2	星期日					
5	2018/9/3	星期一					
6	2018/9/4	星期二					
7	2018/9/5	星期三					
8	2018/9/6	星期四					
9	2018/9/7	星期五					
10	2018/9/8	星期六					
11	2018/9/9	星期日					
12	2018/9/10	星期一					
13	2018/9/11	星期二					

	A	B	C	D
1	客房房價一覽表			
2	日期	星期	參考房價	
3	2018/9/1	星期六	3999	
4	2018/9/2	星期日		
5	2018/9/3	星期一		
6	2018/9/4	星期二		
7	2018/9/5	星期三		
8	2018/9/6	星期四		
9	2018/9/7	星期五		
10	2018/9/8	星期六		
11	2018/9/9	星期日		
12	2018/9/10	星期一		
13	2018/9/11	星期二		

5 因為前面 **WEEKDAY** 函數中 **類型** 引數指定為 "1"，因此為數字1 (星期日) 到 7 (星期六)。於 C3 儲存格輸入判斷式，判斷當傳回的星期數值 >5 (大於星期四) 時，顯示週末 (星期五、六) 房價為 "3999"，否則顯示平日房價 (星期日~四) "2999"，輸入公式：**=IF(B3>5,3999,2999)**。

	A	B	C	D	E	F	G
1	客房房價一覽表						
2	日期	星期	參考房價				
3	2018/9/1	星期六	3999				
4	2018/9/2	星期日					
5	2018/9/3	星期一					
6	2018/9/4	星期二					
7	2018/9/5	星期三					
8	2018/9/6	星期四					
9	2018/9/7	星期五					
10	2018/9/8	星期六					
11	2018/9/9	星期日					
12	2018/9/10	星期一					
13	2018/9/11	星期二					
14	2018/9/12	星期三					
15	2018/9/13	星期四					
16	2018/9/14	星期五					
17	2018/9/15	星期六					
18							

	A	B	C	D
1	客房房價一覽表			
2	日期	星期	參考房價	
3	2018/9/1	星期六	3999	
4	2018/9/2	星期日	2999	
5	2018/9/3	星期一	2999	
6	2018/9/4	星期二	2999	
7	2018/9/5	星期三	2999	
8	2018/9/6	星期四	2999	
9	2018/9/7	星期五	3999	
10	2018/9/8	星期六	3999	
11	2018/9/9	星期日	2999	
12	2018/9/10	星期一	2999	
13	2018/9/11	星期二	2999	
14	2018/9/12	星期三	2999	
15	2018/9/13	星期四	2999	
16	2018/9/14	星期五	3999	
17	2018/9/15	星期六	3999	
18				

6 於 C3 儲存格，按住右下角的 **填滿控點** 往下拖曳，至最後一個日期項目再放開滑鼠左鍵，快速求得所有標準客房平日與週末的參考房價。

68 求實際工作天數

不含國定假日與例假日的實際工作天數

NETWORKDAYS.INTL 函數可排除週休二日及國定假日，計算出實際的工作天數。

● 範例分析

工程管理表中，計算出各項工程從開工日到完工日之間，不包含週六、日及國定假日的實際工作天數。

透過 **NETWORKDAYS.INTL** 函數，由 **開工日** 開始到 **完工日**，這中間扣除星期日、一，與指定的 **國定假日**，計算出實際的工作天數。

1	工程管理表					
2	工程內容	開工日	完工日	工作天數		國定假日
3	水電	2018/5/1	2018/5/15	10		2018/1/1 元旦
4	油漆	2018/6/1	2018/6/15	11		2018/2/28 和平紀念日
5	廚房	2018/8/10	2018/8/23	10		2018/4/5 掃墓節
6	衛浴	2018/9/10	2018/9/20	8		2018/5/1 勞動節
7	太陽能	2018/10/20	2018/10/25	4		2018/6/18 端午節
8	★付款日：完工日的下個月月底付款					2018/9/24 中秋節
9	★工作天數：扣除星期日、一與國定假日					2018/10/10 雙十節
10						

NETWORKDAYS.INTL 函數　　　　　　　　　　　　| 日期及時間

說明：NETWORKDAYS.INTL 是 Excel 2007 新增的函數，與 **NETWORKDAYS** 函數不同之處為增加了 **週末** 引數，此函數會傳回二個日期之間完整的工作天數，並且不包含週末與指定為國定假日的所有日子。

格式：NETWORKDAYS.INTL(起始日期,結束日期,週末,國定假日)

引數：起始日期　　代表期間的最初 (或開始) 日期。

　　　　結束日期　　代表期間的最後 (或結束) 日期。

　　　　週末　　　　以類型編號指定星期幾為週末，省略時就以星期六、日為週末。

類型	星期別	類型	星期別	類型	星期別	類型	星期別
1	星期六、日	5	星期三、四	12	星期一	16	星期五
2	星期日、一	6	星期四、五	13	星期二	17	星期六
3	星期一、二	7	星期五、六	14	星期三		
4	星期二、三	11	星期日	15	星期四		

　　　　國定假日　　包含一或多個國定假日或指定假日，會是日期的儲存格範圍，或是代表這些日期的序列值的陣列常數。

● 操作說明

1 於 D3 儲存格運用 **NETWORKDAYS.INTL** 函數，計算從開工日到完工日中間的實際工作天數，其中指定 **週末** 引數為 "2" (排除星期日與一)，與指定 **國定假日** 欄內的日期資料，輸入公式：

=NETWORKDAYS.INTL(B3,C3,2,$G$3:$G$9)。

下個步驟要複製此公式，所以利用絕對參照指定國定假日欄內的日期資料。

2 於 D3 儲存格，按住右下角的 **填滿控點** 往下拖曳，至最後一個工程項目再放開滑鼠左鍵，完成其他工程的實際工作天數計算。

Tips

想指定的週末沒有對應的類型編號

NETWORKDAYS.INTL 函數的 **週末** 引數除了以類型編號指定，還可以使用 0 (工作天) 與 1 (非工作天) 的字串排列來指定星期一到星期日 (共 7 天)，例如指定週末為星期五、六、日時，**週末** 引數可輸入：「"0000111"」。

69 由開始日起計算幾個月後的月底日期

根據完工日計算出一個月之後的月底付款日

EOMONTH 函數常用來計算指定月份最後一天的到期日或截止日。

範例分析

工程管理表中，以一個月為期限，根據完工日計算出下個月底的付款日。

根據 **完工日** 欄位內的日期，透過 **EOMONTH** 函數，計算出下個月最後一天的 **付款日** 日期，並以 **日期** 格式顯示。

▲	A	B	C	D	E	F	G	H
1	工程管理表							
2	工程內容	開工日	完工日	工作天數	付款日		國定假日	
3	水電	2018/5/1	2018/5/15	10	2018/6/30		2018/1/1	元旦
4	油漆	2018/6/1	2018/6/15	11	2018/7/31		2018/2/28	和平紀念日
5	廚房	2018/8/10	2018/8/23	10	2018/9/30		2018/4/5	掃墓節
6	衛浴	2018/9/10	2018/9/20	8	2018/10/31		2018/5/1	勞動節
7	太陽能	2018/10/20	2018/10/25	4	2018/11/30		2018/6/18	端午節
8	★付款日：完工日的下個月月底付款						2018/9/24	中秋節
9	★工作天數：扣除星期日、一與國定假日						2018/10/10	雙十節
10								
11								

EOMONTH 函數　　　　　　　　　　　　　　　　　　　　　　｜ 日期及時間

説明：由起始日期開始，求出幾個月之前 (後) 的該月最後一天。

格式：**EOMONTH(起始日期,月)**

引數：**起始日期**　　代表期間的最初 (或開始) 日期。

　　　　　月　　　　起始日期前或後的月數。如果 **月** 引數輸入正數，會計算出幾個月之後的月底日期；如果 **月** 引數輸入「0」，會計算當月月底日期；如果 **月** 引數輸入負數，則會計算出過去幾個月的月底日期。

Tips

EOMONTH 與 EDATE 函數的差異

EOMONTH 函數用於計算幾個月後的 "月底" 日期，但如果想計算幾個月前 (後) 的日期時，則可以使用 **EDATE** 函數，公式為：**EDATE(起始日期,月)**，其中 **起始日期** 代表期間的最初 (或開始) 日期，**月** 代表起始日期前 (後) 的月數。

◎ 操作說明

	A	B	C	D	E	F
1	工程管理表					
2	工程內容	開工日	完工日	工作天數	付款日	
3	水電	2018/5/1	2018/5/15	10	=EOMONTH(C3,1)	
4	油漆	2018/6/1	2018/6/15	11		
5	廚房	2018/8/10	2018/8/23	10		
6	衛浴	2018/9/10	2018/9/20	8		
7	太陽能	2018/10/20	2018/10/25	4		

1 於 E3 儲存格計算完工日後一個月的月底付款日，輸入公式：
=EOMONTH(C3,1)。

2 在 E3 儲存格上，按一下滑鼠右鍵選按 **儲存格格式**。

3 於對話方塊 **數值** 標籤設定 **類別**：**日期**、**類型**：**2012/3/14**、**地區設定**：**中文 (台灣)**、**行事曆類型**：**西曆**，按 **確定** 鈕轉換格式。

	A	B	C	D	E	F
1	工程管理表					
2	工程內容	開工日	完工日	工作天數	付款日	
3	水電	2018/5/1	2018/5/15	10	2018/6/30	
4	油漆	2018/6/1	2018/6/15	11	2018/7/31	
5	廚房	2018/8/10	2018/8/23	10	2018/9/30	
6	衛浴	2018/9/10	2018/9/20	8	2018/10/31	
7	太陽能	2018/10/20	2018/10/25	4	2018/11/30	
8	★付款日：完工日的下個月月底付款					
9	★工作天數：扣除星期日、一與國定假日					

4 於 E3 儲存格，按住右下角的 **填滿控點** 往下拖曳，至最後一個工程項目再放開滑鼠左鍵，完成其他工程的付款日計算。

70 由開始日起計算幾天之前(後)日期
不含國定假日與例假日的實際訂購終止日

需要避開週末或國定假日，透過實際的工作天數，計算出像是商品的付款日、出貨日...等日期時，可以藉由 **WORKDAY.INTL** 函數求得。

● 範例分析

羊乳訂購的資料中，透過客戶最後訂購的日期以及訂購的天數，統計出訂購結束的日期，其中必須扣除星期六、日與國定假日。

透過 **WORKDAY.INTL** 函數，由 **最後訂購日** 開始，根據實際 **天數**，其中需扣除星期六、日與指定的 **國定假日**，計算出每個客戶的羊乳 **訂購終止日**。

	A	B	C	D	E	F	G	H
1				羊乳訂購				
2	客戶	最後訂購日	天數	訂購終止日			國定假日	
3	陳嘉洋	2018/3/5	30	2018/4/17		2018/1/1	元旦	
4	黃俊霖	2018/4/10	45	2018/6/13		2018/2/28	和平紀念日	
5	楊子芸	2018/6/9	60	2018/9/3		2018/4/5	掃墓節	
6	羅書佩	2018/8/1	85	2018/11/30		2018/5/1	勞動節	
7	李怡潔	2018/10/5	120	2019/3/25		2018/6/18	端午節	
8	楊佩玲	2018/11/20	90	2019/3/26		2018/9/24	中秋節	
9	★天數：不包含星期六、日與國定假日					2018/10/10	雙十節	
10								

WORKDAY.INTL 函數 　　　　　　　　　　　　　　　| 日期及時間

說明：**WORKDAY.INTL** 是 Excel 2007 新增的函數，與 **WORKDAY** 函數不同之處為增加了 **週末** 引數。此函數會由起始日期算起，求指定的工作天數前 (後) 的日期，若有指定例假日與國定假日需加以扣除。

格式：**WORKDAY.INTL(起始日期,日數,週末,國定假日)**

引數：**起始日期**　　代表期間的最初 (或開始) 日期。

　　　　日數　　　　起始日期之前或之後的非週末與非假日的天數。如果是正數，會產生未來的日期；如果是負數，則會產生過去的日期。

　　　　週末　　　　以類型編號指定星期幾為週末，省略時就以星期六、日為週末。(關於類型編號可以參考 P140 的 **NETWORKDAYS.INTL** 函數說明）

　　　　國定假日　　包含一或多個國定假日或指定假日，會是日期的儲存格範圍，或是代表這些日期的序列值的陣列常數。

⊙ 操作說明

	A	B	C	D	E	F	G	H
1		羊乳訂購						
2	客戶	最後訂購日	天數	訂購終止日		國定假日		
3	陳嘉洋	2018/3/5	30	=WORKDAY.INTL(B3,C3,,$F$3:$F$9)		2018/1/1	元旦	
4	黃俊霖	2018/4/10	45			2018/2/28	和平紀念日	
5	楊子芸	2018/6/9	60			2018/4/5	掃墓節	
6	羅書佩	2018/8/1	85			2018/5/1	勞動節	
7	李怡潔	2018/10/5	120			2018/6/18	端午節	
8	楊佩玲	2018/11/20	90			2018/9/24	中秋節	
9	★天數：不包含星期六、日與國定假日					2018/10/10	雙十節	
10								

1 於 D3 儲存格運用 **WORKDAY.INTL** 函數計算出訂購終止日，從 **最後訂購日** 開始，根據訂購天數並排除週六、日與國定假日 (F3:F9 儲存格範圍)，輸入公式：
=WORKDAY.INTL(B3,C3,,$F$3:$F$9)

下個步驟要複製此公式，所以利用絕對參照指定國定假日欄內的日期資料範圍。

2 在 D3 儲存格上，按一下滑鼠右鍵選按 **儲存格格式**。

3 於對話方塊 **數值** 標籤設定 **類別：日期、類型：2012/3/14、地區設定：中文(台灣)、行事曆類型：西曆**，按 **確定** 鈕將代表日期的數值轉換成可以辨識的格式。

	A	B	C	D	E	F	G	H
1		羊乳訂購						
2	客戶	最後訂購日	天數	訂購終止日		國定假日		
3	陳嘉洋	2018/3/5	30	2018/4/17		2018/1/1	元旦	
4	黃俊霖	2018/4/10	45	2018/6/13		2018/2/28	和平紀念日	
5	楊子芸	2018/6/9	60	2018/9/3		2018/4/5	掃墓節	
6	羅書佩	2018/8/1	85	2018/11/30		2018/5/1	勞動節	
7	李怡潔	2018/10/5	120	2019/3/25		2018/6/18	端午節	
8	楊佩玲	2018/11/20	90	2019/3/26		2018/9/24	中秋節	
9	★天數：不包含星期六、日與國定假日					2018/10/10	雙十節	

4 於 D3 儲存格，按住右下角的 **填滿控點** 往下拖曳，至最後一個客戶再放開滑鼠左鍵，快速求得其他客戶的訂購終止日。

71 由開始日起計算幾個月後（前）的日期

計算新進員工試用期滿的日期

EDATE 函數可以藉由指定的開始日期，計算出幾個月之後 (之前) 的日期，常用在軟體有效期限、月底付款日、截止日期...等實務上。

● 範例分析

試用期滿日的表格中，根據新進員工的到職日期，以三個月作為試用基礎，計算出試用期滿的日期。

▲	A	B	C	D	E	F	G
1			新進員工試用期滿日				
2	序號	姓名	到職日			到職日期	試用期滿日
3			年	月	日		
4	101	George	2013	5	28	2013/5/28	2013/8/27
5	102	Eric	2013	9	20	2013/9/20	2013/12/19
6	103	Jessie	2013	12	15	2013/12/15	2014/3/14
7	104	Sally	2014	1	8	2014/1/8	2014/4/7
8	105	Robert	2014	2	1	2014/2/1	2014/4/30
9	106	Monica	2014	3	5	2014/3/5	2014/6/4
10	★ 試用期以三個月為限，試用期間內員工一樣享有一般員工的權利。						
11							

將 **到職日期** 欄位內的日期，透過 **EDATE** 函數計算出三個月試用期滿的日期。

EDATE 函數
| 日期及時間

說明：由起始日期開始，求出幾個月前 (後) 的日期序列值。

格式：**EDATE(起始日期,月)**

引數：**起始日期**　代表期間的最初 (或開始) 日期。

　　　月　　　　起始日期前或後的月數。
　　　　　　　　　月數為正值，產生未來日期，月數為負值，產生過去的日期。(輸入的值必須為整數，如果輸入了有小數點的數值如「3.2」時，會忽略小數點右邊的數值。)

⊙ 操作說明

1️⃣ 於 G4 儲存格根據員工到職日期計算出試用期滿三個月的日期，**試用期滿日** 應
為經過三個月之後的前一天，因此輸入計算新進員工試用期滿日的輸入公式：
=EDATE(F4,3)-1。

2️⃣ 於 G4 儲存格，按住右下角的 **填滿控點** 往下拖曳，至最後一位員工項目再放開
滑鼠左鍵，完成其他新進員工試用期滿日期的計算。

Tips

使用 **EDATE** 函數時，當 **月** 引數輸入正數，會計算出未來的日期；當 **月** 引數輸入
負數，則會計算出過去的日期。其中 **月** 引數的值如果大於 12 時，日期年份會自
動加 1。舉例來說 F6 儲存格為 2013/12/15，加上 3 個月後，**EDATE** 函數公式為
=EDATE(A6,14)，計算出來結果為 2014/3/14。

72 從日期之中取出個別的年份

從書籍入庫日期求得入庫年份並統計年度入庫本數

面對多筆日期資料時，常需要單獨取得年份資料以及透過年份資料進行運算，這時候使用 **YEAR** 函數就可以很快抽出年份的個別資料。

● 範例分析

書籍入庫資料中，依照 **入庫** 日期，為每本書整理出 **入庫年份**，並統計 2022 年與 2021 年，各自入庫了幾本書籍。

用 **YEAR** 函數，根據 **入庫** 日期取得 **入庫年份**。接著透過拖曳方式，複製 D3 儲存格公式取得其他書籍的入庫年份。

	A	B	C	D	E	F	G	H
1			書籍入庫					
2	書名	入庫	發印數量	入庫年份		入庫年份	本數	
3	Excel自學聖經	2022/1/15	2200	2022		2021	3	
4	超人氣FB+IG+LINE	2022/2/11	1079	2022		2022	4	
5	Python零基礎入門班	2022/1/27	1000	2022				
6	Python機器學習超進化	2022/1/23	1000	2022				
7	翻倍效率工作術	2021/12/20	1000	2021				
8	詢問度破表的Office最強職人技	2021/11/28	2200	2021				
9	Python自學聖經	2021/11/20	2200	2021				
10								

用 **COUNTIF** 函數指定 **入庫年份** 欄位內的資料為參考範圍，接著指定 "2021" 為搜尋條件，可計算出該年度的書籍入庫本數。

YEAR 函數　　　　　　　　　　　　　　　　　　　　　　　　　| 日期及時間

說明：從日期資料中單獨取得年份的值。

格式：**YEAR(序列值)**

引數：**序列值**　指定要尋找年份的日期。

COUNTIF 函數　　　　　　　　　　　　　　　　　　　　　　　　| 統計

說明：求符合搜尋條件的資料個數。

格式：**COUNTIF(範圍,搜尋條件)**

公式的基礎

常用數值計算與進位

條件式統計分析

取得需要的資料

日期與時間資料處理

文字資料處理

財務資料計算

大量數據資料整理與驗證

主題資料表的函數應用

● 操作說明

▲	A	B	C	D	E
1	書籍入庫				
2	書名	入庫	發印數量	入庫年份	
3	Excel自學聖經	2022/1/15	2200	=YEAR(B3)	
4	超人氣FB+IG+LINE	2022/2/11	1079		
5	Python零基礎入門班	2022/1/27	1000		
6	Python機器學習超進化	2022/1/23	1000		
7	翻倍效率工作術	2021/12/20	1000		
8	詢問度破表的Office最強職人技	2021/11/28	2200		
9	Python自學聖經	2021/11/20	2200		

	B	C	D
1	書籍入庫		
2	入庫	發印數量	入庫年份
3	2022/1/15	2200	2022
4	2022/2/11	1079	
5	2022/1/27	1000	
6	2022/1/23	1000	
7	2021/12/20	1000	
8	2021/11/28	2200	
9	2021/11/20	2200	

1 於 D3 儲存格輸入計算 B3 儲存格內書籍入庫年份的公式：**=YEAR(B3)**。

▲	A	B	C	D	E
1	書籍入庫				
2	書名	入庫	發印數量	入庫年份	
3	Excel自學聖經	2022/1/15	2200	2022	
4	超人氣FB+IG+LINE	2022/2/11	1079		
5	Python零基礎入門班	2022/1/27	1000		
6	Python機器學習超進化	2022/1/23	1000		
7	翻倍效率工作術	2021/12/20	1000		
8	詢問度破表的Office最強職人技	2021/11/28	2200		
9	Python自學聖經	2021/11/20	2200		

	B	C	D
1	書籍入庫		
2	入庫	發印數量	入庫年份
3	2022/1/15	2200	2022
4	2022/2/11	1079	2022
5	2022/1/27	1000	2022
6	2022/1/23	1000	2022
7	2021/12/20	1000	2021
8	2021/11/28	2200	2021
9	2021/11/20	2200	2021

2 於 D3 儲存格，按住右下角的 **填滿控點** 往下拖曳，至最後一本書籍項目再放開滑鼠左鍵，完成其他書籍的入庫年份取得。

▲	B	C	D	E	F	G	H
1	入庫						
2	入庫	發印數量	入庫年份		入庫年份	本數	
3	2022/1/15	2200	2022		2021	=COUNTIF($D$3:$D$9,F3)	
4	2022/2/11	1079	2022		2022		
5	2022/1/27	1000	2022				
6	2022/1/23	1000	2022				
7	2021/12/20	1000	2021				
8	2021/11/28	2200	2021				

	F	G	H
1			
2	入庫年份	本數	
3	2021		
4	2022		

3 於 G3 儲存格運用 **COUNTIF** 函數統計 2021 入庫年份的本數，以 **入庫年份** 資料為整體資料範圍 (D3:D9)，再指定搜尋條件為 F3 儲存格，輸入公式：**=COUNTIF($D$3:$D$9,F3)**。

下個步驟要複製此公式，所以利用絕對參照指定 **入庫年份** 資料的儲存格範圍。

4 於 G3 儲存格，按住右下角的 **填滿控點** 往下拖曳，至 G4 儲存格再放開滑鼠左鍵，完成 2022 入庫年份的本數計算。

73 從日期之中取出個別的月份

從書籍入庫日期求得入庫月份並統計各月份發印數量

面對多筆日期資料時，常需要單獨取得月份資料以及透過月份資料進行運算，這時候使用 **MONTH** 函數就可以很快抽出月份的個別資料。

● 範例分析

書籍入庫資料中，依照 **入庫** 日期，為每本書整理出 **入庫月份**，並各別統計 1、2、3 月發印的數量。

用 **MONTH** 函數，根據 **入庫** 日期取得 **入庫月份**。接著透過拖曳方式，分別複製 E3 儲存格公式，取得其他書籍的入庫月份。

	A	B	C	D	E	F	G	H	I
1	2022 年書籍入庫資料								
2	書名	刷次	入庫	發印數量	入庫月份		月份	數量	
3	Excel自學聖經	3	2022/1/4	550	1		1	1650	
4	超人氣FB+IG+LINE	4	2022/1/30	1100	1		2	0	
5	Python零基礎入門班	9	2022/3/6	1100	3		3	1980	
6	Python機器學習超進化	9	2022/3/10	330	3				
7	翻倍效率工作術	4	2022/3/25	550	3				
8									

用 **SUMIF** 函數，指定 **入庫月份** 欄位內的資料為參考範圍，接著指定月份 "1" 為搜尋條件，計算出該月份的書籍發印數量。

MONTH 函數

日期及時間

說明：從日期中單獨取得月份的值，為介於 1 (1 月) 到 12 (12 月) 間的整數。

格式：**MONTH(序列值)**

引數：**序列值** 指定要尋找月份的日期。

SUMIF 函數

數學與三角函數

說明：加總符合單一條件的儲存格數值。

格式：**SUMIF(搜尋範圍,搜尋條件,加總範圍)**

● 操作說明

	A	B	C	D	E	F
1			2022 年書籍入庫資料			
2	書名	刷次	入庫	發印數量	入庫月份	
3	Excel自學聖經	3	2022/1/4	550	=MONTH(C3)	
4	超人氣FB+IG+LINE	4	2022/1/30	1100		
5	Python零基礎入門班	9	2022/3/6	1100		
6	Python機器學習超進化	9	2022/3/10	330		
7	翻倍效率工作術	4	2022/3/25	550		

❶

B	C	D	E	F
	年書籍入庫資料			
刷次	入庫	發印數量	入庫月份	
3	2022/1/4	550	1	
4	2022/1/30	1100	1	
9	2022/3/6	1100	3	
9	2022/3/10	330	3	
4	2022/3/25	550	3	

❷

❶ 於 E3 儲存格輸入計算 C3 儲存格內書籍入庫月份的公式：**=MONTH(C3)**。

❷ 於 E3 儲存格，按住右下角的 **填滿控點** 往下拖曳，至最後一本書籍項目再放開滑鼠左鍵，完成其他書籍的入庫月份取得。

	A	B	C	D	E	F	G	H	I	J
1			2022 年書籍入庫資料							
2	書名	刷次	入庫	發印數量	入庫月份		月份	數量		
3	Excel自學聖經	3	2022/1/4	550	1		1	=SUMIF($E$3:$E$7,G3,$D$3:$D$7)		
4	超人氣FB+IG+LINE	4	2022/1/30	1100	1		2			
5	Python零基礎入門班	9	2022/3/6	1100	3		3			
6	Python機器學習超進化	9	2022/3/10	330	3					
7	翻倍效率工作術	4	2022/3/25	550	3					

❸

❸ 於 H3 儲存格運用 **SUMIF** 函數統計 1 月份發印數量，先以 **入庫月份** 資料為第一組整體資料範圍 (E3:E7)、指定搜尋條件為 G3 儲存格，接著再 **發印數量** 資料為第二組整體資料範圍 (D3:D7)，輸入公式：
=SUMIF($E$3:$E$7,G3,$D$3:$D$7)。

下個步驟要複製此公式，所以利用絕對參照指定 **入庫月份** 與
發印數量 資料的儲存格範圍。

	C	D	E	F	G	H	I
1	籍入庫資料						
2	入庫	發印數量	入庫月份		月份	數量	
3	2022/1/4	550	1		1	1650	
4	2022/1/30	1100	1		2		
5	2022/3/6	1100	3		3		
6	2022/3/10	330	3				
7	2022/3/25	550	3				

❹

E	F	G	H	I
入庫月份		月份	數量	
1		1	1650	
1		2	0	
3		3	1980	
3				
3				

❹ 於 H3 儲存格，按住右下角的 **填滿控點** 往下拖曳，至最後一本書籍項目再放開滑鼠左鍵，完成 2、3 月份的書籍發印數量統計。

74 從日期之中取出個別的日數

求得會員生日折扣日與優惠有效期限

如果要從日期當中獨自取出日數時，可以使用 **DAY** 函數，天數必須指定為整數，範圍從 1 到 31。

● 範例分析

會員資料中，**折扣日** 為該會員的生日日數，而 **今年最後折扣日**，則是以會員生日當日為立基點，享有為期一個月的八折購物優惠。

用 **DAY** 函數，根據 **生日** 日期取得 **折扣日**。

▲	A	B	C	D	E
1	2021年會員生日折扣日				
2	會員	性別	生日	折扣日	今年最後折扣日
3	楊艾心	女	1975/11/12	12日	2021/12/12
4	黃坤	男	1973/5/16	16日	2021/6/16
5	劉信宏	男	1965/4/1	1日	2021/5/1
6	連佳蓉	女	1979/8/8	8日	2021/9/8
7	陳文伸	男	1960/1/20	20日	2021/2/20

★本店會員享有生日當日開始，為期一個月的八折購物優惠。

依 **生日** 欄位內的日期，透過 **DATE** 與 **YEAR** 函數計算出一個月後的 **今年最後折扣日**。

YEAR 函數 | 日期及時間

說明：從日期資料中單獨取得年份的值。

格式：**YEAR(序列值)**

引數：**序列值**　指定要尋找年份的日期。

DAY 函數 | 日期及時間

說明：從日期中單獨取得日的值。

格式：**DAY(序列值)**

引數：**序列值**　指定要尋找日數的日期。

DATE 函數 | 日期及時間

說明：將指定的年、月、日數值轉換成代表日期的序列值。

格式：**DATE(年,月,日)**

● 操作說明

▲	A	B	C	D	E
1	=YEAR(TODAY())&"年會員生日折扣日"				
2	會員	性別	生日	折扣日	今年最後折扣日
3	楊艾心	女	1975/11/12		
4	黃坤	男	1973/5/16		
5	劉信宏	男	1965/4/1		
6	連佳蓉	女	1979/8/8		
7	陳文伸	男	1960/1/20		

1 於 A1 儲存格用 **YEAR** 與 **TODAY** 函數求得目前的年份並顯示相關文字，輸入公式：

=YEAR(TODAY())&"年會員生日折扣日"。

▲	A	B	C	D	E
1	2021年會員生日折扣日				
2	會員	性別	生日	折扣日	今年
3	楊艾心	女	1975/11/12	=DAY(C3)&"日"	
4	黃坤	男	1973/5/16		
5	劉信宏	男	1965/4/1		
6	連佳蓉	女	1979/8/8		

▲	A	B	C	D	E
1	2021年會員生日折扣日				
2	會員	性別	生日	折扣日	今年
3	楊艾心	女	1975/11/12	12日	
4	黃坤	男	1973/5/16		
5	劉信宏	男	1965/4/1		

2 於 D3 儲存格用 **DAY** 函數求得 C3 儲存格日期中日的值並顯示 "日" 文字，輸入公式：**=DAY(C3)&"日"**。

▲	A	B	C	D	E	F	G	H
1	2021年會員生日折扣日							
2	會員	性別	生日	折扣日	今年最後折扣日			
3	楊艾心	女	1975/11/12	12日	=DATE(YEAR(TODAY()),MONTH(C3)+1,DAY(C3))			
4	黃坤	男	1973/5/16					
5	劉信宏	男	1965/4/1					
6	連佳蓉	女	1979/8/8					
7	陳文伸	男	1960/1/20					
8	★本店會員享有生日當日開始，為期一個月的八折購物優惠。							

	B	C	D	E
1	生日折扣日			
2	性別	生日	折扣日	今年最後折扣日
3	女	1975/11/12	12日	2021/12/12
4	男	1973/5/16		
5	男	1965/4/1		
6	女	1979/8/8		
7	男	1960/1/20		

★本店會員享有生日當日開始，為期一個月的八折購物優惠。

3 於 E3 儲存格用 **DATE** 函數求得今年生日最後折扣日 (以會員生日當日為立基點，享有為期一個月的八折購物優惠)，輸入公式：
=DATE(YEAR(TODAY()),MONTH(C3)+1,DAY(C3))。

▲	A	B	C	D	E	F
1	2021年會員生日折扣日					
2	會員	性別	生日	折扣日	今年最後折扣日	
3	楊艾心	女	1975/11/12	12日	2021/12/12	
4	黃坤	男	1973/5/16	16日	2021/6/16	
5	劉信宏	男	1965/4/1	1日	2021/5/1	
6	連佳蓉	女	1979/8/8	8日	2021/9/8	
7	陳文伸	男	1960/1/20	20日	2021/2/20	

★本店會員享有生日當日開始，為期一個月的八折購物優惠。

4 拖曳選取 D3:E3 儲存格範圍，按住 E3 右下角的 **填滿控點** 往下拖曳，至最後一位會員再放開滑鼠左鍵，快速取得其他會員的生日折扣日與今年最後折扣日。

75

由時、分、秒的資料數值轉換為時間
將個別的時、分、秒整合以 "hh:mm:ss" 格式顯示

TIME 函數可以將各別代表小時、分鐘或秒的數值,轉換時間序列值,並以預設的 "hh:mm AM/PM" 格式顯示。

● 範例分析

時數表中,每個章節錄製幾小時、幾分鐘與幾秒的數值,可透過 **TIME** 函數得到時間的序列值。

	A	B	C	D	E	F
1		教學影片錄製時數表				
2	章節	名稱	小時	分鐘	秒	影片長度
3	ch01	踏入 Facebook 第一步	1	24	10	01:24:10
4	ch02	開始使用 Facebook		44	6	00:44:06
5	ch03	相片與相簿管理		24	26	00:24:26
6	ch04	掌握生活大小事	1	30	40	01:30:40
7	ch05	分類管理朋友名單	1	21	55	01:21:55
8	ch06	在手機上使用 Facebook		40	0	00:40:00
9	ch07	邀約好友建立社團	1	44	31	01:44:31
10	ch08	Facebook 的資訊安全		18	22	00:18:22
11						
12						
13						

將 **小時**、**分鐘** 與 **秒** 欄位內的數值,利用 **TIME** 函數轉換為 [hh:mm:ss]。

TIME 函數　　　　　　　　　　　　　　　　　　　｜ 日期及時間

說明:將指定的小時、分鐘、秒鐘的數值轉換成代表時間的序列值。

格式:**TIME(小時,分鐘,秒鐘)**

引數:**小時**　　代表小時的數值,0~23 的小時數。當值大於 23 將會除於 24,再將餘數視為小時值。(例如:TIME(30:10:5) 會傳回 6:10:5 的序列值。)

　　　分鐘　　代表分鐘的數值,0~59 的分鐘數。當值大於 59 將會轉換成小時和分鐘。(例如:TIME(1:65:10) 會傳回 2:5:10 的序列值。)

　　　秒鐘　　代表秒鐘的數值,0~59 的秒數。當值大於 59 將會轉換成小時、分鐘和秒鐘。(例如:TIME(1:50:70) 會傳回 1:51:10 的序列值。)

操作說明

	A	B	C	D	E	F	G	H	I
1		教學影片錄製時數表							
2	章節	名稱	小時	分鐘	秒	影片長度			
3	ch01	踏入 Facebook 第一步	1	24	10	=TIME(C3,D3,E3) ──1			
4	ch02	開始使用 Facebook		44	6				
5	ch03	相片與相簿管理		24	26				
6	ch04	掌握生活大小事	1	30	40				
7	ch05	分類管理朋友名單	1	21	55				
8	ch06	在手機上使用 Facebook		40	0				

1 於 F3 儲存格用 **TIME** 函數將 C3、D3、E3 儲存格裡的 "小時"、"分鐘"、"秒" 數值，轉換成該章節影片錄製的時間序列值，輸入公式：**=TIME(C3,D3,E3)**。

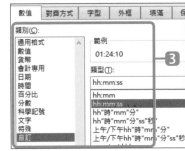

2 在 F3 儲存格上，按一下滑鼠右鍵選按 **儲存格格式**。

3 於對話方塊 **數值** 標籤設定 **類別：自訂、類型：hh:mm:ss**，按 **確定** 鈕將代表時間的數值轉換成可以辨識的格式。

	A	B	C	D	E	F
1		教學影片錄製時數表				
2	章節	名稱	小時	分鐘	秒	影片長度
3	ch01	踏入 Facebook 第一步	1	24	10	01:24:10 ──4
4	ch02	開始使用 Facebook		44	6	
5	ch03	相片與相簿管理		24	26	
6	ch04	掌握生活大小事	1	30	40	
7	ch05	分類管理朋友名單	1	21	55	
8	ch06	在手機上使用 Facebook		40	0	
9	ch07	邀約好友建立社團	1	44	31	
10	ch08	Facebook 的資訊安全		18	22	
11						

	C	D	E	F
教學影片錄製時數表				
	小時	分鐘	秒	影片長度
第一步	1	24	10	01:24:10
ook		44	6	00:44:06
		24	26	00:24:26
	1	30	40	01:30:40
單	1	21	55	01:21:55
acebook		40	0	00:40:00
團	1	44	31	01:44:31
安全		18	22	00:18:22

4 於 F3 儲存格，按住右下角的 **填滿控點** 往下拖曳，至最後一項目再放開滑鼠左鍵，快速求得其他章節的影片長度。

76

時間加總與時數轉換

計算上班工作時數與薪資

時間的計算，就如同數值一樣可以利用 **SUM** 函數加總，除了調整格式以顯示正確數值外，牽涉到的薪資，還必須將工作時數轉換成實際時數，才可以計算。

● 範例分析

工時與薪資統計表中，由每天的 **工作時數** 計算出五天的 **時數總和**。另外透過時數的轉換，在時薪 120 元的條件下，統計出五天的薪資總和。

工作時數：下班 - 上班

▲	A	B	C	D	E	F
1		工時與薪資統計				
2	星期	上班	下班	工作時數		
3	一	11:30	17:30	6:00		
4	二	11:30	17:30	6:00		
5	三	08:30	19:30	11:00		
6	四	09:30	20:00	10:30		
7	五	09:00	17:00	8:00		
8		時數總和：		41:30		
9		實際工作時數：		41.5		
10		薪資(120/hr)：		4980		

用 **SUM** 函數將五天的工作時數進行加總，如果超過 24 小時，必須透過自訂 **[h]:mm** 格式才能正確顯示時數。

薪資：實際工作時數 × 120

加總出來的 **時數總和** "41:30" 在 Excel 的時間序列值為 "1.73"，但此值無法直接與時薪相乘，必須乘上 24 (一天為 24 小時)，轉換成 **實際工作時數** 才能計算。

SUM 函數　　　　　　　　　　　　　　　　　　　| 數學與三角函數

説明：求得指定數值、儲存格或儲存格範圍內所有數值的總和。

格式：**SUM(數值1,數值2,...)**

引數：**數值**　可為數值或儲存格範圍，1 到 255 個要加總的值。若為加總連續儲存格則可用冒號 ":" 指定起始與結束儲存格，但若要加總不相鄰儲存格內的數值，則用逗號 "," 區隔。

操作說明

1. 於 D8 儲存格輸入加總 D3:D7 儲存格的公式：**=SUM(D3:D7)**。

2. 接著要讓 D8 儲存格算出的時數總和顯示為超過 24 小時的格式，在 D8 儲存格上，按一下滑鼠右鍵選按 **儲存格格式**。

3. 於對話方塊 **數值** 標籤設定 **類別**：**自訂**、**類型**：**[h]:mm**，按 **確定** 鈕。

4. 於 D9 儲存格，輸入將上班時數總和轉換為數值的公式：**=D8*24**。

5. 在 D9 儲存格上，按一下滑鼠右鍵選按 **儲存格格式**。

6. 於對話方塊 **數值** 標籤設定 **類別**：**通用格式**，其他保持預設，按 **確定** 鈕。

	A	B	C	D	E
1		工時與薪資統計			
2		星期	上班	下班	工作時數
3		一	11:30	17:30	6:00
4		二	11:30	17:30	6:00
5		三	08:30	19:30	11:00
6		四	09:30	20:00	10:30
7		五	09:00	17:00	8:00
8		時數總和：		41:30	
9		實際工作時數：		41.5	
10		薪資(120/hr)：		=D9*120	

7. 於 D10 儲存格，以剛才求出的 **實際工作時數** 乘上時薪 120，計算薪資的公式：**=D9*120**。

77 將時間轉換成秒數與無條件進位

計算行動電話全部通話秒數與通話費用

使用 **TEXT** 函數可將數值轉換成指定格式的文字,所以會發現儲存格的內容為靠左對齊,傳回的值雖然可以在運算式中作為數值進行運算,但卻無法用於函數的引數。而 **ROUNDUP** 函數則是用來求取小數位數無條件進位後的數值。

● 範例分析

通話明細表中,計算出每筆的通話秒數,並根據網內或網外所提供的費率,統計出每一筆的通話費用,然後以無條件進入方式,求得整數費用。

利用 **TEXT** 函數,將 **終話時刻** 減去 **始話時刻**,
計算出 **通話秒數**,並以 "ss" 秒數顯示。

▲	A	B	C	D	E	F
1			行動電話通話明細表			
2	通話種類	始話時刻	終話時刻	通話秒數	金額	金額(整數)
3	網外	17:27:49	17:28:10	21	2.7384	3
4	網外	15:08:33	15:16:44	491	64.0264	65
5	網外	19:51:40	19:52:02	22	2.8688	3
6	網內	20:26:34	20:26:44	10	0.7	1
7	網內	16:58:27	16:59:17	50	3.5	4
8						
9	網內費率	0.07				
10	網外費率	0.1304				

當 **通話種類** 為 "網內" 時,金額為費率 0.07 × 通話秒數;如果為 "網外" 時,金額為費率 0.1304 × 通話秒數。

用 **ROUNDUP** 函數,將 **金額** 中小數點後方數值,以無條件進入方式,求得整數金額。

TEXT 函數 | 文字

説明:依照特定的格式將值轉換成文字字串。

格式:**TEXT(值,顯示格式)**

引數:**值**   為數值或含有數值的儲存格。

   顯示格式   前後用引號 " 括住指定值的顯示格式,顯示格式請參考 P176。

IF 函數 | 邏輯

説明:依條件判定的結果分別處理。

格式:**IF(條件,條件成立,條件不成立)**

公式的基礎

常用數值計算與進位

條件式統計分析

取得需要的資料

日期與時間資料處理

文字資料處理

財務資料計算

大量數據資料整理與驗證

主題資料表的函數應用

ROUNDUP 函數

説明：將數值無條件進位到指定位數。

格式：**ROUNDUP(數值,位數)**

● 操作說明

	A	B	C	D	E	
1			行動電話通話明細表			
2	通話種類	始話時刻	終話時刻	通話秒數	金額	金
3	網外	17:27:49	17:28:10	=TEXT(C3-B3,"[ss]")		
4	網外	15:08:33	15:16:44			
5	網外	19:51:40	19:52:02			
6	網內	20:26:34	20:26:44			
7	網內	16:58:27	16:59:17			

①

	A	B	C	D	
1			行動電話通話明細表		
2	通話種類	始話時刻	終話時刻	通話秒數	金
3	網外	17:27:49	17:28:10	21	
4	網外	15:08:33	15:16:44	491	
5	網外	19:51:40	19:52:02	22	
6	網內	20:26:34	20:26:44	10	
7	網內	16:58:27	16:59:17	50	

②

① 於 D3 儲存格輸入計算每筆通話秒數的公式：**=TEXT(C3-B3,"[ss]")**。

② 於 D3 儲存格，按住右下角的 **填滿控點** 往下拖曳，至最後一筆項目再放開滑鼠左鍵，快速求得其他筆的通話秒數。

	A	B	C	D	E	F	G	H
1			行動電話通話明細表					
2	通話種類	始話時刻	終話時刻	通話秒數	金額	金額(整數)		
3	網外	17:27:49	17:28:10	21	=IF(A3="網內",$B$9,$B$10)*D3			
4	網外	15:08:33	15:16:44	491				
5	網外	19:51:40	19:52:02	22				
6	網內	20:26:34	20:26:44	10				
7	網內	16:58:27	16:59:17	50				
8								
9	網內費率	0.07						
10	網外費率	0.1304						

③

▼

	A	B	C	D	E	F	G	H
1			行動電話通話明細表					
2	通話種類	始話時刻	終話時刻	通話秒數	金額	金額(整數)		
3	網外	17:27:49	17:28:10	21	2.7384			
4	網外	15:08:33	15:16:44	491				
5	網外	19:51:40	19:52:02	22				
6	網內	20:26:34	20:26:44	10				
7	網內	16:58:27	16:59:17	50				

③ 於 E3 儲存格運用 **IF** 函數先辨別通話種類為網內或網外，然後以網內與網外費率資料為整體資料範圍 (B9:B10) 統計出所屬費率，再乘上 **通話秒數** 計算出這筆通話所花費的金額，輸入公式：**=IF(A3="網內",$B$9,$B$10)*D3**。

下個步驟要複製此公式，所以利用絕對參照指定網內與網外費率儲存格範圍。

	A	B	C	D	E	F			A	B	C	D	E
1			行動電話通話明細表					1			行動電話通話明細表		
2	通話種類	始話時刻	終話時刻	通話秒數	金額	金額(整		2	時刻	終話時刻	通話秒數	金額	
3	網外	17:27:49	17:28:10	21	2.7384			3	7:27:49	17:28:10	21	2.7384	
4	網外	15:08:33	15:16:44	491		④		4	:08:33	15:16:44	491	64.0264	
5	網外	19:51:40	19:52:02	22				5	:51:40	19:52:02	22	2.8688	
6	網內	20:26:34	20:26:44	10				6	:26:34	20:26:44	10	0.7	
7	網內	16:58:27	16:59:17	50				7	:58:27	16:59:17	50	3.5	

④ 於 E3 儲存格，按住右下角的 **填滿控點** 往下拖曳，至最後一筆項目再放開滑鼠左鍵，快速求得其他筆通話的金額。

	A	B	C	D	E	F	G	H
1			行動電話通話明細表					
2	通話種類	始話時刻	終話時刻	通話秒數	金額	金額(整數)		
3	網外	17:27:49	17:28:10	21	2.7384	=ROUNDUP(E3,0)		
4	網外	15:08:33	15:16:44	491	64.0264	⑤		
5	網外	19:51:40	19:52:02	22	2.8688			
6	網內	20:26:34	20:26:44	10	0.7			
7	網內	16:58:27	16:59:17	50	3.5			

	A	B	C	D	E	F	G	H
1			行動電話通話明細表					
2	通話種類	始話時刻	終話時刻	通話秒數	金額	金額(整數)		
3	網外	17:27:49	17:28:10	21	2.7384	3	⑥	
4	網外	15:08:33	15:16:44	491	64.0264	65		
5	網外	19:51:40	19:52:02	22	2.8688	3		
6	網內	20:26:34	20:26:44	10	0.7	1		
7	網內	16:58:27	16:59:17	50	3.5	4		

⑤ 於 F3 儲存格以無條件進位計算出整數金額，輸入公式：**=ROUNDUP(E3,0)**。

⑥ 於 F3 儲存格，按住右下角的 **填滿控點** 往下拖曳，至最後一筆項目再放開滑鼠左鍵，快速求得其他筆通話的整數金額。

Tips

ROUNDUP 與 **ROUND** 函數類似，但 **ROUND** 函數是將數值四捨五入進位到指定位數，**ROUNDUP** 函數則是無條件進位到指定位數。以下為這二個函數的 **位數** 引數說明：

・輸入「-2」取到百位數。(例如：123.456，取得 100。)

・輸入「-1」取到十位數。(例如：123.456，取得 120。)

・輸入「0」取到個位正整數。(例如：123.456，取得 123。)

・輸入「1」取到小數點以下第一位。(例如：123.456，取得 123.5。)

・輸入「2」取到小數點以下第二位。(例如：123.456，取得 123.46。)

公式的基礎

常用數值計算與進位

條件式統計分析

取得需要的資料

日期與時間資料處理

文字資料處理

財務資料計算

大量數據資料整理與驗證

主題資料表的函數應用

78 時間以 5 分鐘為計算單位無條件進位

"8:23" 轉換為 "8:25" 並計算上班時數

CEILING 函數可運算依指定倍數無條件進位的值,常用於需特定區間單位處理的狀況,例如:工作時數、產品裝箱、計程車里程數...等。

▶ 範例分析

上班時刻表除了計錄員工上、下班的時間,也是了解工作時數的一份資料。在此以 "5" 分鐘為基準單位,將多出來的時間以 "無條件進位" 計算上班時數。

時數:調整後的 **上班時間 - 下班時間**

	A	B	C	D	E	F	G	H	I
1	上班時刻表								
2									
3	日期	姓名	實際上下班時間			給薪時數 (以5分鐘為單位無條件進位)			
4			上班時間	下班時間		上班時間	下班時間	時數	
5	2014/5/1	王怡如	08:23	18:12		8:25	18:15	9:50	
6		李玫嘉	08:58	18:35		9:00	18:35	9:35	
7		張雅貞	09:11	18:48		9:15	18:50	9:35	
8		王毓佐	08:18	17:49		8:20	17:50	9:30	
9		徐哲嘉	08:40	18:12		8:40	18:15	9:35	
10									
11									

給薪時數的 **上班時間**:實際上下班時間的 **上班時間** 值,以 5 的倍數無條件進位計算。

給薪時數的 **下班時間**:實際上下班時間的 **下班時間** 值,以 5 的倍數無條件進位計算。

CEILING 函數
數學與三角函數

說明:依指定倍數無條件進位。

格式:**CEILING(數值,基準值)**

引數:**數值** 要無條件進位的值或儲存格位址 (不能指定範圍)。

基準值 依循的基準值倍數,可為值或儲存格位址。

◯ 操作說明

⊿	A	B	C	D	E	F	G	H	I
1	上班時刻表								
2									
3	日期	姓名	實際上下班時間			給薪時數 (以5分鐘為單位無條件進位)			
4			上班時間	下班時間		上班時間	下班時間	時數	
5	2014/5/1	王怡如	08:23	18:12		=CEILING(C5,"0:05")			
6		李玫嘉	08:58	18:35					
7		張雅貞	09:11	18:48					
8		王毓佐	08:18	17:49					
9		徐哲嘉	08:40	18:12					
10									

1️⃣ 於 F5 儲存格求得給薪時數的 **上班時間** 的值，輸入以實際 **上班時間** 為原數值並以 5 分鐘為基準值倍數無條件進位的計算公式：**=CEILING(C5,"0:05")**。

2️⃣ 於 F5 儲存格，按住右下角的 **填滿控點** 往下拖曳，至最後一位員工 F9 儲存格再放開滑鼠左鍵，可快速將完成其他員工給薪時數上班時間的運算。

⊿	A	B	C	D	E	F	G	H	I
1	上班時刻表								
2									
3	日期	姓名	實際上下班時間			給薪時數 (以5分鐘為單位無條件進位)			
4			上班時間	下班時間		上班時間	下班時間	時數	
5	2014/5/1	王怡如	08:23	18:12		8:25	=CEILING(D5,"0:05")		
6		李玫嘉	08:58	18:35		9:00			
7		張雅貞	09:11	18:48		9:15			
8		王毓佐	08:18	17:49		8:20			
9		徐哲嘉	08:40	18:12		8:40			
10									

3️⃣ 於 G5 儲存格求得給薪時數的 **下班時間** 的值，輸入以實際 **下班時間** 為原數值並以 5 分鐘為基準值倍數無條件進位的計算公式：**=CEILING(D5,"0:05")**。

4️⃣ 於 G5 儲存格，按住右下角的 **填滿控點** 往下拖曳，至最後一位員工 G9 儲存格再放開滑鼠左鍵，可快速將完成其他員工給薪時數下班時間的運算。

⊿	A	B	C	D	E	F	G	H
1	上班時刻表							
2								
3	日期	姓名	實際上下班時間			給薪時數 (以5分鐘為單位無條件進位)		
4			上班時間	下班時間		上班時間	下班時間	時數
5	2014/5/1	王怡如	08:23	18:12		8:25	18:15	=G5-F5
6		李玫嘉	08:58	18:35		9:00	18:35	
7		張雅貞	09:11	18:48		9:15	18:50	
8		王毓佐	08:18	17:49		8:20	17:50	
9		徐哲嘉	08:40	18:12		8:40	18:15	

5️⃣ 於 H5 儲存格求得 **時數** 的值，輸入以上班時間減下班時間的公式：**=G5-F5**。

6️⃣ 最後一樣複製公式至 H9 儲存格。

公式的基礎

常用數值計算與進位

條件式統計分析

取得需要的資料

日期與時間資料處理

文字資料處理

財務資料計算

大量數據資料整理與驗證

主題資料表的函數應用

79 時間以 5 分鐘為計算單位無條件捨去

"8:23" 轉換為 "8:20" 並計算上班時數

FLOOR 函數即是求得原數值依指定的 **基準值** 捨去後的數值，不論原數值為多少，捨去後求得的值一定會小於原數值。(例如原數值 57，基準值：10，回傳的值即為 50。)

FLOOR 函數是 **CEILING** 函數的對應函數，差別在 **CEILING** 函數是無條件進位法運算，而 **FLOOR** 函數則是無條件捨去法運算。

◉ 範例分析

上班時刻表除了記錄員工上、下班的時間，也是了解工作時數的一份資料。在此以 "5" 分鐘為基準單位，將多出來的時間以 "無條件捨去" 計算上班時數。

時數：調整後的 **上班時間 - 下班時間**

	A	B	C	D	E	F	G	H	I
1	上班時刻表								
2									
3	日期	姓名	實際上下班時間			給薪時數 (以5分鐘為單位無條件進位)			
4			上班時間	下班時間		上班時間	下班時間	時數	
5	2014/5/1	王怡如	08:23	18:12		8:20	18:10	9:50	
6		李玫嘉	08:58	18:35		8:55	18:35	9:40	
7		張雅貞	09:11	18:48		9:10	18:45	9:35	
8		王毓佐	08:18	17:49		8:15	17:45	9:30	
9		徐哲嘉	08:40	18:12		8:40	18:10	9:30	
10									
11									

給薪時數的 **上班時間**：實際上下班時間的 **上班時間** 值，以 5 的倍數無條件捨去計算。

給薪時數的 **下班時間**：實際上下班時間的 **下班時間** 值，以 5 的倍數無條件捨去計算。

FLOOR 函數
| 數學與三角函數

說明：求得依基準值倍數無條件捨去後的值。

格式：**FLOOR(數值,基準值)**

引數：　**數值**　　要無條件捨去的值或儲存格位址 (不能指定範圍)。

　　　　基準值　依循的基準值倍數，可為值或儲存格位址。

操作說明

1. 於 F5 儲存格求得給薪時數的 **上班時間** 的值，輸入以實際 **上班時間** 為原數值並以 5 分鐘為基準值倍數無條件捨去的計算公式：**=FLOOR(C5,"0:05")**。

2. 於 F5 儲存格，按住右下角的 **填滿控點** 往下拖曳，至最後一位員工 F9 儲存格再放開滑鼠左鍵，可快速完成其他員工給薪時數上班時間的運算。

3. 於 G5 儲存格求得給薪時數的 **下班時間** 的值，輸入以實際 **下班時間** 為原數值並以 5 分鐘為基準值倍數無條件捨去的計算公式：**=FLOOR(D5,"0:05")**。

4. 於 G5 儲存格，按住右下角的 **填滿控點** 往下拖曳，至最後一位員工 G9 儲存格再放開滑鼠左鍵，可快速完成其他員工給薪時數下班時間的運算。

5. 於 H5 儲存格求得 **時數** 的值，輸入以上班時間減下班時間的公式：**=G5-F5**。

6. 最後一樣複製公式至 H9 儲存格。

文字資料處理

Excel 不但數字運算很強,在文字的擷取、連結與拆解、大小寫轉換、格式化...等字元操作上也有一定程度的處理能力,讓你即使面對文字資料,也能善用函數解決問題。

從文字右邊左邊或中間開始取得資料

取得銀行轉帳資料中的代碼與金融名稱

想在一長串文字中取得主要資料，讓關鍵資訊更清楚時，**LEFT** 函數可從字串左端取得指定字數的文字，**RIGHT** 函數可從字串右端取得指定字數的文字。而 **MID** 函數則是從字串中間某個字數處，取得指定字數的文字。

● 範例分析

銀行轉帳代碼表中，請分別取得代碼與銀行名稱，置放在二個欄位之中。

▲	A	B	C	D
1	ATM銀行轉帳代碼表			
2	銀行/郵局	代碼	名稱	
3	003 交通銀行	003	交通銀行	
4	004 臺灣銀行	004	臺灣銀行	
5	005 土地銀行	005	土地銀行	
6	006 合作金庫	006	合作金庫	
7	007 第一商業銀行	007	第一商業銀行	
8	008 華南商業銀行	008	華南商業銀行	
9	009 彰化商業銀行	009	彰化商業銀行	
10	102 華泰商業銀行	102	華泰商業銀行	

代碼：用 **LEFT** 函數，於 **銀行/郵局** 欄位由文字左端取得三個字數。

名稱：用 **MID** 函數，於 **銀行/郵局** 欄位從文字左端第五個文字開始，取得八個字數以內的文字。

LEFT、RIGHT 函數　　　　　　　　　　　　　　　　　　| 文字

說明：**LEFT** 從文字字串的左端取得指定字數的字元，**RIGHT** 從文字字串的右端取得指定字數的字元。

格式：**LEFT(字串,字數)、RIGHT(字串,字數)**

引數：**字串**　　　指定要取得的字串或包含字串的儲存格參照。

　　　　字數　　　字串中指定要取得的字數，必須大於或等於零。如果大於字串的長度，則會傳回所有文字；如果省略則假設值為 1。

MID 函數　　　　　　　　　　　　　　　　　　　　　　| 文字

說明：從文字字串的指定位置取得指定字數的字元。

格式：**MID(字串,開始位置,字數)**

引數：**字串**　　　　指定要取得的字串或包含字串的儲存格參照。

　　　　開始位置　　從字串中取得第一個文字的位置。

　　　　字數　　　　字串中指定要取得的字數。

公式的基礎

常用數值計算與進位

條件式統計分析

取得需要的資料

日期與時間資料處理

文字資料處理

財務資料計算

大量數據資料整理與驗證

主題資料表的函數應用

◯ 操作說明

▲	A	B	C
1	ATM銀行轉帳代碼表		
2	銀行/郵局	代碼	名稱
3	003 交通銀行	=LEFT(A3,3)	
4	004 臺灣銀行		
5	005 土地銀行		
6	006 合作金庫		

▶

▲	A	B	C
1	ATM銀行轉帳代碼表		
2	銀行/郵局	代碼	名稱
3	003 交通銀行	003	
4	004 臺灣銀行		
5	005 土地銀行		
6	006 合作金庫		

1 於 B3 儲存格顯示銀行代碼：取得 A3 儲存格中左側第一個字開始往右算共三個字數，輸入公式：**=LEFT(A3,3)**。

▲	A	B	C
1	ATM銀行轉帳代碼表		
2	銀行/郵局	代碼	名稱
3	003 交通銀行	003	
4	004 臺灣銀行		
5	005 土地銀行		
6	006 合作金庫		
7	007 第一商業銀行		
8	008 華南商業銀行		
9	009 彰化商業銀行		
10	102 華泰商業銀行		
11	808 玉山商業銀行		
12	700 中華郵政		

▶

▲	A	B	C
1	ATM銀行轉帳代碼表		
2	銀行/郵局	代碼	名稱
3	003 交通銀行	003	
4	004 臺灣銀行	004	
5	005 土地銀行	005	
6	006 合作金庫	006	
7	007 第一商業銀行	007	
8	008 華南商業銀行	008	
9	009 彰化商業銀行	009	
10	102 華泰商業銀行	102	
11	808 玉山商業銀行	808	
12	700 中華郵政	700	

2 於 B3 儲存格，按住右下角的 **填滿控點** 往下拖曳，至最後一個項目再放開滑鼠左鍵，即可取得其他銀行的代碼。

▲	A	B	C
1	ATM銀行轉帳代碼表		
2	銀行/郵局	代碼	名稱
3	003 交通銀行	003	=MID(A3,5,8)
4	004 臺灣銀行	004	
5	005 土地銀行	005	
6	006 合作金庫	006	
7	007 第一商業銀行	007	
8	008 華南商業銀行	008	
9	009 彰化商業銀行	009	
10	102 華泰商業銀行	102	
11	808 玉山商業銀行	808	
12	700 中華郵政	700	

▶

▲	A	B	C
1	ATM銀行轉帳代碼表		
2	銀行/郵局	代碼	名稱
3	003 交通銀行	003	交通銀行
4	004 臺灣銀行	004	臺灣銀行
5	005 土地銀行	005	土地銀行
6	006 合作金庫	006	合作金庫
7	007 第一商業銀行	007	第一商業銀行
8	008 華南商業銀行	008	華南商業銀行
9	009 彰化商業銀行	009	彰化商業銀行
10	102 華泰商業銀行	102	華泰商業銀行
11	808 玉山商業銀行	808	玉山商業銀行
12	700 中華郵政	700	中華郵政

3 於 C3 儲存格要顯示銀行名稱：取得 A3 儲存格中從第五個字開始的八個字數 (以內)，輸入公式：**=MID(A3,5,8)**。

4 於 C3 儲存格，按住右下角的 **填滿控點** 往下拖曳，至最後一個項目再放開滑鼠左鍵，即可取得其他銀行的名稱。

81 替換文字

將 "股份有限公司" 變更為 "(股)"

常用於替換文字的函數有二個：取代文字字串中指定位置的指定字數時，可使用 **REPLACE** 函數；替換文字字串中特定字串時，則使用 **SUBSTITUTE** 函數。

● 範例分析

物流公司資訊中，將 **編號** 中前面 "A0" 統一改為 "NO-"，而公司名稱中有 "股份有限公司" 文字的統一改為 "(股)"。

利用 **REPLACE** 函數，從 **編號** 中第一個文字開始，將前面二個字 "A0" 替換為 "NO-"。

▲	A	B	C	D	
1			物流公司資訊		
2	編號	新編號	公司名稱-完整	公司名稱-簡易	聯絡
3	A001	NO-01	統一速達股份有限公司	統一速達(股)	02-2788
4	A002	NO-02	台灣宅配通股份有限公司	台灣宅配通(股)	02-6618

利用 **SUBSTITUTE** 函數，從公司名稱中搜尋 "股份有限公司" 文字，替換為 "(股)"。

REPLACE 函數 | 文字

說明：依指定的位置和字數，將字串的一部分替換為新的字串。

格式：**REPLACE(字串,開始位置,字數,置換字串)**

引數：**字串**   指定要被置換的目標字串或包含字串的儲存格參照。

       開始位置   以數值指定字串中要被替換的字串起始位置。

       字數   要替換的字數；若指定 0 則會在開始位置前插入，若指定 1、2...則會在開始位置往右依指定字數替換。

       置換字串   用來置換舊字串的新字串 (字串前後需用 " 雙引號括住)。

SUBSTITUTE 函數 | 文字

說明：將字串中部分字串以新字串取代。

格式：**SUBSTITUTE(字串,搜尋字串,置換字串,置換對象)**

引數：**字串**   指定要被置換的目標字串或包含字串的儲存格參照。

       搜尋字串   指定要被置換的舊字串。

       置換字串   用來置換舊字串的新字串。

       置換對象   如果有多個符合條件對象，指定要置換第幾個搜尋字串。(可省略)

▶ 操作說明

	A	B	C	
1			物流公司資訊	
2	編號	新編號	公司名稱-完整	公
3	=REPLACE(A3,1,2,"NO-")		達股份有限公司	
4	A002		台灣宅配通股份有限公司	
5	A003		新竹貨運股份有限公司	
6	A004		大榮貨運汽車股份有限公司	

▶

	A	B	C	
1			物流公司資訊	
2	編號	新編號	公司名稱-完整	公
3	A001	NO-01	統一速達股份有限公司	
4	A002		台灣宅配通股份有限公司	
5	A003		新竹貨運股份有限公司	
6	A004		大榮貨運汽車股份有限公司	

1 於 B3 儲存格顯示：將 A3 儲存格中編號由第一個文字開始算起的二個字數 (在此為 "A0") 替換為 "NO-"，輸入公式：**=REPLACE(A3,1,2,"NO-")**。

	A	B	C	
1			物流公司資訊	
2	編號	新編號	公司名稱-完整	公
3	A001	NO-01	統一速達股份有限公司	
4	A002		台灣宅配通股份有限公司	
5	A003		新竹貨運股份有限公司	
6	A004		大榮貨運汽車股份有限公司	
7	A005		UPS	

▶

	A	B	C	
1			物流公司資訊	
2	編號	新編號	公司名稱-完整	公
3	A001	NO-01	統一速達股份有限公司	
4	A002	NO-02	台灣宅配通股份有限公司	
5	A003	NO-03	新竹貨運股份有限公司	
6	A004	NO-04	大榮貨運汽車股份有限公司	
7	A005	NO-05	UPS	

2 於 B3 儲存格，按住右下角的 **填滿控點** 往下拖曳，至最後一個項目再放開滑鼠左鍵，將其他編號中的 "A0" 替換為 "NO-"。

	C	D	E	F
1	物流公司資訊			
2	公司名稱-完整	公司名稱-簡易	聯絡電話	
3	統一速達股份有限公司	=SUBSTITUTE(C3,"股份有限公司","(股)")		
4	台灣宅配通股份有限公司		02-66181818	
5	新竹貨運股份有限公司		0800-351930	
6	大榮貨運汽車股份有限公司		0800-898168	

▶

	D	E
1	司資訊	
2	公司名稱-簡易	聯絡電話
3	統一速達(股)	02-2788988
4	公司	02-6618181
5	司	0800-35193
6	限公司	0800-89816

3 於 D3 儲存格顯示：將 C3 儲存格中物流公司名稱的 "股份有限公司" 替換為 "(股)"，輸入公式：**=SUBSTITUTE(C3,"股份有限公司","(股)")**。

	C	D	E	F
1	物流公司資訊			
2	公司名稱-完整	公司名稱-簡易	聯絡電話	
3	統一速達股份有限公司	統一速達(股)	02-27889889	
4	台灣宅配通股份有限公司		02-66181818	
5	新竹貨運股份有限公司		0800-351930	
6	大榮貨運汽車股份有限公司		0800-898168	
7	UPS		0800-365868	

▶

	D	E
	司資訊	
	公司名稱-簡易	聯絡電話
司	統一速達(股)	02-27889889
公司	台灣宅配通(股)	02-66181818
司	新竹貨運(股)	0800-351930
限公司	大榮貨運汽車(股)	0800-898168
	UPS	0800-365868

4 於 D3 儲存格，按住右下角的 **填滿控點** 往下拖曳，至最後一個項目再放開滑鼠左鍵，完成其他物流公司名稱的調整。

82 英文首字或全部英文字大寫

將課程名稱改為英文首字大寫與英文全部大寫

面對資料中的英文時，常會希望呈現首字大寫的效果，這時候使用 **PROPER** 函數可以統一格式；如果要將所有英文字呈現大寫狀態時，則是使用 **UPPER** 函數。

● 範例分析

培訓班選課單裡，將課程中的英文軟體名稱，從原本的全部小寫，改為首字大寫及全部大寫。

利用 **UPPER** 函數，將原本 **課程名稱** 中的軟體名改為全部大寫。

◢	A	B	C
1		培訓班選課單	
2	課程名稱	(轉換為首字大寫)	(轉換為全部大寫)
3	phtotshop 影像處理培訓班	Phtotshop 影像處理培訓班	PHTOTSHOP 影像處理培訓班
4	illustrator 向量繪圖培訓班	Illustrator 向量繪圖培訓班	ILLUSTRATOR 向量繪圖培訓班
5	office 辦公室應用培訓班	Office 辦公室應用培訓班	OFFICE 辦公室應用培訓班
6	flash 網頁動畫培訓班	Flash 網頁動畫培訓班	FLASH 網頁動畫培訓班
7	dreamweaver 網頁設計培訓班	Dreamweaver 網頁設計培訓班	DREAMWEAVER 網頁設計培訓班
8	windows 作業系統培訓班	Windows 作業系統培訓班	WINDOWS 作業系統培訓班
9			

利用 **PROPER** 函數，將原本 **課程名稱** 中的軟體名改為首字大寫。

PROPER 函數　　　　　　　　　　　　　　　　　　│ 文字

說明：將英文單字的第一個字母設為大寫。

格式：**PROPER(字串)**

引數：**字串**　設定要轉換的字串或含有字串的儲存格參照。

UPPER 函數　　　　　　　　　　　　　　　　　　│ 文字

說明：將英文單字變更為全部大寫。

格式：**UPPER(字串)**

引數：**字串**　設定要轉換的字串或含有字串的儲存格參照。

● 操作說明

1 於 B3 儲存格顯示：將 A3 儲存格中英文軟體名稱的第一個字母改為大寫，輸入公式：**=PROPER(A3)**。

2 於 B3 儲存格，按住右下角的 **填滿控點** 往下拖曳，至最後一個項目再放開滑鼠左鍵，將其他課程中的英文軟體名稱統一改為首字大寫狀態。

3 於 C3 儲存格顯示：將 B3 儲存格中英文軟體名稱全部改為大寫，輸入公式：**=UPPER(B3)**。

4 於 C3 儲存格，按住右下角的 **填滿控點** 往下拖曳，至最後一個項目再放開滑鼠左鍵，將其他課程中的英文軟體名稱統一改為全部大寫狀態。

83 依指定的方式切割文字

將文字字串依指定位置與字數切割

文字的切割，除了利用 **FIND** 函數找到關鍵文字的所在位數，可以再搭配 **LEFT** 與 **SUBSTITUTE** 函數，於不同儲存格中顯示指定文字。

▶ 範例分析

木炭博物館資料中，希望將 **空間導覽** 欄位中的資料，分割成 **活動區域** 名稱 (＊＊＊區) 與 **館名** (＊＊＊ 館)。

先利用 **FIND** 函數，於 **空間導覽** 欄位中找到 "區" 文字的所在位數，再透過 **LEFT** 函數，由左至右取得 **活動區域** 名稱。

	A	B	C	D	E	F
1		木炭博物館				
2	空間導覽	活動區域	館名			
3	木炭藝術區炭為觀止館	木炭藝術區	炭為觀止館			
4	木炭科學實驗區科學炭索館	木炭科學實驗區	科學炭索館			
5	木炭工具展示區一炭究竟館	木炭工具展示區	一炭究竟館			
6	木炭文化歷史區歷史炭訪館	木炭文化歷史區	歷史炭訪館			
7	生活應用區炭索未來館	生活應用區	炭索未來館			
8						

利用 **SUBSTITUTE** 函數，從 **空間導覽** 欄位中搜尋 **活動區域** 欄位內的字串並以 " " 空字元取代，最後僅顯示剩餘的文字為館名。

LEFT 函數　　　　　　　　　　　　　　　　　　　　　　　　| 文字

說明：從文字字串的左端取得指定字數的字元。

格式：**LEFT(字串,字數)**

FIND 函數　　　　　　　　　　　　　　　　　　　　　　　　| 文字

說明：從目標字串左端第一個文字開始搜尋，傳回搜尋字串於目標字串中的第一次出現的位置。

格式：**FIND(搜尋字串,目標字串,開始位置)**

引數：**搜尋字串**　　所要尋找的字串。

　　　目標字串　　包含搜尋字串的儲存格參照。

　　　開始位置　　指定開始搜尋的位置，輸入「1」為從文字左端開始搜尋。

SUBSTITUTE 函數 　　　　　　　　　　　　　　　　　　　　　　　│ 文字

說明：將字串中部分字串以新字串取代。

格式：**SUBSTITUTE(字串,搜尋字串,置換字串,置換對象)**

▶ 操作說明

	A	B	C	D
1		木炭博物館		
2	空間導覽	活動區域	館名	
3	木炭藝術區炭為觀止館	=LEFT(A3,FIND("區",A3,1))		
4	木炭科學實驗區科學炭索館			
5	木炭工具展示區一炭究竟館			
6	木炭文化歷史區歷史炭訪館			
7	生活應用區炭索未來館			
8				

	B	C
1	炭博物館	
2	活動區域	館名
3	木炭藝術區	
4	木炭科學實驗區	
5	木炭工具展示區	
6	木炭文化歷史區	
7	生活應用區	
8		

1 於 B3 儲存格要顯示活動區域名：先以 **FIND** 函數搜尋 A3 儲存格內 "區" 文字的所在位置，再以 **LEFT** 函數取得 A3 儲存格內文字左端開始至 "區" 為止的文字，輸入公式：**=LEFT(A3,FIND("區",A3,1))**。

2 於 B3 儲存格，按住右下角的 **填滿控點** 往下拖曳，至最後一個項目再放開滑鼠左鍵，即可取得其他活動區域名稱。

	A	B	C	D
1		木炭博物館		
2	空間導覽	活動區域	館名	
3	木炭藝術區炭為觀止館	木炭藝術區	=SUBSTITUTE(A3,B3,"")	
4	木炭科學實驗區科學炭索館	木炭科學實驗區		
5	木炭工具展示區一炭究竟館	木炭工具展示區		
6	木炭文化歷史區歷史炭訪館	木炭文化歷史區		
7	生活應用區炭索未來館	生活應用區		
8				

	B	C
1	物館	
2	活動區域	館名
3	木炭藝術區	炭為觀止館
4	木炭科學實驗區	科學炭索館
5	木炭工具展示區	一炭究竟館
6	木炭文化歷史區	歷史炭訪館
7	生活應用區	炭索未來館
8		

3 於 C3 儲存格要顯示館名：以 **SUBSTITUTE** 函數搜尋 A3 儲存格中的文字，只要有符合 B3 儲存格內的文字就以空字元取代，輸入公式：
=SUBSTITUTE(A3,B3,"")。

4 於 C3 儲存格，按住右下角的 **填滿控點** 往下拖曳，至最後一個項目再放開滑鼠左鍵，完成其他館名的取得。

想將二個以上的文字、數值資料合併為一個字串，可以使用 **CONCATENATE** 函數，另外搭配 **CHAR** 函數，可以為冗長的資料分行。

○ 範例分析

培訓班選課單中，將原本 **軟體** 及 **課程類型** 二個欄位內的資料，合併在一個儲存格並分行。

	A	B	C
1	培訓班選課單		
2	軟體	課程類型	合併&分行
3	Phtotshop	影像處理培訓班	Phtotshop 影像處理培訓班
4	Illustrator	向量繪圖培訓班	Illustrator 向量繪圖培訓班
5	Office	辦公室應用培訓班	Office 辦公室應用培訓班
6	Flash	網頁動畫培訓班	Flash 網頁動畫培訓班
7	Dreamweaver	網頁設計培訓班	Dreamweaver 網頁設計培訓班

利用 **CONCATENATE** 函數，將 **軟體** 與 **課程類型** 二筆資料合併，再利用 **CHAR** 函數將資料分成二行。

CONCATENATE 函數　　　　　　　　　　　　　　　　　| 文字

說明：將不同儲存格的文字與數值合併成單一字串。

格式：**CONCATENATE(字串1,字串2,...)**

引數：**字串**　要合併的文字、數值或單一儲存格參照。

CHAR 函數　　　　　　　　　　　　　　　　　　　　| 文字

說明：將代表電腦裡的文字的字碼轉換為字元。

格式：**CHAR(數字)**

引數：**數字**　在 1 到 255 間指定一個數字：1~127 主要代表的字元為控制文字、符號、英文，128~255 則為預留位置。可利用 **CODE** 函數來查詢，例如：CODE("A") 計算結果為 65，則 CHAR(65) 的計算結果為 A。

操作說明

1 於 C3 儲存格顯示：以 **CONCATENATE** 函數合併 A3 與 B3 儲存格內的字串，並於引數組合中加入 **CHAR** 函數，讓合併資料可在儲存格中換行(**CHAR** 函數換行的字碼為 10)。輸入公式：**=CONCATENATE(A3,CHAR(10),B3)**。

2 另外，儲存格需設定為 **自動換行** 格式，**CHAR** 函數的換行指定才能有效呈現出來。因此於 C3 儲存格上，按一下滑鼠右鍵選按 **儲存格格式**。

3 於對話方塊選按 **對齊方式** 標籤，核選 **自動換列** 後按 **確定** 鈕。

	A	B	C
1	培訓班選課單		
2	軟體	課程類型	合併&分行
3	Phtotshop	影像處理培訓班	Phtotshop 影像處理培訓班
4	Illustrator	向量繪圖培訓班	
5	Office	辦公室應用培訓班	
6	Flash	網頁動畫培訓班	
7	Dreamweaver	網頁設計培訓班	

4 於 C3 儲存格，按住右下角的 **填滿控點** 往下拖曳，至最後一個項目再放開滑鼠左鍵，即可將其他培訓班的軟體及課程類型資料統一合併，並分行顯示。

85

日期\文字\金額的結合並套用指定格式

交貨日期、含稅金額分別以 "mm/dd" 與 "#,###" & "元" 格式顯示

TEXT 函數可以將文字、數值資料轉換成指定格式的字串,另外還可運用 "&" 符號將更多的數值、文字、符號做結合。

▶ 範例分析

交貨單中,將 "交貨日期:" 文字,與日期值 (以 MM/DD 格式) 顯示在同一個儲存格外,另外也取得 D12 儲存格內的 "含稅金額:" 文字並與其金額連結顯示。

▲	A	B	C	D	E	F
1			交貨單			
2	交貨日期:05/05					
3	含稅金額:1,155元					
4	NO	品名	數量	單位	單價	金額
5	1	A4 影印紙	1	箱	250	250
6	2	鉛筆(12支/打)	2	打	120	240
7	3	透明封箱膠帶(4入/組)	1	組	49	50
8	4	膠水(4支/組)	2	組	29	60
9	5	文件套(10入/包)	2	包	84	170
10				合計金額:		770
11				營業稅:		385
12				含稅金額:		1155
13						

先加入 "交貨日期:" 文字,再透過 **TEXT** 函數組合 **TODAY** 函數取得今天的日期,並套用 "mm/dd" 格式。

用 **TEXT** 函數取得 "含稅金額" 文字,再取其值並套用 "#,###"&"元" 格式。

TEXT 函數 | 文字

說明:依特定的格式將數值轉換成文字字串。

格式:**TEXT(值,顯示格式)**

引數:**值**   為數值或含有數值的儲存格參照範圍。

顯示格式   顯示格式前後需要用半形引號 " 括住,大致分為以下幾類:

類別	說明
數值	引數運用:0、#、,、%、?...等記號,為數值預留位置、小數點、千分位分隔符號、貨幣符號、百分比和科學標記格式。
日期和時間格式	將數值以日期格式顯示 (如小時、月份和年份),在引數內使用 yy、mm、dd、[h]、ss...等代碼。
文字及加入空白	在引數內加入 $、+、,、(、<...等任一個字元,便會顯示該字元。

詳細的格式記號使用方法,可參考 P181 中的列表說明。

TODAY 函數

日期及時間

說明：顯示今天的日期。

格式：**TODAY()**

⊙ 操作說明

	A	B	C	D	E	F	G
1		交貨單					
2	="交貨日期："&TEXT(TODAY(),"mm/dd")—❶						
3							
4	NO	品名	數量	單位	單價	金額	
5	1	A4 影印紙	1	箱	250	250	
6	2	鉛筆(12支/打)	2	打	120	240	
7	3	透明封箱膠帶(4入/組)	1	組	49	50	
8	4	膠水(4支/組)	2	組	29	60	
9	5	文件套(10入/包)	2	包	84	170	
10				合計金額：		770	
11				營業稅：		385	
12				含稅金額：		1155	
13							

▶

	A	B	C	D
1		交貨單		
2	交貨日期：05/05			
3				
4	NO	品名	數量	單
5	1	A4 影印紙	1	箱
6	2	鉛筆(12支/打)	2	打
7	3	透明封箱膠帶(4入/組)	1	組
8	4	膠水(4支/組)	2	組
9	5	文件套(10入/包)	2	包
10				合
11				
12				含

❶ 於 A2 儲存格，先加入 "交貨日期：" 文字，再透過 "&" 符號連結 **TEXT** 函數。**TEXT** 函數則是利用 **TODAY** 函數取得今天的日期，並套用 "mm/dd" 格式，輸入公式：**="交貨日期："&TEXT(TODAY(),"mm/dd")**。

	A	B	C	D	E	F	G
1		交貨單					
2	交貨日期：05/05						
3	=D12&TEXT(F12,"#,###"&"元")—❷						
4	NO	品名	數量	單位	單價	金額	
5	1	A4 影印紙	1	箱	250	250	
6	2	鉛筆(12支/打)	2	打	120	240	
7	3	透明封箱膠帶(4入/組)	1	組	49	50	
8	4	膠水(4支/組)	2	組	29	60	
9	5	文件套(10入/包)	2	包	84	170	
10				合計金額：		770	
11				營業稅：		385	
12				含稅金額：		1155	

▶

	A	B	C	D
1		交貨單		
2	交貨日期：05/05			
3	含稅金額：1,155元			
4	NO	品名	數量	單
5	1	A4 影印紙	1	箱
6	2	鉛筆(12支/打)	2	打
7	3	透明封箱膠帶(4入/組)	1	組
8	4	膠水(4支/組)	2	組
9	5	文件套(10入/包)	2	包
10				合
11				
12				含

❷ 於 A3 儲存格，先取得 D12 儲存格的值 "含稅金額：" 文字，再透過 "&" 符號連結 **TEXT** 函數。**TEXT** 函數則是要取得 F12 儲存格中的含稅金額值並套用 "#,###" 格式，再透過 "&" 符號連結 "元" 文字，輸入公式：
=D12&TEXT(F12,"#,###"&"元")。

86

轉換為國字數字大寫\顯示檔案資訊

票面金額「1、2、3」顯示為「壹、貳、參」

NUMBERSTRING 函數可以將數值轉換為國字數字，並有 "三百二十一"、"參百貳拾壹"、"三二一" 三種表示方式。而 **CELL** 函數則可取得需要的儲存格資訊。

● 範例分析

支票記錄簿中，將票面金額以大寫數字表示，並顯示檔案資訊。

	A	B	C	D	E	F
1				支票記錄簿		
2	廠商名稱	支票號碼	開票日	到期日	票面金額	大寫數字
3	天祥	AC5610495	2013/8/15	2013/8/31	$ 78,945	柒萬捌仟玖佰肆拾伍元整
4	祥裕	HV7901240	2014/10/1	2014/10/25	$ 6,000	陸仟元整
5	興盛	HY0132525	2014/1/15	2014/1/31	$ 25,000	貳萬伍仟元整
6	大成	BC0321600	2014/2/5	2014/2/28	$ 18,500	壹萬捌仟伍佰元整
7	尚格	QA1076805	2014/3/1	2014/3/15	$ 56,780	伍萬陸仟柒佰捌拾元整
8	C:\意想不到的 Excel 函數活用妙招\03附書光碟\Part07\[07-007.xlsx]支票記錄簿-ok					

使用 **CELL** 函數，顯示檔案資訊。

使用 **NUMBERSTRING** 函數，將 **票面金額** 轉換為大寫數字，再透過 "&" 符號，在最後加上 "元整"。

CELL 函數 　　　　　　　　　　　　　　　　　　　　　　　　　　　| 文字

說明：傳回有關儲存格之格式、位置或內容的資訊。

格式：**CELL(資訊類型,範圍)**

引數：**資訊類型**　指定所需要的儲存格資訊類型，想要查詢的資訊類型必須用 " 符號前後包住，而相關的類型可以在輸入時透過清單選按。(下表整理幾個資訊類型說明供參考)

資訊類型	傳回資訊
"address"	傳回儲存格位址，並以絕對位址呈現 ("address",A9) →$A$9
"col"	傳回儲存格的欄號數 ("col",A9) →1)
."row"	傳回儲存格的列號數 ("row",A9) →9)
"filename	傳回檔案工作標籤名稱與檔案的絕對路徑

範圍　要取得相關資訊的儲存格，部分資料類型可以省略。

操作說明

	C	D	E	F
1		支票記錄簿		
2	開票日	到期日	票面金額	大寫數字
3	2013/8/15	2013/8/31	$ 78,945	=NUMBERSTRING(E3,2)&"元整"
4	2014/10/1	2014/10/25	$ 6,000	
5	2014/1/15	2014/1/31	$ 25,000	
6	2014/2/5	2014/2/28	$ 18,500	
7	2014/3/1	2014/3/15	$ 56,780	
8				

	E	F
1	錄簿	
2	票面金額	大寫數字
3	$ 78,945	柒萬捌仟玖佰肆拾伍元整
4	$ 6,000	陸仟元整
5	$ 25,000	貳萬伍仟元整
6	$ 18,500	壹萬捌仟伍佰元整
7	$ 56,780	伍萬陸仟柒佰捌拾元整

1 於 F3 儲存格以 **NUMBERSTRING** 函數將 E3 儲存格內的值轉換為大寫數字，再以 **"&"** 符號連結 "元整" 文字呈現，輸入公式：**=NUMBERSTRING(E3,2)&"元整"**。

2 於 F3 儲存格，按住右下角的 **填滿控點** 往下拖曳，至最後一個項目再放開滑鼠左鍵，將其他票面金額統一轉換成大寫數字。

	A	B	C	D
1				支票記
2	廠商名稱	支票號碼	開票日	到期日
3	天祥	AC5610495	2013/8/15	2013/8/31
4	祥裕	HV7901240	2014/10/1	2014/10/25
5	興盛	HY0132525	2014/1/15	2014/1/31
6	大成	BC0321600	2014/2/5	2014/2/28
7	尚格	QA1076805	2014/3/1	2014/3/15
8	=CELL("filename")			
9				

	A	B	C	D	E	
1				支票記錄簿		
2	廠商名稱	支票號碼	開票日	到期日	票面金額	
3	天祥	AC5610495	2013/8/15	2013/8/31	$ 78,945	柒
4	祥裕	HV7901240	2014/10/1	2014/10/25	$ 6,000	陸
5	興盛	HY0132525	2014/1/15	2014/1/31	$ 25,000	貳
6	大成	BC0321600	2014/2/5	2014/2/28	$ 18,500	壹
7	尚格	QA1076805	2014/3/1	2014/3/15	$ 56,780	伍
8	C:\意想不到的 Excel 函數活用妙招\03附書光碟\Part07\[07-007.xlsx]支票記錄簿					

3 於 A8 儲存格輸入 **CELL** 函數顯示檔案儲存資訊，公式為：
=CELL("filename")。

NUMBERSTRING 函數　　　　　　　　　　　　　| 文字

說明：將數值轉換為國字形式。

格式：**NUMBERSTRING(數值,形式)**

引數：**數值**　　輸入數值或指定包含輸入數值的儲存格。

　　　　形式　　國字形式的表現方法有以下三種，以數值 "123" 來說明：

形式	說明
1	用位數 "十百千萬" 顯示，如：三百二十一。
2	用大寫 "壹貳參" 顯示，如：參百貳拾壹。
3	不顯示位數，以國字數字顯示，如：三二一。

87 利用日期資料自動顯示對應星期值

依今天日期自動顯示 "年"、"月" 資料並根據 "日" 顯示星期值

生活中使用的月曆、薪資表、工時表或家計簿...等,如果在 Excel 製作,除了可以利用 **TODAY**、 **YEAR**、**MONTH** 函數顯示年、月資料,搭配 **DATE** 與 **TEXT** 函數更可以自動依據年、月資料製作出每天的星期值。

● 範例分析

在員工出勤表中,除了依據系統日期自動取得今天年份與月份資料外,再參考日期取得星期值,顯示為 "週一"、"週二"...的格式。

使用 **TODAY** 函數自動取得今天日期, 使用 **TODAY** 函數自動取得今天日期,
再以 **YEAR** 函數單獨顯示年份資料。 再以 **MONTH** 函數單獨顯示月份資料。

	A	B	C	D	E	F	G	H	I	J	K	L
1				員工出勤表								
2	年:	2021										
3	月:	5										
4	序號	姓名	日期	1	2	3	4	5	6	7		
5			星期	週六	週日	週一	週二	週三	週四	週五		
6	1	陳嘉洋	上午									
7			下午									
8	2	黃俊霖	上午									
9			下午									
10	3	楊子芸	上午									
11			下午									
12	4	羅書佩	上午									
13			下午									

用 **DATE** 函數取得 **年**、**月** 及 **日期** 欄的值整合為日期,再透過 **TEXT** 函數,套用 "aaa" 格式顯示為週一、週二...等星期值。

TODAY 函數 | 日期及時間

說明:顯示今天的日期。

格式:**TODAY()**

YEAR 函數 | 日期及時間

說明:從日期中單獨取得年份的值。

格式:**YEAR(序列值)**

MONTH 函數　　　　　　　　　　　　　　　　　　　| 日期及時間

說明：從日期中單獨取得月份的值，為介於 1 (1 月) 到 12 (12 月) 間的整數。

格式：**MONTH(序列值)**

DATE 函數　　　　　　　　　　　　　　　　　　　| 日期及時間

說明：將指定的年、月、日數字轉換成代表日期的序列值。

格式：**DATE(年,月,日)**

TEXT 函數　　　　　　　　　　　　　　　　　　　| 文字

說明：依照特定的格式將數值轉換成文字字串。

格式：**TEXT(值,顯示格式)**

引數：**值**　　　　　　為數值或含有數值的儲存格參照範圍。

　　　顯示格式　　顯示格式前後需要用半形引號 " 括住，常用的格式整理如下：

數值	說明
#	用 "#" 顯示數字，若位數不夠，也不補 0。(1.2→"#.##"→1.2)
0	用 "0" 顯示數字，若位數不夠，補上 0。(1.2→"0.00"→1.20)
.	表示小點數。(123→"###.0"→123.0)
,	顯示千分位符號。(1234→"#,###"→1,234)
$	顯示貨幣符號。(1234→"$#,###"→$1,234)
%	顯示百分比，將數值 ×100 再加上 %。(0.12→"#%"→12%)

日期時間	說明
yy	將西曆用 2 位數表示。(2014/3/1→yy→14)
yyyy	將西曆用 4 位數表示。(2014/3/1→yyyy→2014)
e	顯示民國年。(2014/3/1→e→103)
g	民國的年號前顯示 "民國"。(2014/3/1→ge→民國103)
ggg	民國的年號前顯示 "中華民國"。(2014/3/1→ggge→中華民國103)
mm	將日期的 "月" 用 2 位數表示。(2014/3/1→mm→03)
mmm	將日期的 "月" 用英文縮寫表示。(2014/3/1→mmm→Mar)
mmmm	將日期的 "月" 用英文表示。(2014/3/1→mmmm→March)
dddd	將日期的 "日" 用英文表示。(2014/3/1→dddd→Saturday)
aaa	將日期的 "日" 用國字「週日~週六」表示。(2014/3/1→aaa→週六)
aaaa	將日期的 "日" 用國字「星期日~星期六」表示。(2014/3/1→aaaa→星期六)
ss	將時間中的秒數用二位數表示。(6:50:50→ss→50)

▶ 操作說明

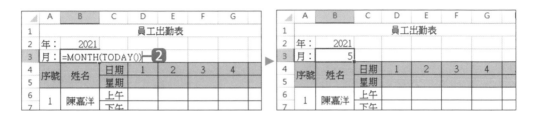

1 於 B2 儲存格以今天的日期取得年份，輸入公式：**=YEAR(TODAY())**。

2 於 B3 儲存格以今天的日期取得月份，輸入公式：**=MONTH(TODAY())**。

3 於 D5 儲存格輸入 **TEXT** 函數，第一個引數先由 **DATE** 函數取得 **年、月** 及 **日期** 欄的值整合為日期，再於第二個引數指定顯示的格式為 **"aaa"** (將日期轉換為週一、週二... 顯示)，輸入公式：**=TEXT(DATE($B$2,$B$3,D4),"aaa")**。

下個步驟要複製此公式，所以利用絕對參照指定參照範圍。

4 於 D5 儲存格，按住右下角的 **填滿控點** 往右拖曳，至最後一日期再放開滑鼠左鍵，完成其他日期的星期值顯示。

88 以提醒文字取代儲存格的錯誤訊息

隱藏公式運算常見的錯誤訊息 #VALUE!、#NUM!

公式運算範圍內的資料，如果遇到 "沒有輸入資料" 或 "沒有輸入正確的值" 或 "該是數值而輸入文字"...等問題時就會出現 #VALUE!、#NUM! ...等錯誤值，若在資料中希望以文字說明來取代這個錯誤值時，可以透過 **IFERROR** 函數來指定。

● 範例分析

員工名冊中已加入 **DGET** 函數，讓使用者可以透過輸入員工 **姓名** 檢索 **部門** 的資料，但常發生以下三種狀況，這時要再加入 **IFERROR** 函數讓提醒文字取代錯誤值。

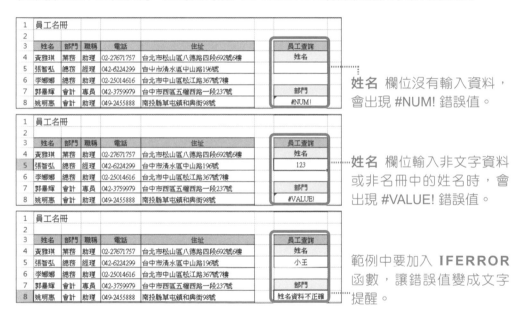

姓名 欄位沒有輸入資料，會出現 #NUM! 錯誤值。

姓名 欄位輸入非文字資料或非名冊中的姓名時，會出現 #VALUE! 錯誤值。

範例中要加入 **IFERROR** 函數，讓錯誤值變成文字提醒。

IFERROR 函數　　　　　　　　　　　　　　　　　　　　| 邏輯

說明：如果公式產生錯誤值時顯示文字或其他方式提示，若沒錯誤則傳回公式本身的值。

格式：**IFERROR(驗證值,產生錯誤時的值)**

引數：**驗證值**　　　　　公式或參照儲存格。

　　　　產生錯誤時的值　當 **驗證值** 引數的公式產生了錯誤值時，會顯示 **產生錯誤時的值** 引數內的值。

▶ 操作說明

1 於 **G8** 儲存格中有原本用來檢索符合條件資料的 **DGET** 函數 (此段公式的用法可參考 P102 說明)，這時將原來的公式加上 **IFERROR** 函數調整為：

=IFERROR(DGET($A$3:$E$10,B3,$G$4:$G$5),"姓名資料不正確")。

原有的公式

開頭「=」後方輸入「**IFERROR** (」　　　　原有的公式後輸入「,"姓名資料不正確")」

2 完成加上 **IFERROR** 函數後，不再出現看不懂的 #VALUE!、#NUM! 錯誤值，而是顯示文字訊息：「姓名資料不正確」。

3 一旦輸入了正確的姓名資料，就可檢索出正確的值。

Tips

Excel 2007 之後的版本提供了 IFERROR 函數

隱藏公式錯誤值可用的函數有 **IFERROR** 與 **ISERROR** 函數，在 Excel 2003 時使用的是 **ISERROR** 函數，然而 **IFERROR** 函數用起來更簡單方便。此範例中如果要使用 **ISERROR** 函數，其公式為「=ISERROR(驗證值)」，需於 G8 儲存格輸入：「=IF(ISERROR(DGET($A$3:$E$10,B3,$G$4:$G$5)),"姓名資料不正確",DGET($A$3:$E$10,B3,$G$4:$G$5))」。

財務資料計算

儲蓄是「財富」聚集的不二法門，面對琳瑯滿目的
儲蓄方案，就透過以下的範例來聰明選擇吧！

計算貸款的每月攤還金額

貸款試算表 - 每期還款金額

談貸款方案時除了要了解內容,更要能計算出每期要還款的金額,會不會佔薪水比例過高而影響生活,利用 **PMT** 函數可以算出固定利率下每個月還要還款的金額。

◎ 範例分析

此筆貸款總金額為四百萬元,以貸款年數為 15 年、年利率為 3.3% 的條件下,每月需要償還貸款的金額約為多少呢?

	貸款試算表	
1	貸款試算表	
2	貸款金額	4,000,000
3	年利率	3.30%
4	年數	15
5	支付期限	期末付款
6	每月還款金額	$28,204

利用 **貸款金額、年利率、年數、支付期限** 計算,但都要以 "月" 為單位,所以 **年利率、年數** 要換算為月利率、月數。

◎ 操作說明

▲	A	B	C	D
1		貸款試算表		
2		貸款金額	4,000,000	
3		年利率	3.30%	
4		年數	15	
5		支付期限	期末付款	
6		每月還款金額	=PMT(C3/12,C4*12,-C2)	
7		①	②	

① 於 C6 儲存格計算 **每月還款金額**。

② 輸入公式:

=PMT(C3/12,C4*12,-C2)

結果得知未來每個月要還款 28,204 元。

⋯⋯⋯ 支付金額以負數表示。

PMT 函數　　　　　　　　　　　　　　　　　　　　　| 財務

說明:計算存款或償還的定期支付金額。

格式:**PMT(利率,總期數,現在價值,未來價值,類型)**

引數:　**利率**　　　　每期的利率,年繳為年利率,月繳為月利率 (年利率 / 12)。

　　　　總期數　　　付款的總次數,年繳為年數,月繳為月數 (年數 × 12)。**利率** 和 **總期數** 的時間單位需相同,期數若以月為單位,利率也要指定成月息。

　　　　現在價值　　即期初餘額,若是省略將被視為 0。

　　　　未來價值　　即期數結束後的金額,若是省略將被視為 0。

　　　　類型　　　　支付的時間點,1 為期初支付;0 或省略為期末支付。

公式的基礎

常用數值計算與進位

條件式統計分析

取得需要的資料

日期與時間資料處理

文字資料處理

財務資料計算

大量數據資料整理與驗證

主題資料表的函數應用

90 計算貸款的攤還次數

貸款試算表 - 攤還次數

評估貸款方案時，除了可以根據自己的經濟計劃與還款能力，試算每月攤還金額，還可以使用 **NPER** 函數計算出所需攤還次數。

▶ 範例分析

此筆貸款總金額為四百萬元，以年利率為 3.3%、每月償還金額為 28,000 的條件下，要繳納幾次才能繳清全部貸款？

	A	B	C	D	E
1		貸款試算表			
2		貸款金額	4,000,000		
3		年利率	3.30%		
4		每月還款金額	28,000		
5		攤還次數	181.70		

利用 **貸款金額、年利率、每月還款金額** 計算，但都要以 "月" 為單位，所以 **年利率** 要換算為月報酬率。

▶ 操作說明

	A	B	C	D	E
1		貸款試算表			
2		貸款金額	4,000,000		
3		年利率	3.30%		
4		每月還款金額	28,000		
5		攤還次數	=NPER(C3/12,-C4,C2)		
6					
7					
8					

1 於 C5 儲存格計算 **攤還次數**。

2 輸入公式：
=NPER(C3/12,-C4,C2)
結果得知要分 182 次攤還。

攤還金額以負數表示。

NPER 函數
財務

說明：求貸款所需攤還的次數。

格式：**NPER(利率,定期支付額,現在價值,未來價值,類型)**

引數：**利率**　　　每期的利率，年繳為年利率，月繳為月利率 (年利率 / 12)。

定期支付額 各期所應支付的金額，用負數表示。

現在價值　即期初餘額，若是省略將被視為 0。

未來價值　即期數結束後的金額，若是省略將被視為 0。

類型　　　支付的時間點，1 為期初支付；0 或省略為期末支付。

91 定期定額存款的未來回收值

零存整付

存款從零開始一期一期的存，到底最後可以存多少錢呢？使用 **FV** 函數快速求得，固定利率及等額分期付款方式下，期末可得到的存款金額。

● 範例分析

月初於銀行存款 100,000 元，固定年利率為 2.00%，計算連續存款三年可取回的金額。

1	每月存款	100,000
2	年利率	2.00%
3	年數	3
4	支付期限	期初支付
5	本利和	$3,713,189

利用 **每月存款**、**年利率**、**年數**、**支付期限** 計算，但都要以 "月" 為單位，所以 **年利率** 與 **年數** 都要先換算為月利率及月數。

● 操作說明

	A	B	C	D
1	每月存款	100,000		
2	年利率	2.00%		
3	年數	3		
4	支付期限	期初支付		
5	本利和	=FV(B2/12,B3*12,-B1,0,1)		
6				

1 於 B5 儲存格計算 **本利和**。

2 輸入以 B1、B2、B3、B4 儲存格為定期定額條件的公式：

=FV(B2/12,B3*12,-B1,0,1)

結果得知三年後可領回 3,713,189 元。

支付金額以負數表示。

FV 函數
財務

說明：計算固定利率及等額儲蓄或償還貸款期滿後的金額。

格式：**FV(利率,總期數,定期支付額,現在價值,類型)**

引數：
利率 每期的利率，年繳為年利率，月繳為月利率 (年利率 / 12)。

總期數 付款的總次數，年繳為年數，月繳為月數 (年數 × 12)。**利率** 和 **總期數** 的時間單位需相同，總期數若以月為單位，利率也要指定成月息。

定期支付額 各期所應支付的金額，用負數表示。

現在價值 即期初餘額，省略將被視為 0。

類型 支付的時間點，1 為期初支付；0 或省略為期末支付。

92 複利計算儲蓄的未來回收值

整存整付

FV 函數可以計算出一次存入一筆本金，再依每月產生的利息滾入本金，成為本金的一部分，並於到期後連同加計之複利利息一併提領之存款。

▶ 範例分析

即日於銀行定存現金 100,000 元，在固定年利率為 2.00% 下，計算三年後期滿可取回的金額。

1	整筆存款	100,000
2	年利率	2.00%
3	年數	3
4	支付期限	期初支付
5	本利和	$106,178

利用 **整筆存款、年利率、年數、支付期限** 計算，但都要以 "月" 為單位，所以 **年利率** 與 **年數** 都要先換算為月利率及月數。

▶ 操作說明

	A	B	C	D
1	整筆存款	100,000		
2	年利率	2.00%		
3	年數	3		
4	支付期限	期初支付		
5	本利和	=FV(B2/12,B3*12,0,-B1,1)		
6				
7				

1️⃣ 於 B5 儲存格計算 **本利和**。

2️⃣ 輸入以 B1、B2、B3、B4 儲存格為定期定額條件的公式：

=FV(B2/12,B3*12,0,-B1,1)

結果得知三年後可領回 106,178 元。

支付金額以負數表示。

FV 函數　　　　　　　　　　　　　　│ 財務

說明：計算固定利率及等額儲蓄或償還貸款期滿後的金額。

格式：**FV(利率,總期數,定期支付額,現在價值,類型)**

引數：參考 P188 的說明。

93 計算定期存款金額
存款計劃

要規劃在一定的期數之內儲存一筆存款，在固定的利率下到底每一期要存多少錢才夠呢？利用 **PMT** 函數計算出來往夢想邁進。

◉ 範例分析

想在 5 年後買台 500,000 元的車，從今天起，預設每個月的月底存款，那每個月需存多少錢才能達到目標呢？以固定年利率 2% 為例來做計算。

1	最終存款	500,000	
2	年利率	2.00%	
3	年數	5	
4	每月存款	$7,931	

利用 **最終存款、年利率、年數** 計算，但都要以 "月" 為單位，所以 **年利率** 與 **年數** 都要先換算為月利率及月數。

◉ 操作說明

	A	B	C	D
1	最終存款	500,000		
2	年利率	2.00%		
3	年數	5		
4	每月存款	=PMT(B2/12,B3*12,,-B1)		
5				
6				

1️⃣ 於 B4 儲存格計算 **每月存款**。

2️⃣ 輸入以 B1、B2、B3 儲存格為規劃貸款條件的公式：

=PMT(B2/12,B3*12,,-B1)

結果得知未來 5 年每月需存款 7,931 元。

PMT 函數
ǀ 財務

說明：計算存款或償還的定期支付金額。

格式：**PMT(利率,總期數,現在價值,未來價值,類型)**

引數：**利率**　　　每期的利率，年繳為年利率，月繳為月利率 (年利率 / 12)。

　　　總期數　　付款的總次數，年繳為年數，月繳為月數 (年數 × 12)。**利率** 和 **總期數** 的時間單位需相同，期數若以月為單位，利率也要指定成月息。

　　　現在價值　即期初餘額，若是省略將被視為 0。

　　　未來價值　即期數結束後的金額，若是省略將被視為 0。

　　　類型　　　支付的時間點，1 為期初支付；0 或省略為期末支付。

---

94 計算專案利率

儲蓄型專案

已經知道定期要繳納的金額與期數，也知道最後可以領回的總金額，以 **RATE** 函數算出專案利率，多了解儲蓄專案也才能多比較！

● 範例分析

理財專員告知每月定期儲存 1,000 元，六年後保證領回 90,000 的情況下，計算此種儲蓄型專案的月利率是多少呢？

1	每月存款	1,000
2	月利率	0.61%
3	年數	6
4	期末收款	$90,000
5	支付期限	期末支付

利用 **每月存款、年數、期末收款、支付期限** 計算，但都要以 "月" 為單位，所以 **年數** 要先換算為月數。

● 操作說明

▲	A	B	C	D
1	每月存款	1,000		
2	月利率	=RATE(B3*12,-B1,,B4)		
3	年數	6		
4	期末收款	$90,000		
5	支付期限	期末支付		
6				

1️⃣ 於 B2 儲存格計算 **月利率**。

2️⃣ 輸入以 B1、B3、B4 儲存格為計算每月存款定存利率條件的公式：

=RATE(B3*12,-B1,,B4)

結果得知這個專案的月利率是 0.61%。

RATE 函數　　　　　　　　　　　　　　　　　　　　　　Ⅰ 財務

說明：計算貸款或儲蓄的利率。

格式：**RATE(總期數,定期支付額,現在價值,未來價值,類型)**

引數：**總期數**　　　付款的總次數，年繳為年數，月繳為月數 (年數 × 12)。

　　　定期支付額　各期所應支付的金額，用負數表示。

　　　現在價值　　即期初餘額，若是省略將被視為 0。

　　　未來價值　　即期數結束後的金額，若是省略將被視為 0。

　　　類型　　　　支付的時間點，1 為期初支付；0 或省略為期末支付。

95 隱藏在售價中的利率
分期付款實際的利率

常常看到廣告商大打分期付款的廣告，乍看之下好像可以分次償還比較輕鬆，可利用 **RATE** 函數將背後實際的利率算出來多做比較。

◎ 範例分析

假設車行一輛汽車售價為 1,400,000 元，現今推出促銷專案：每月月底只需付 25,000 元，五年後就能擁有這輛汽車，在這款促銷方案中實際的隱藏利率為多少？

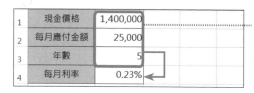

利用 **現金價格**、**每月應付金額**、**年數** 計算，但都要以 "月" 為單位，所以 **年數** 要先換算為月數。

◎ 操作說明

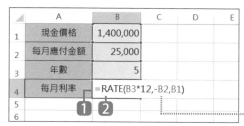

1️⃣ 於 B4 儲存格計算 **每月利率**。

2️⃣ 輸入以 B1、B2、B3 儲存格為計算每月利率的公式：

=RATE(B3*12,-B2,B1)。

支付金額以負數表示。

結果得知此分期付款月利率為 0.23%，如果要換算成年利率則需再乘 12，為 2.76%。

RATE 函數　　　　　　　　　　　　　　　　　　　　　　　ｌ 財務

說明：計算貸款或儲蓄的利率。

格式：**RATE(總期數,定期支付額,現在價值,未來價值,類型)**

引數：**總期數**　　付款的總次數，年繳為年數，月繳為月數 (年數 × 12)。

　　　定期支付額 各期所應支付的金額，用負數表示。

　　　現在價值　即期初餘額，若是省略將被視為 0。

　　　未來價值　即期數結束後的金額，若是省略將被視為 0。

　　　類型　　　支付的時間點，1 為期初支付；0 或省略為期末支付。

大量數據資料整理與驗證

資料數據在建立成圖表化視覺效果前,需先檢查每一筆資料記錄與數據的完整性及正確性,如此一來才能建立出正確的視覺效果。

此單元將說明運用函數進行資料的基本整理、正規化及資料輸入限定,面對大量數據資料有效率減少資料輸入錯誤的狀況發生,並以色彩標示重點或特定項目。

96 將缺失資料自動填滿

運用快速鍵產生公式填滿相同內容

報表資料遇到與上一項目相同的重複性內容常常會以空白呈現，一堆空格將會導致後續要製作的數據分析與視覺效果製作產生錯誤，當遇到這樣的問題時，常會以複製貼上的方式一格一格將資料補上，但面對大量數據資料，這樣的作法既費時又費力，現在就來分享如何快速填滿報表中重複性資料。

● 範例分析

旅客年齡分析表可看到 **資料來源** 與 **年齡** 二欄位的內容有許多空格，在此要運用快速鍵產生公式，填滿相同內容的缺失資料。

▲	A	B	C	D	E
1	資料編號	年別	資料來源	年齡	業務
2	201409	2014	觀光局行政資訊	0-9	526
3	201509	2015			491
4	201609	2016			614
5	201419	2014		10-19	1,401
6	201519	2015			1,132
7	201619	2016			1,182
8	201429	2014		20-29	83,734
9	201529	2015			53,002
10	201629	2016			53,639
11	201439	2014		30-39	257,982
12	201539	2015			192,024

▶

▲	A	B	C	D	
1	資料編號	年別	資料來源	年齡	業
2	201409	2014	觀光局行政資訊	0-9	
3	201509	2015	觀光局行政資訊	0-9	
4	201609	2016	觀光局行政資訊	0-9	
5	201419	2014	觀光局行政資訊	10-19	1
6	201519	2015	觀光局行政資訊	10-19	1
7	201619	2016	觀光局行政資訊	10-19	1
8	201429	2014	觀光局行政資訊	20-29	83
9	201529	2015	觀光局行政資訊	20-29	53
10	201629	2016	觀光局行政資訊	20-29	53
11	201439	2014	觀光局行政資訊	30-39	25
12	201539	2015	觀光局行政資訊	30-39	19

● 操作說明

1 選取 C2:D22 資料數據儲存格範圍。

2 選按 **常用** 索引標籤。

3 選按 **尋找與選取 \ 特殊目標**，開啟對話方塊。

| D2 | | ▼ | ： | × | ✓ | fx | =D2 |

▲	A	B	C	D	E	F	
1	資料編號	年別	資料來源	年齡	業務	觀光	
2	201409	2014	觀光局行政資訊	0-9	526	169,194	4
3	201509	2015		=D2	91	247,936	3
4	201609	2016			614	290,062	3
5	201419	2014		10-19	1,401	326,364	3
					1,132	414,711	3
					1,182	453,754	3
				20-29	83,734	1,014,094	6
					53,002	1,309,471	6
					53,639	1,434,788	6
				30-39	257,982	1,035,220	8
					192,024	1,316,716	6
					185,691	1,409,946	6
				40-49	304,908	958,219	7
					263,994	1,200,920	5
					257,715	1,238,783	5

特殊目標 ？ ×

選擇
- ○ 註解(C)　　　○ 列差異(W)
- ○ 常數(O)　　　○ 欄差異(M)
- ○ 公式(F)　　　○ 前導參照(P)
  - ☑ 數字(U)　　○ 從屬參照(D)
  - ☑ 文字(X)　　　　● 直接參照(I)
  - ☑ 邏輯值(G)　　　○ 所有參照(L)
  - ☑ 錯誤值(E)　　○ 最右下角(S)
- ● 空格(K) ──④　○ 可見儲存格(Y)
- ○ 目前範圍(R)　○ 條件化格式(T)
- ○ 目前陣列(A)　○ 資料驗證(V)
- ○ 物件(B)　　　　● 全部(L)
　　　　　　　　　　○ 相同時才做(E)

⑤ ── 確定　　取消

④ 核選 **空格**。

⑤ 按 **確定** 鈕。

⑥ 在空白儲存格已選取的狀態下，直接按鍵盤上的 ± 鍵，再按 ↑ 鍵，產生一公式，會取得上一格儲存格的資料內容。

▼

▲	A	B	C	D	E	F	
1	資料編號	年別	資料來源	年齡	業務	觀光	
2	201409	2014	觀光局行政資訊	0-9	526	169,194	4
3	201509	2015	觀光局行政資訊	0-9	491	247,936	3
4	201609	2016	觀光局行政資訊	0-9	614	290,062	3
5	201419	2014	觀光局行政資訊	10-19	1,401	326,364	3
6	201519	2015	觀光局行政資訊	10-19	1,132	414,711	3
7	201619	2016	觀光局行政資訊	10-19	1,182	453,754	3
8	201429	2014	觀光局行政資訊	20-29	83,734	1,014,094	6
9	201529	2015	觀光局行政資訊	20-29	53,002	1,309,471	6
10	201629	2016	觀光局行政資訊	20-29	53,639	1,434,788	6
11	201439	2014	觀光局行政資訊	30-39	257,982	1,035,220	8
12	201539	2015	觀光局行政資訊	30-39	192,024	1,316,716	6
13	201639	2016	觀光局行政資訊	30-39	185,691	1,409,946	6
14	201449	2014	觀光局行政資訊	40-49	304,908	958,219	7
15	201549	2015	觀光局行政資訊	40-49	263,994	1,200,920	5
16	201649	2016	觀光局行政資訊	40-49	257,715	1,238,783	5
17	201459	2014	觀光局行政資訊	50-59	200,224	962,342	7
18	201559	2015	觀光局行政資訊	50-59	187,302	1,290,554	6
19	201659	2016	觀光局行政資訊	50-59	188,532	1,299,222	6
20	201460	2014	觀光局行政資訊	60以上	78,487	1,013,666	7
21	201560	2015	觀光局行政資訊	60以上	71,720	1,411,789	7
22	201660	2016	觀光局行政資訊	60以上	80,516	1,378,902	7

⑦ 按 Ctrl + Enter 鍵（先按住 Ctrl 鍵不放再按住 Enter 鍵），同時放開這二個按鍵後，就會看到所有空格都被空白區段上方資料的內容填滿囉！

Tips

Excel 資料輸入快速鍵應用

1. Enter：輸入資料後按 Enter 鍵，會移至下方儲存格。
2. Ctrl + Enter：將連續或不連續多個儲存格一次填滿。

檢查數值資料中是否摻雜了文字

挑出文字資料

ISTEXT 函數可檢查儲存格範圍內的資料是否為字串,大量數據資料中,有些欄位的資料必須要是數值才正確 (如:銷售金額、人口數、商品數量...等),輸入資料時若不小心摻雜了文字,後續數據分析時將無法產生正確的視覺效果。

範例分析

旅客年齡分析表中要檢查 **業務**、**觀光**、**探親**...等欄位中是否摻雜了文字,若有文字資料則將儲存格加上底色標示。

	A	B	C	D	E	F	G	H	I	J	K
1	資料編號	年別	年齡	業務	觀光	探親	會議	求學	展覽	醫療	其他
2	201409	2018	0-9	526	169,194	43,008	110	286	42	976	14,649
3	201509	2015	0-9	491	247,936	36,722	138	439	58	568	27,127
4	201509	2015	0-9	491	旅客	36,722	138	439	58	568	27,127
5	201609	2016	0-9	614	290,062	38,327	138	336	55	1,131	35,695
6	201419	2013	10-19	1,401	326,364	39,470	579	15,060	235	1,493	37,011
7	201519	2015	10-19	1,132	旅客	31,935	813	13,829	419	673	61,502
8	201619	2016	10-19	1,182	旅客	31,684	584	14,365	394	1,369	71,742
9	201619	2016	10-19	1,182	453,754	31,684	584	14,365	394	1,369	71,742
10	201429	2014	20-29	83,734	1,014,094	65,705	5,986	49,122	2,750	11,795	253,431
11	201529	2015	20-29	53,002	1,309,471	60,174	6,753	30,647	2,141	6,299	376,402
12	201629	2016	20-29	53,639	1,434,788	62,157	5,584	34,910	2,344	旅客	413,128

這幾個欄位內的資料必須是數值才是正確的,若以 **ISTEXT** 函數判斷出為字串即於儲存格加上底色。

操作說明

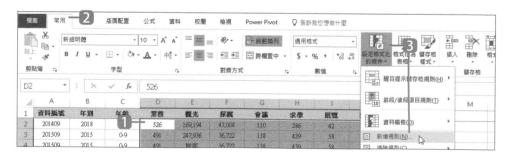

1 選取要檢查的資料範圍。

2 選按 **常用** 索引標籤。

3 選按 **設定格式化的條件** (或 **條件式格式設定**) \ **新增規則** 開啟對話方塊。

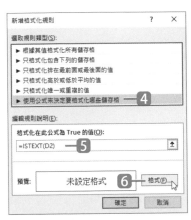

4 於 **選取規則類型** 選按 **使用公式來決定要格式化哪些儲存格**。

5 於 **格式化在此公式為 True 的值** 欄位輸入：

=ISTEXT(D2)

(函數括號內的引數請輸入目前選取範圍最左上角的儲存格名稱)

6 按 **格式** 鈕。

7 選按 **填滿** 標籤。

8 選按合適的填滿色彩。

9 按 **確定** 鈕。

10 回到 **新增格式化規則** 對話方塊按 **確定** 鈕，完成設定。

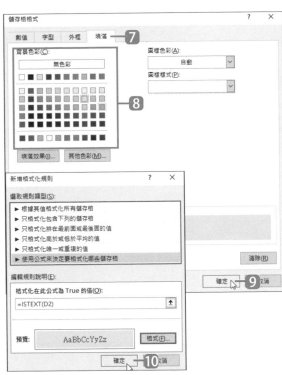

ISTEXT 函數　　　　　　　　　　　　　　| 資訊

說明：檢查儲存格範圍內的資料是否為字串。

格式：**ISTEXT (儲存格或儲存格範圍)**

引數：**儲存格或儲存格範圍**　字串會回傳 TRUE，非字串會回傳 FALSE。

98 限定只能輸入半形字元

資料驗證，只能輸入半形字元不然會出現警告訊息

ASC 函數可以將全形文字、數字轉換成半形，常用於統一資料表中電話、編號、地址...等資料的格式。

● 範例分析

員工名冊中將 **ASC** 函數搭配上 Excel 的 **資料驗證** 功能，在輸入資料時就自動檢查是否輸入半形字元的資料，若不是則會出現警告訊息並說明到底出了什麼問題，這樣該欄位中的資料就不會出現全形字元的格式。

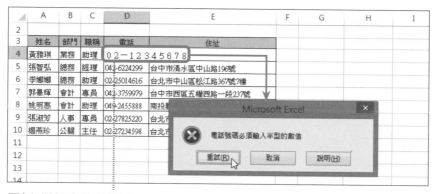

電話 欄位中的值限定必須輸入半形字元，若不是會出現警告訊息並告知問題，按下警告訊息對話方塊的 **重試** 鈕可再次輸入。

ASC 函數

| 文字

說明： 將全形字元轉換成半形字元。

格式： **ASC(字串)**

引數： **字串**　可以是文字、數值或指定的儲存格位址 (不可指定儲存格範圍)，若是直接指定文字或值時，要用半形雙引號 " 將其括住。

198　Part 08 大量數據資料整理與驗證

◉ 操作說明

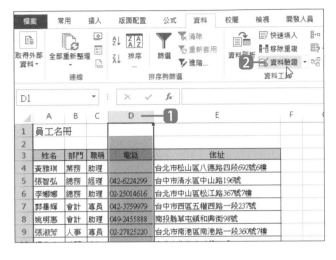

1 於 D 欄按一下，選取要設定資料驗證的範圍。

2 於 **資料** 索引標籤選按 **資料驗證**。

3 於 **資料驗證** 對話方塊 **設定** 標籤，**儲存格內允許** 選擇 **自訂**，**公式** 欄位輸入：**=D1=ASC(D1)**。

4 接著於 **錯誤提醒** 標籤，**訊息內容** 欄位輸入：「電話號碼必須輸入半形的數值」，再按 **確定** 鈕。

5 這樣一來 **電話** 欄內僅允許輸入半形的資料內容，若不是則會出現錯誤提醒。

99 限定至少輸入三個字元

訂單數量的資料驗證，不能少於 100 份

LEN 函數可求得字串的字數，因此於資料驗證中常用於檢查編號、電話或數量...等，有固定字元數的資料。

● 範例分析

此份團體訂貨估價單中，規定每筆商品的訂購數量至少 100 份才給予七折的優惠價，將 **LEN** 函數搭配上 Excel 的 **資料驗證** 功能，在輸入 **數量** 資料時就自動檢查是否大於等於三位數，若不是則會出現警告訊息並說明規則。

數量 欄位中的值限定字數必須大於等於三位數 (百位數)，若不是會出現警告訊息並說明規則，按下警告訊息對話方塊的 **重試** 鈕可再次輸入。

LEN 函數   │ 文字

說明：求得字串的字數。

格式：**LEN(字串)**

引數：**字串**　可以是文字、數值或指定的儲存格位址 (不可指定儲存格範圍)，若是直接指定文字或值時，要用半形雙引號 " 將其括住。

◉ 操作說明

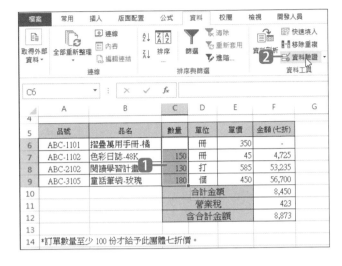

1 選取要設定資料驗證的 C6:C9 儲存格範圍。

2 於 **資料** 索引標籤選按 **資料驗證**。

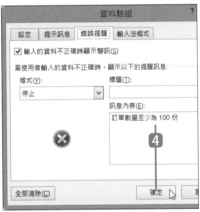

3 於 **資料驗證** 對話方塊 **設定** 標籤，**儲存格內允許** 選擇 **自訂**，**公式** 欄位輸入：**=LEN(C6)>=3**。

4 接著於 **錯誤提醒** 標籤，**訊息內容** 欄位輸入：「訂單數量至少為 100 份」，再按 **確定** 鈕。

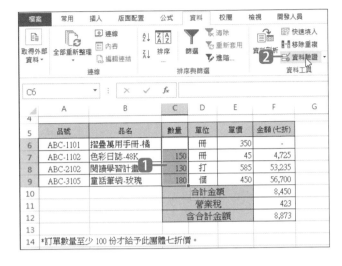

5 這樣一來於 C6:C9 儲存格範圍內輸入數值時，必須輸入百位數以上的值，若不是則會出現錯誤提醒。

100 限定統一編號輸入的格式與字數

統一編號驗證：八位數數值

廠商明細、產品進貨、產品出貨...等報表，都會需要輸入統一編號，台灣的統一編號是由八位數數值組成，運用 **AND** 函數串起 **LEN** 與 **ISNUMBER** 函數，定義輸入位數與必須輸入數值的要求，可提升輸入結果的正確性。

● 範例分析

統一編號中不能有文字，因此輸入「AX9880」按下 Enter 鍵，則會出現警告對話方塊，按 **重試** 鈕可再次輸入。

● 操作說明

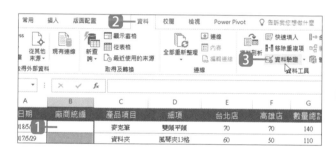

1. 選取需要設定驗證的儲存格範圍 (不含欄位標題)。
2. 選按 **資料** 索引標籤。
3. 選按 **資料驗證** 鈕，開啟對話方塊。

LEN 函數 | 文字

說明：求得字串的字數。

格式：**LEN(字串)**

引數：**字串** 可以是文字、數值或指定的儲存格位址 (不可指定儲存格範圍)，若是直接指定文字或值時，要用半形雙引號 " 將其括住。

ISNUMBER 函數 | 資訊

說明：確認儲存格的內容是否為數值。

格式：**ISNUMBER(判斷對象)**

引數：**判斷對象** 若為數值會回傳 TRUE，非數值則回傳 FALSE。

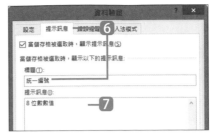

4 於 **設定** 標籤設定 **儲存格內允許：自訂**。

5 **公式** 輸入：**=AND(LEN(B2)=8,ISNUMBER(B2))**

(函數括號內的引數請輸入目前選取範圍最上方的儲存格名稱，比對儲存格中的值是否為八個字元且為數值。)

6 於 **提示訊息** 標籤，**標題** 輸入：「統一編號」。

7 **提示訊息** 輸入：「8 位數數值」。

8 於 **錯誤提醒** 標籤設定 **樣式：停止**。

9 **標題** 輸入：「統編錯誤」。

10 **訊息內容** 輸入：「統編輸入錯誤，請輸入 8 位數數字。」。

11 按 **確定** 鈕。

	A	B	C	D	E	F
1	日期	廠商統編	產品項目	細項	台北店	高雄店
2	201		麥克筆	雙頭平頭	70	70
3	2017/5/29	資料夾	風琴夾13格	60	50
4	2017/5/29	橡皮擦	標準型	80	70
5	2017/5/29	橡皮擦	素描軟橡皮	40	60

統一編號
8 位數數值

12 選按任一個剛剛設定了統編驗證的儲存格，會看到黃色的提示訊息。

	A	B	C	D	E	F
1	日期	廠商統編	產品項目	細項	台北店	高雄店
2	2018	78105678	麥克筆	雙頭平頭	70	70
3	2017/5/2	AX9880	資料夾	風琴夾13格	60	50
4	2017/5/29			標準型	80	70
5	2017/5/29			素描軟橡皮	40	60
6	2017/6/2		削筆器	考試專用	70	60
7				型	50	60
8					70	80
9					60	100
10					123	70
11				水筆	70	50

統一編號
8 位數數值

統編錯誤
❌ 統編輸入錯誤，請輸入 8 位數數字。
重試(R)　取消　說明(H)

13 輸入「78105678」按下 Enter 鍵，符合驗証準則就不會有警告訊息，但輸入「AX9880」按下 Enter 鍵，則會出現警告對話方塊，按 **重試** 鈕可再次輸入。

限定不能輸入未來的日期

新生兒登記表出生日期的資料驗證

TODAY 函數不但可以顯示今天日期,還會在每次開啟檔案時自動更新,驗證資料時運用此函數判斷可以檢查日期資料是否不小心輸入未來日期了。

● 範例分析

新生兒資料登記表中,**出生日期** 欄內的日期資料限定必須是登記資料當天或之前的日期,在輸入時就自動檢查,若為當天之後的日期則會出現警告訊息。

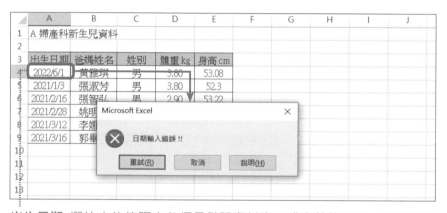

出生日期 欄位中的值限定必須是登記資料當天或之前的日期,若出現警告訊息,按下警告訊息對話方塊的 **重試** 鈕可再次輸入。

TODAY 函數 | 日期及時間

說明:顯示今天的日期。

格式:**TODAY()**

操作說明

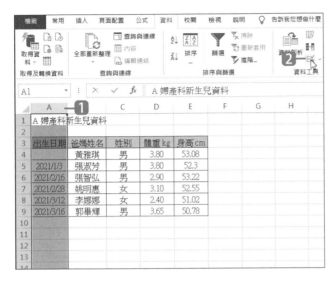

1. 於 A 欄按一下,選取要設定資料驗證的範圍。

2. 於 **資料** 索引標籤選按 **資料驗證**。

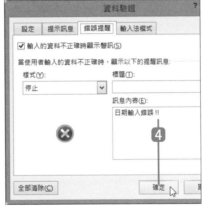

3. 於 **資料驗證** 對話方塊 **設定** 標籤,**儲存格內允許** 選擇 **日期**,**資料** 選擇 **小於或等於**,**結束日期** 欄輸入:**=TODAY()**。

4. 接著於 **錯誤提醒** 標籤,**訊息內容** 欄位輸入:「日期輸入錯誤!!」,再按 **確定** 鈕。

5. 這樣一來於 **出生日期** 欄內輸入日期資料時,僅允許輸入小於或等於當天日期的日期資料,若不是則會出現錯誤提醒,按 **重試** 鈕可再次輸入。

102 限定不能輸入重複的資料

名冊中員工編號的資料驗證

COUNTIF 函數用於統計符合某一個條件的資料個數,驗證資料時運用此函數可以檢查特定資料筆數,是否有相同的資料內容出現在同一資料表中。

○ 範例分析

員工名冊中,不能出現的錯誤就是輸入重複的員工編號,**員工編號** 的特性是獨立、排他、唯一的 (例如:身份證字號或學號、圖書編號也是如此)。在輸入時就自動檢查,若輸入了目前資料表中已有的編號則會出現警告訊息。

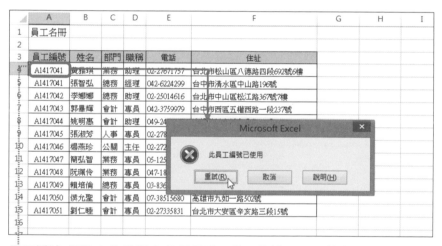

員工編號 欄位中的值限定必須是唯一的,若輸入了目前資料表中已有的編號則會出現警告訊息,按下警告訊息對話方塊的 **重試** 鈕可再次輸入。

COUNTIF 函數
統計

說明:求符合搜尋條件的資料個數。

格式:**COUNTIF(範圍,搜尋條件)**

引數:**範圍**　　　想要搜尋的參考範圍。

　　　搜尋條件　可以指定數字、條件式、儲存格參照或字串。

◯ 操作說明

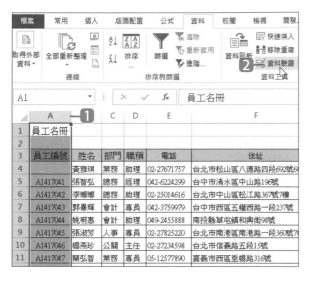

1 於 A 欄按一下，選取要設定資料驗證的範圍。

2 於 **資料** 索引標籤選按 **資料驗證**。

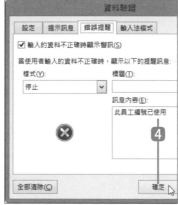

3 於 **資料驗證** 對話方塊 **設定** 標籤，**儲存格內允許** 選擇 **自訂**，**公式** 欄位輸入：
=COUNTIF(A:A,A1)=1。

4 接著於 **錯誤提醒** 標籤，**訊息內容** 欄位輸入：「此員工編號已使用」，再按 **確定** 鈕。

5 這樣一來於 **員工編號** 欄內輸入編號資料時，僅允許輸入目前資料表中所沒有的編號，若不是則會出現錯誤提醒，按 **重試** 鈕可再次輸入。

檢查重複的資料項目 (I)

將資料中重複的圈選出來

前一個技巧運用 **COUNTIF** 函數限定名冊中員工編號的資料驗證,不能輸入重複的員工編號。若是面對手上早已輸入好的名冊,該如何檢查是否有重複的資料項目?

● 範例分析

先透過 **資料驗證** 功能與 **COUNTIF** 函數建立資料驗證的條件,再以 **圈選錯誤資料** 功能將目前的資料中不符合資料驗證條件的項目圈選出來。

	A	B	C	D	E	F
1	員工名冊					
2						
3	員工編號	姓名	部門	職稱	電話	住址
4	A1417043	黃雅琪	業務	助理	02-27671757	台北市松山區八德路四段692號6樓
5	A1417041	張智弘	總務	經理	042-6224299	台中市清水區中山路196號
6	A1417042	李娜娜	總務	助理	02-25014616	台北市中山區松江路367號7樓
7	A1417043	郭畢輝	會計	專員	042-3759979	台中市西區五權西路一段237號
8	A1417043	姚明惠	會計	助理	049-2455888	南投縣草屯鎮和興街98號
9	A1417045	張淑芳	人事	專員	02-27825220	台北市南港區南港路一段360號7樓
10	A1417046	楊燕珍	公關	主任	02-27234598	台北市信義路五段15號
11	A1417047	簡弘智	業務	專員	05-12577890	嘉義市西區垂楊路316號
12	A1417048	阮珮伶	業務	專員	047-1834560	彰化市彰美路一段186號

● 操作說明

1. 於 A 欄按一下,選取要設定資料驗證的範圍,於 **資料** 索引標籤選按 **資料驗證**。

2. 於 **資料驗證** 對話方塊 **設定** 標籤,**儲存格內允許** 選擇 **自訂**,**公式** 欄位輸入:**=COUNTIF(A:A,A1)=1**,再按 **確定** 鈕。

3. 不需選取特定儲存格,於 **資料** 索引標籤選按 **資料驗證** 清單鈕 \ **圈選錯誤資料**,即會圈選此份工作表中不符合資料驗證條件的項目。

公式的基礎

常用數值計算與進位

條件式統計分析

取得需要的資料

日期與時間資料處理

文字資料處理

財務資料計算

大量數據資料整理與驗證

主題資料表的函數應用

104 檢查重複的資料項目 (II)

有二筆以上選課記錄的學員，課程費給與折扣

IF 函數搭配上 **COUNTIF** 函數，可以在特定條件下統計個數並標示符合資格的資料，這樣即可快速找出重複的項目。

● 範例分析

選課單中，**學員** 欄內的姓名運用 **COUNTIF** 函數統計個數，再用 **IF** 函數判斷：如果學員姓名出現一次以上，則在 **VIP** 欄位中標示 "✔" 並給予 VIP 價，如果只有出現一次則標示 "-"。

	A	B	C	D	E	F	G	H
1	台北店							
2	學員	課程	專案價	VIP	VIP 價			
3	林玉芬	多媒體網頁設計	13999	✔	11899			
4	李于真	品牌形象設計整合應用	21999	✔	18699			
5	李于真	美術創意視覺設計	14888	✔	12654			
6	林馨儀	創意美術設計	15499	-	-			
7	郭碧輝	MOS認證	11990	-	-			
8	曾珮如	國家技術士認證	8999	-	-			
9	林玉芬	美術創意視覺設計	19990	✔	16991			
10	楊燕珍	TQC專業認證	12345	-	-			
11	侯允聖	行動裝置 UI 設計	12888	-	-			
12	林玉芬	國家技術士認證	8999	✔	7649			
13								
14								

IF 函數	邏輯

說明：依條件判定的結果分別處理。

格式：**IF(條件,條件成立,條件不成立)**

COUNTIF 函數	統計

說明：求符合搜尋條件的資料個數。

格式：**COUNTIF(範圍,搜尋條件)**

INT 函數	數學與三角函數

說明：求整數 (小數點以下位數無條件捨去)。

格式：**INT(數值)**

操作說明

	A	B	C	D	E	F	G	H
1	台北店							
2	學員	課程	專案價	VIP	VIP 價			
3	林玉芬	多媒體網頁設計	13999	=IF(COUNTIF($A$3:$A$12,A3)>1,"✔","-")				
4	李于真	品牌形象設計整合應用	21999		①			
5	李于真	美術創意視覺設計	14888					
6	林馨儀	創意美術設計	15499					

1 於 D3 儲存格以巢狀式的寫法先統計姓名出現的個數，再判斷是否大於 1，如果大於 1 則標示上 "✔"，如果沒有則標示上 "-"。**IF** 函數搭配上 **COUNTIF** 函數所組合成的公式：**=IF(COUNTIF($A$3:$A$12,A3)>1,"✔","-")**。

下個步驟要複製此公式，所以利用絕對參照指定參照範圍。　　"✔" 是以輸入法產生的符號，也可用其他符號代替。

	A	B	C	D	E	F	G	H
1	台北店							
2	學員	課程	專案價	VIP	VIP 價			
3	林玉芬	多媒體網頁設計	13999	✔	=IF(D3="✔",INT(C3*0.85),"-")			
4	李于真	品牌形象設計整合應用	21999		②			
5	李于真	美術創意視覺設計	14888					
6	林馨儀	創意美術設計	15499					
7	郭碧輝	MOS認證	11990					
8	曾珮如	國家技術士認證	8999					

2 於 E3 儲存以 **IF** 函數搭配上 **INT** 函數，計算出選課一堂以上的學員給予 85 折的優惠並取整數金額，輸入公式：**=IF(D3="✔",INT(C3*0.85),"-")**。

	A	B	C	D	E	F	G	H
1	台北店							
2	學員	課程	專案價	VIP	VIP 價			
3	林玉芬	多媒體網頁設計	13999	✔	11899		③	
4	李于真	品牌形象設計整合應用	21999	✔	18699			
5	李于真	美術創意視覺設計	14888	✔	12654			
6	林馨儀	創意美術設計	15499	-	-			
7	郭碧輝	MOS認證	11990	-	-			
8	曾珮如	國家技術士認證	8999	-	-			
9	林玉芬	美術創意視覺設計	19990	✔	16991			
10	楊燕珍	TQC專業認證	12345	-	-			
11	侯允聖	行動裝置 UI 設計	12888	-	-			
12	林玉芬	國家技術士認證	8999	✔	7649			
13								
14								

3 最後，以滑鼠拖曳選取運算好的 D3:E3 儲存格，按住 E3 儲存格右下角的 **填滿控點** 往下拖曳，至最後一個學員項目再放開滑鼠左鍵，可快速完成其他學員的資料。

公式的基礎

常用數值計算與進位

條件式統計分析

取得需要的資料

日期與時間資料處理

文字資料處理

財務資料計算

大量數據資料整理與驗證

主題資料表的函數應用

105 用色彩標示重複的資料項目

有二筆以上選課記錄的學員整筆資料填入藍色

面對資料筆數眾多的資料表，如何快速找到重複的資料項目？同樣使用 **COUNTIF** 函數統計符合資格個數，再搭配 **設定格式化的條件** (或 **條件式格式設定**) 功能，即可為資料中重複的筆數加上底色。

◎ 範例分析

選課單中以 **學員** 欄中的姓名判斷該名學員是否選了一堂以上的課程，如果是則將該名學員的資料整筆加上藍色的底色。

▲	A	B	C	D	E	F	G	H
1	台北店							
2	學員	課程	專案價	VIP	VIP 價			
3	林玉芬	多媒體網頁設計	13999	✔	11899			
4	李于真	品牌形象設計整合應用	21999	✔	18699			
5	李于真	美術創意視覺設計	14888	✔	12654			
6	林馨儀	創意美術設計	15499	-	-			
7	郭碧輝	MOS認證	11990	-	-			
8	曾珮如	國家技術士認證	8999	-	-			
9	林玉芬	美術創意視覺設計	19990	✔	16991			
10	楊燕珍	TQC專業認證	12345	-	-			
11	侯介聖	行動裝置 UI 設計	12888	-	-			
12	林玉芬	國家技術士認證	8999	✔	7649			
13								
14								

以 **學員** 欄中的姓名判斷該名學員是否選了一堂以上的課程。(本書為雙色印刷，因此指定上色的部分會呈現灰色，開啟範例檔即可看到正確的色彩標示。)

COUNTIF 函數　　　　　　　　　　　　　　　　　│ 統計

說明：求符合搜尋條件的資料個數。

格式：**COUNTIF(範圍,搜尋條件)**

引數：**範圍**　　　　想要搜尋的參考範圍。

　　　搜尋條件　　可以指定數字、條件式、儲存格參照或字串。

◉ 操作說明

1. 此例要以 **學員** 欄姓名資料判斷是否為重複的資料項目，如果姓名是重複的，該筆資料的 A 欄至 E 欄均加上底色。首先選按 A 欄不放拖曳至 E 欄，選取 A 至 E 欄。

2. 於 **常用** 索引標籤選按 **設定格式化的條件** (或 **條件式格式設定**) \ **新增規則**。

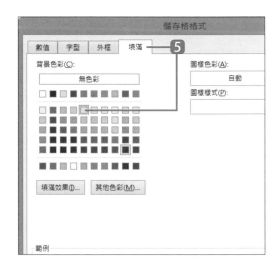

3. 於 **新增格式化規則** 對話方塊選按 **使用公式來決定要格式化哪些儲存格**。

4. 運用 **COUNTIF** 函數判斷 A 欄內資料項目的個數大於 1 項，如果是則為重複的資料項目，輸入公式：**=COUNTIF($A:$A,$A1)>1**，再按 **格式** 鈕。

5. 選按 **填滿** 標籤，選按合適的填滿色彩，再按 **確定** 鈕。

6 當 A 欄資料項目的個數大於 1，即資料項目有重複時，即會於該儲存格填入指定色彩，最後再按 **確定** 鈕完成設定。

	A	B	C	D	E
1	台北店				
2	學員	課程	專案價	VIP	VIP 價
3	林玉芬	多媒體網頁設計	13999	✔	11899
4	李于真	品牌形象設計整合應用	21999	✔	18699
5	李于真	美術創意視覺設計	14888	✔	12654
6	林馨儀	創意美術設計	15499	-	-
7	郭碧輝	MOS認證	11990	-	-
8	曾珮如	國家技術士認證	8999	-	-
9	林玉芬	美術創意視覺設計	19990	✔	16991
10	楊燕珍	TQC專業認證	12345	-	-
11	侯允聖	行動裝置 UI 設計	12888	-	-
12	林玉芬	國家技術士認證	8999	✔	7649
13					

7 回到工作表中，可以看到選了一堂課以上的學員，其筆數會整筆填入指定色彩標示。

Tips

管理格式化條件

套用格式化條件的儲存格範圍可視作品需求，執行新增、清除或修改既有條件的內容。於 **常用** 索引標籤選按 **設定格式化的條件** (或 **條件式格式設定**) \ **管理規則**，於對話方塊中進行調整。

106 用色彩標示星期六、日與國定假日
星期六、日分別以綠、紅文字標示，國定假日則填入淺橘色

色彩的標示在工時薪資表、房價表、家計簿...等與日期有相關的資料表中常會用到，搭配上 **設定格式化的條件** (或 **條件式格式設定**) 功能，用色彩強調星期六、日與國定假日，可讓擁有日期資料的資料表更容易瀏覽。

● 範例分析

房價表中日期與房價息息相關，是否為國定假日與星期六日是十分重要的，運用 **WEEKDAY** 函數從日期的序列值中取得對應的星期數值並指定色彩，再運用 **COUNTIF** 函數判斷是否為國定假日即可。

	A	B	C	D	E	F	G	H
1	標準客房房價一覽表							
2	日期	星期	參考房價		國定假日			
3	2022/4/1	星期五	3888		2022/1/1	元旦		
4	2022/4/2	星期六	3888		2022/2/28	和平紀念日		
5	2022/4/3	星期日	2500		2022/4/5	掃墓節		
6	2022/4/4	星期一	2500		2022/5/1	勞動節		
7	2022/4/5	星期二	2500		2022/6/3	端午節		
8	2022/4/6	星期三	2500		2022/9/10	中秋節		
9	2022/4/7	星期四	2500		2022/10/10	雙十節		
10	2022/4/8	星期五	3888					
11	2022/4/9	星期六	3888					
12	2022/4/10	星期日	2500					
13	2022/4/11	星期一	2500					
14	2022/4/12	星期二	2500					
15	2022/4/13	星期三	2500					
16	2022/4/14	星期四	2500					
17								
18	*國定假日請以橘色標示							

星期六、日分別以綠、紅文字標示，國定假日則於儲存格填入淺橘色。 (本書為雙色印刷，因此指定上色的部分會呈現灰色，開啟範例檔即可看到正確的色彩標示。)

COUNTIF 函數 | 統計

說明：求符合搜尋條件的資料個數。

格式：**COUNTIF(範圍,搜尋條件)**

引數：**範圍**   搜尋的參考範圍。

       搜尋條件   可以指定數字、條件式、儲存格參照或字串。

WEEKDAY 函數

日期及時間

說明：從日期的序列值中求得對應的星期數值。

格式：**WEEKDAY(序列值,類型)**

引數：**序列值**　為要尋找星期數值的日期。

類型　決定傳回值的類型，預設星期日會傳回 "1"，星期六會傳回 "7"...。其中類型 1 與 Excel 舊版的性質相同，而 Excel 2010 以後的版本才可以指定類型 11 至 17。(參考 P137 的說明)

◉ 操作說明

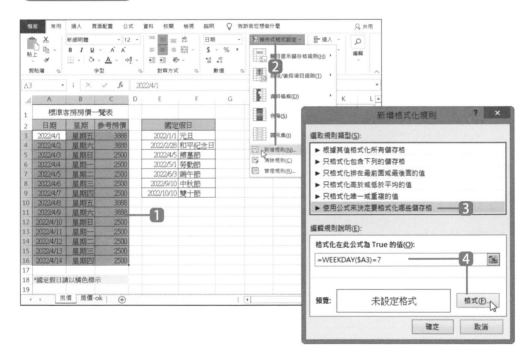

1️⃣ 選取 A3:C16 儲存格範圍。

2️⃣ 於 **常用** 索引標籤選按 **條件式格式設定** (或 **設定格式化的條件**) \ **新增規則**。

3️⃣ 於 **新增格式化規則** 對話方塊選按 **使用公式來決定要格式化哪些儲存格**。

4️⃣ 運用 **WEEKDAY** 函數判斷 A 欄內資料項目是否為星期六 (=7)，輸入公式：**=WEEKDAY($A3)=7**，再按 **格式** 鈕。

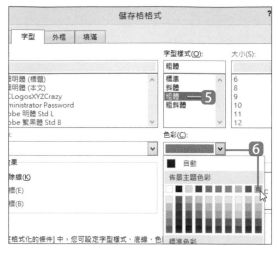

5 選按 **字型** 標籤，設定 **字型樣式：粗體**。

6 再選按 **色彩** 清單鈕選按一合適的綠色指定為文字顏色，再按 **確定** 鈕。

7 設定好後，再按 **確定** 鈕完成設定。

8 同樣的範圍，新增第二個格式化規則，運用 **WEEKDAY** 函數判斷 A 欄內資料項目是否為星期日 (=1)，輸入公式：**=WEEKDAY($A3)=1**，並設定文字格式：加粗、套用紅色。

9 同樣的範圍，新增第三個格式化規則，運用 **COUNTIF** 函數判斷 **日期** 欄位內的日期資料是否有國定假日，輸入公式：**=COUNTIF($E$3:$E$9,$A3)=1**，並設定儲存格填滿淺橘色。

國定假日一覽表的儲存格範圍　　　**日期** 資料的儲存格

107 用色彩標示每隔一列的底色

每隔一列填入色彩區隔，容易瀏覽多筆數資料

資料筆數眾多的資料表，搭配上 Excel 的 **設定格式化的條件** (或 **條件式格式設定**) 功能與奇、偶數判斷，每隔一列用色彩區隔即可讓資料更加容易瀏覽。

◯ 範例分析

訂購清單中從第 4 列開始是產品的項目，先用 **ROW** 函數取得列編號，再用 **MOD** 函數以 2 除以取得的列編號，若餘數為 0 則代表 "列編號" 為偶數列，若為 1 則代表 "列編號" 為奇數列，因此就可指定要為奇數或偶數列上色了。

	項目	單價	數量	折扣	折扣價	實際售價
1	生鮮、雜貨訂購清單					
2						
3	項目	單價	數量	折扣	折扣價	實際售價
4	柳橙	33	20	0.85	561.00	560.00
5	蘋果	87	10	0.7	609.00	610.00
6	澳洲牛小排	785	3	0.92	2,166.60	2,170.00
7	嫩肩菲力牛排	320	3	0.92	883.20	880.00
8	野生鮭魚	260	3	0.9	702.00	700.00
9	台灣鯛魚	88	6	0.86	454.08	450.00
10	波士頓螯龍蝦	990	2	0.7	1,386.00	1,390.00
11						

(本書為雙色印刷，因此指定上色的部分會呈現灰色，開啟範例檔即可看到正確的色彩標示。)

MOD 函數
　　　　　　　　　　　　　　　　　　　　　　　　　　　｜ 數學與三角函數

說明： 求 "被除數" 除以 "除數" 的餘數。

格式： **MOD(被除數,除數)**

ROW 函數
　　　　　　　　　　　　　　　　　　　　　　　　　　　｜ 檢視與參照

說明： 取得指定儲存格的列編號。

格式： **ROW(儲存格)**

引數： **儲存格** 　指定要取得其列號的儲存格，若是省略時：ROW()，則會傳回 **ROW** 函數目前所在的儲存格列編號。

● 操作說明

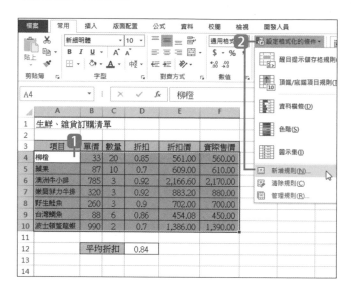

1 選取 A4:F10 儲存格。

2 於 **常用** 索引標籤選按 **設定格式化的條件** (或 **條件式格式設定**) \ **新增規則**。

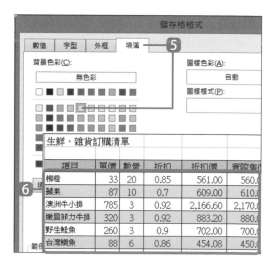

3 於 **新增格式化規則** 對話方塊選按 **使用公式來決定要格式化哪些儲存格**。

4 運用 **MOD** 函數與 **ROW** 函數,以 "列編號" 判斷為奇數或偶數列,並指定奇數列 上底色,輸入公式:**=MOD(ROW(),2)=1**,再按 **格式** 鈕。

5 選按 **填滿** 標籤,選按合適的填滿色彩,再按 **確定** 鈕。

6 最後再按 **確定** 鈕完成設定,回到工作表中可以看到選取範圍中的資料,只要 "列 編號" 為奇數的均填入了色彩。

108 下拉式選單填入重複性的資料

設計二階層下拉式選單

建立大數據報表的資料時最怕的就是資料輸入錯誤，如何能加快資料輸入的速度又不會錯誤百出呢？在 Excel 中可以設計下拉式選單，將常用的、重複性高的資料透過選單直接選用，減少輸入重複性資料的時間。

⬤ 範例分析

第一層下拉式選單　　　　第二層下拉式選單，依據第一層下拉式選單選擇的產品項目呈現相關細項選項。

⬤ 操作說明

首先要為儲存格定義名稱，以便後續驗證清單能快速進行參照設定。

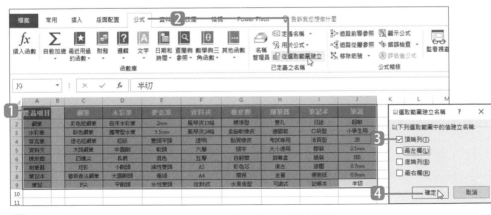

1 **產品資料** 工作表中，選取 A1:J9 儲存格 (含欄位標題)。

2 選按 **公式** 索引標籤 \ **從選取範圍建立**。

3 這個範例的名稱都要以第一列的欄位標題名為依據，所以核選 **頂端列**。

4 按 **確定** 鈕。

5 設定好後，選取任一組清單資料即可看到依欄位名命名的名稱，例如：選取 C2:C9，在名稱方塊中可看到 "鋼筆"。

接著針對 **產品項目** 欄位建立清單，讓儲存格的內容可以利用下拉式清單快速選取正確項目。

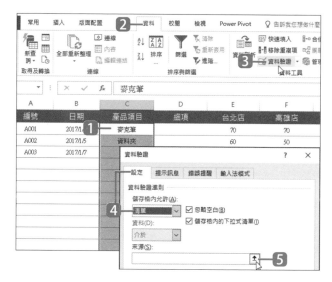

1 **出貨表** 工作表中，選取 "產品項目" 欄下方 C2:C17 儲存格。

2 選取 **資料** 索引標籤。

3 選按 **資料驗證**，開啟對話方塊。

4 於 **設定** 標籤設定 **儲存格內允許：清單**。

5 選按 **來源** 右側 ⬆ 鈕，回到工作表中選取 "產品項目" 的資料清單內容。

6 選按 **產品資料** 工作表，選取對應的 A2:A9 儲存格範圍。

7 選按資料驗證列右側 ⬇ 鈕，回到對話方塊。

8 按 **確定** 鈕完成設定。

9 回到 **出貨表** 工作表中，發現 C2:C17 儲存格右側已多出清單鈕，按清單鈕可直接由清單中選取產品項目。

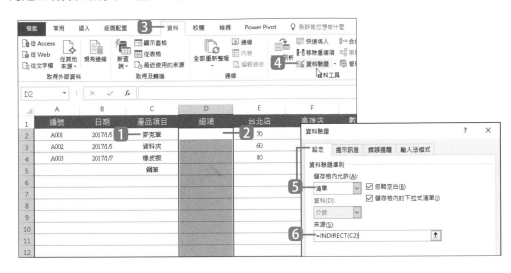

再建立 **細項** 的清單，加入一個 **INDIRECT** 函數回傳指定儲存格參照位址的內容。

1. **出貨表** 工作表中，**產品項目** 欄位第一筆資料 (C2 儲存格) 指定任一產品。

2. 選取 **細項** 欄下的 D2:D17 儲存格。

3. 選取 **資料** 索引標籤。

4. 選按 **資料驗證**，開啟對話方塊。

5. 於 **設定** 標籤設定 **儲存格內允許：清單**。

6. **來源** 輸入：**=INDIRECT(C2)** (函數括號內的引數請輸入第一筆資料的關聯資料儲存格名稱)，最後按 **確定** 鈕。

INDIRECT 函數

| 檢視與參照

說明：傳回儲存格參照的資料內容。

格式：**INDIRECT(字串,[參照形式])**

引數：**字串**   儲存格參照位址。

       參照形式 儲存格參照形式分為 A1 及 R1C1 二種，若省略或輸入 TRUE 則為 A1 參照形式，若輸入 FALSE 則為 R1C1 參照形式。
                 在 A1 參照形式中，欄用英文字母、列用數字來指定，R1C1 參照形式中，R 是指連續的列之數值，C 是指連續的欄之數值。例如：C2 儲存格，A1 參照形式仍是「C2」，R1C1 參照形式則會變成「R2C3」。

公式的基礎
常用數值計算與進位
條件式統計分析
取得需要的資料
日期與時間資料處理
文字資料處理
財務資料計算
大量數據資料整理與驗證
主題資料表的函數應用

回到 **出貨表** 工作表中,會發現 D2:D17 儲存格右側也有清單鈕,當於 **產品項目** 欄位指定了產品項目資料,在 **細項** 欄位就會顯示該產品項目關聯的細項清單。

Tips

編修驗證清單

1. 當驗證清單的內容有異動時,只要依相同的步驟重新設定,並選取新的清單內容所對應的儲存格範圍即可。

2. 已設定驗證清單的儲存格也可以手動輸入資料,但輸入的資料與清單內容不同時,會出現警告訊息。

3. 選取資料清單內容所對應的儲存格範圍時,若沒定義儲存格名稱,一定要使用絕對參照位址,否則無法執行。

4. 想取消儲存格的驗證設定時,可選取要取消的儲存格範圍後,於 **資料** 索引標籤選按 **資料驗證**,開啟對話方塊,按 **全部清除** 鈕即可。

刪除儲存格的定義名稱

若是要刪除為儲存格所定義的名稱,可於 **公式** 索引標籤選按 **名稱管理員** 開啟對話方塊,選取欲刪除的名稱,按 **刪除** 鈕,最後再按 **關閉** 鈕完成設定。

公式的基礎

常用數值計算與進位

條件式統計分析

取得需要的資料

日期與時間資料處理

文字資料處理

財務資料計算

大量數據資料整理與驗證

主題資料表的函數應用

109 將單欄資料轉成多欄
依月份拆分並向右排序

分析大量數據資料前，常需要轉置資料內容，將單欄資料轉換為多欄資料，只要藉助 **OFFSET** 函數，配合 **ROW** 和 **COLUMN** 函數即可完成。

● 範例分析

銷售表中可以看到原為直式的 **銷售額** 欄位，需要轉置成橫式，並依月份整理各平台銷售額。如果直接 **複製** 原資料再 **貼上 \ 轉置**，雖然也可以將直式報表轉成橫式，但沒辦法整併平台資料，因此會使用函數來轉換：

············ 使用 **複製** 與 **貼上 \ 轉置** 功能的結果

直式單欄排列 ··········

橫式多欄排列：使用函數依 "月份" 為主拆分成多欄，依序向右排列。

OFFSET 函數

| 檢視與參照

說明：傳回指定列數及欄數之儲存格或儲存格範圍內的資料。

格式：**OFFSET(起始參照位址, 列數, 欄數, [高度], [寬度])**

引數：**參照位址**　計算位移的起始儲存格。

列數　要左上角儲存格往上或往下參照的列數。

欄數　要結果的左上角儲存格向左或向右參照的欄數。

高度　選擇性，要傳回參照的列數高度，必須是正數。

寬度　選擇性，要傳回參照的欄數寬度，必須是正數。

ROW 函數

| 檢視與參照

說明：取得指定儲存格的列編號。

格式：**ROW(儲存格)**，例如 ROW(D10) 會傳回 10。

引數：**儲存格**　指定要取得列編號的儲存格，若是省略為：ROW()，則會傳回 **ROW** 函數目前所在的儲存格列編號。

COLUMN 函數

| 檢視與參照

說明：取得指定儲存格的欄編號，例如 COLUMN(D10) 會傳回 4，因為 D 欄是第四欄。

格式：**COLUMN(儲存格)**

引數：**儲存格**　指定要取得欄編號的儲存格，若是省略為：COLUMN()，則會傳回 **COLUMN** 函數目前所在的儲存格欄編號。

● 操作說明

1 確認資料表內容："銷售表" 工作表內為原始的直式單欄資料，C2 儲存格則為第一筆資料內容。

▲	A	B	C	D	E	F	G	H	I	J
1		一月	二月	三月	四月	五月	六月			
2	小型賣場									
3	大型賣場									
4	加盟連鎖業者									
5	網路商店									
6	其他									
7										
8										

銷售表　銷售表❷轉置　**銷售表ok_空白**　銷售表ok　⊕

2 切換至 "銷售表ok_空白" 工作表，工作表中已佈置好橫式表格標頭，**B1:G1** 儲存格範圍中是月份名稱，**A2:A6** 儲存格範圍中是銷售平台名稱。

▲	A	B	C	D	E	F	G	H	I
1		一月	二月	三月	四月	五月	六月		
2	小型賣場	=OFFSET(銷售表!$C$2,ROW(1:1)+(COLUMN(A:A)-1)*5-1,,)							
3	大型賣場								
4	加盟連鎖業者								
5	網路商店								
6	其他								
7									

3 於 "銷售表ok_空白" 工作表 **B2** 儲存格，以 **OFFSET** 函數傳回指定下移列數儲存格的資料：

=OFFSET(銷售表!$C$2,ROW(1:1)+(COLUMN(A:A)-1)*5-1,,)。

起始參照儲存格，也是該單欄資料的第一筆資料所在儲存格。因為跨資料表取得資料，所以要先告知工作表名稱，而下個步驟要複製此公式，所以用絕對參照指定參照範圍。

因為是直向取得資料，因此只需計算列數的值，由起始參照儲存格往下幾列取得值，公式拆解參考下方說明。

Tips

計算 OFFSET 函數要移動的列數

B2 儲存格中的公式為：

=OFFSET(銷售表!$C$2,ROW(1:1)+(COLUMN(A:A)-1)*5-1,,)

　　　　　　　　　執行結果為：1　執行結果為：1　　此範例有 5 個銷售平台

ROW(1:1)+(COLUMN(A:A)-1)*5-1 計算式可拆解為：1+(1-1)*5-1，結果為：0，因此要移動的列數：0，**OFFSET** 函數會回傳 "銷售表" 工作表中 C2 儲存格中的值。

④ 於 B2 儲存格，按住右下角的 **填滿控點** 往右拖曳，至最後一個月份再放開滑鼠左鍵。

⑤ 於 G2 儲存格，按住右下角的 **填滿控點** 往下拖曳，至 G6 儲存格再放開滑鼠左鍵即可取得相對的銷售金額。

⑥ 最後選按 G6 儲存格右下角的 **自動填滿選項 \ 填滿但不填入格式**，完成維持原格線設計又填入公式的動作。

Tips

計算自動填滿的 OFFSET 函數，要移動的列數

自動填滿的 B3 儲存格中的公式為 (由 B2 儲存格直向填滿的公式會改變列號)：
=OFFSET(銷售表!$C$2,ROW(2:2)+(COLUMN(A:A)-1)*5-1,,)

　　　　　　　　　執行結果為：2　　執行結果為：1　　此範例有 5 個銷售平台

ROW(2:2)+(COLUMN(A:A)-1)*5-1 計算式可拆解為：2+(1-1)*5-1，結果為：1，因此要移動的列數：1，**OFFSET** 函數會回傳 "銷售表" 工作表中 C3 儲存格中的值。

··

自動填滿的 C2 儲存格中的公式為 (由 B2 儲存格橫向填滿的公式會改變欄名)：
=OFFSET(銷售表!$C$2,ROW(1:1)+(COLUMN(B:B)-1)*5-1,,)

　　　　　　　　　執行結果為：1　　執行結果為：2　　此範例有 5 個銷售平台

ROW(1:1)+(COLUMN(B:B)-1)*5-1 計算式可拆解為：1+(2-1)*5-1，結果為：5，因此要移動的列數：5，**OFFSET** 函數會回傳 "銷售表" 工作表中 C7 儲存格中的值。

··

依上面拆解直向、橫向填滿公式的二種計算方式，即可依序回傳直式單欄相對的值填入橫式多欄報表中。

Tips

改變多欄橫向表的欄位表頭

前面說明將單欄資料轉成多欄，是依 "月份" 為主拆分成多欄，依序向右排列。如果想改變成依 "銷售平台" 為主拆分成多欄 (如下圖示結果)，同樣藉助 **OFFSET** 函數，配合 **ROW** 和 **COLUMN** 函數即可完成。(可開啟 <8-109-1.xlsx> 練習操作)

	A	B	C	D
1	月份	銷售平台	銷售額	
2		小型賣場	956,777	
3		大型賣場	1,260,998	
4	一月	加盟連鎖業者	887,432	
5		網路商店	643,552	
6		其他	409,888	
7		小型賣場	1,329,880	
8		大型賣場	1,768,992	
9	二月	加盟連鎖業者	1,023,484	
10		網路商店	892,900	
11		其他	561,290	
12		小型賣場	1,285,154	
13		大型賣場	1,383,765	
14	三月	加盟連鎖業者	787,955	
15		網路商店	786,500	
16		其他	432,098	
17		小型賣場	765,123	
18		大型賣場	908,766	
19	四月	加盟連鎖業者	560,987	
20		網路商店	448,123	
21		其他	349,870	
22		小型賣場	1,209,877	
23		大型賣場	1,113,456	
24	五月	加盟連鎖業者	987,545	
25		網路商店	675,099	
26		其他	455,321	
27		小型賣場	998,706	
28		大型賣場	830,987	
29	六月	加盟連鎖業者	766,000	
30		網路商店	650,877	
31		其他	456,900	
32				

銷售表 / 銷售表_轉置 / 銷售表ok_空白

直式單欄排列

	A	B	C	D	E	F	G
1		小型賣場	大型賣場	加盟連鎖業者	網路商店	其他	
2	一月	$ 956,777	$ 1,260,998	$ 887,432	$ 643,552	$ 409,888	
3	二月	$ 1,329,880	$ 1,768,992	$ 1,023,484	$ 892,900	$ 561,290	
4	三月	$ 1,285,154	$ 1,383,765	$ 787,955	$ 786,500	$ 432,098	
5	四月	$ 765,123	$ 908,766	$ 560,987	$ 448,123	$ 349,870	
6	五月	$ 1,209,877	$ 1,113,456	$ 987,545	$ 675,099	$ 455,321	
7	六月	$ 998,706	$ 830,987	$ 766,000	$ 650,877	$ 456,900	
8							

橫式多欄排列：使用函數依 "銷售平台" 為主拆分成多欄，依序向右排列。

	A	B	C	D	E	F
1	月份	銷售平台	銷售額			
2		小型賣場	956,777			
3		大型賣場	1,260,998			
4	一月	加盟連鎖業者	887,432			
5		網路商店	643,552			
6		其他	409,888			
7		小型賣場	1,329,880			
8		大型賣場	1,768,992			
9	二月	加盟連鎖業者	1,023,484			
10		網路商店	892,900			
11		其他	561,290			
12		小型賣場	1,285,154			
13		大型賣場	1,383,765			
14	三月	加盟連鎖業者	787,955			
15		網路商店	786,500			
16		其他	432,098			
17		小型賣場	765,123			
18		大型賣場	908,766			
19	四月	加盟連鎖業者	560,987			
20		網路商店	448,123			
21		其他	349,870			

銷售表 / 銷售表ok_空白 / 銷ok

1 確認資料表內容："銷售表" 工作表內為原始的直式單欄資料，C2 儲存格則為第一筆資料內容。

2 切換至 "銷售表ok_空白" 工作表，工作表中已佈置好橫式表格標頭，B1:F1 儲存格範圍中是銷售平台名稱，A2:A7 儲存格範圍中是月份名稱。

▲	A	B	C	D	E	F	G	H	I	J	K
1		小型賣場	大型賣場	加盟連鎖業者	網路商店	其他					
2	一月	=OFFSET(銷售表!$C$2,(ROW(1:1)-1)*5+COLUMN(A:A)-1,,)									
3	二月										
4	三月										

3 於 "銷售表ok_空白" 工作表 B2 儲存格,以 **OFFSET** 函數傳回指定下移列數
儲存格內的資料:

=OFFSET(銷售表!$C$2,(ROW(1:1)-1)*5+COLUMN(A:A)-1,,)。

起始參照儲存格,也是該單欄資料的第一筆
資料所在儲存格。因為跨資料表取得資料,
所以要先告知工作表名稱,而下個步驟要複
製此公式,所以用絕對參照指定參照範圍。

因為是直向取得資料,因此只需計算
列數的值,由起始參照儲存格往下幾
列取得值,公式拆解參考下方說明。

B2 儲存格中的公式為:
=OFFSET(銷售表!$C$2,(ROW(1:1)-1)*5+COLUMN(A:A)-1,,)

執行結果為:1　　此範例有 5 個銷售平台　　執行結果為:1

(ROW(1:1)-1)*5+COLUMN(A:A)-1 計算式可拆解為:(1-1)*5+1-1,結果為:0,
因此要移動的列數為:0,**OFFSET** 函數會回傳 "銷售表" 工作表中 C2 儲存格的
值。依上面拆解公式的計算方式,即可依序回傳直式單欄相對的值填入橫式多欄
報表中。

4 於 B2 儲存格,按住右下角的 **填滿控點** 往右拖曳,至 F2 再放開滑鼠左鍵。

5 於 F2 儲存格,按住右下角的 **填滿控點** 往下拖曳,至 F7 儲存格再放開滑鼠
左鍵即可取得相對的銷售金額。

110 合併多個工作表資料並自動更新

將 1~3 月各家廠商的商品合計整合到第一季工作表

想要彙整多個工作表 (如月報表) 的重點資料到另一總表時，可以利用 **VLOOKUP** 與 **INDIRECT** 函數跨工作表取得特定範圍資料，在總表陳列並加總與自動更新。

● 範例分析

先確認 1~3 月出貨統計表內的資料配置均相同，接著運用 **VLOOKUP** 及 **INDIRECT** 函數，參照 "1月出貨"、"2月出貨"、"3月出貨" 工作表的 A3:H8 儲存格範圍，彙整各家廠商的商品 **合計** 到 "第一季" 工作表中。當 1 ~ 3 月出貨統計表內的金額變動時，"第一季" 工作表也會自動更新！

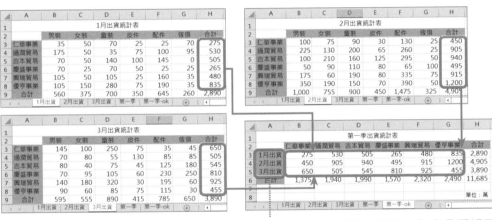

儲存格內顯示的名稱必須與工作表名稱相同

VLOOKUP 函數

| 檢視與參照

説明：從直向參照表中取得符合條件的資料。

格式：**VLOOKUP(檢視值,參照範圍,欄數,查詢模式)**

引數：**檢視值**　　指定檢視的儲存格位址或數值。

參照範圍　指定參照表範圍 (不包含標題欄)。

欄數　　　數值，指定傳回參照表範圍由左算起第幾欄的資料。

查詢模式　查詢的方法有 TRUE (1) 或 FALSE (0)。值為 TRUE 或被省略，會以大約符合的方式找尋，如果找不到完全符合的值則傳回僅次於檢視值的最大值。當值為 FALSE，會尋找完全符合的數值，如果找不到則傳回錯誤值 #N/A。

INDIRECT 函數

說明：傳回儲存格參照的資料內容。

格式：**INDIRECT(字串,[參照形式])**

引數：**字串** 　　 儲存格參照位址。

　　　參照形式 儲存格參照形式分為 A1 及 R1C1 二種，若省略或輸入 TRUE 則為 A1 參照形式，若輸入 FALSE 則為 R1C1 參照形式。
在 A1 參照形式中，欄用英文字母、列用數字來指定，R1C1 參照形式中，R 是指連續的列之數值，C 是指連續的欄之數值。例如：C2 儲存格，A1 參照形式仍是「C2」，R1C1 參照形式則會變成「R2C3」。

◎ 操作說明

1 於 "第一季" 工作表，B3 儲存格取得 **仁華事業** 廠商在 1 月出貨的商品 **合計** 金額：運用 **VLOOKUP** 函數並搭配 **INDIRECT** 函數，將 A3 儲存格內的字串轉換為工作表名稱以取得 "1月出貨" 工作表的 **仁華事業** 的商品總額，輸入公式：
=VLOOKUP(B$2,INDIRECT($A3&"!A3:H8"),8,0)。

| 欲搜尋的廠商名稱，以列 2 為絕對參照位置。 | 使用 **INDIRECT** 函數指定範圍，將 A3 儲存格內的字串 (欄 A 為絕對參照),利用 "!" 轉換為工作表名稱 ("!" 需為半形符號),再輸入工作表範圍，即是：參照 "1月出貨" 工作表的 A3:H8 儲存格範圍。 | 指定傳回參照範圍由左數來第八欄的值 | 尋找完全符合的值 |

2 於 B3 儲存格，按住右下角的 **填滿控點** 往右拖曳，至最後一家廠商再放開滑鼠左鍵。

3 於 G3 儲存格，按住右下角的 **填滿控點** 往下拖曳，至 G5 儲存格再放開滑鼠左鍵即可取得各家廠商每月商品的出貨總額。

跨工作表依條件加總數值

統整 1~3 月各項雜項支出的總額

如果想總覽年度資料時,可以透過 **INDRIRECT** 和 **SUMIF** 函數,彙整多個工作表內的資料到新的工作表內,並自動加總。

● 範例分析

匯整 1 月、2 月、3 月的 **支出品項** 到 "第一季雜項支出統計" 工作表,依據月份,加總各個 **支出品項** 的總金額。

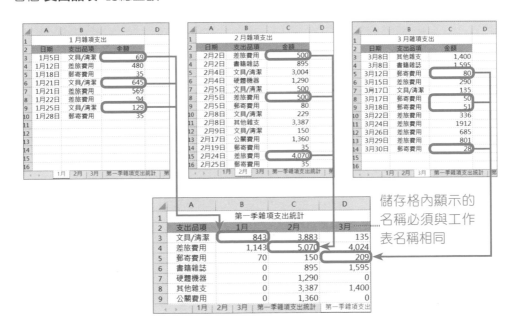

儲存格內顯示的名稱必須與工作表名稱相同

SUMIF 函數   │ 數學與三角函數

說明: 加總符合單一條件的儲存格數值

格式: **SUMIF(搜尋範圍,搜尋條件,加總範圍)**

引數: **搜尋範圍**　以搜尋條件進行評估的儲存格範圍。

　　　　 搜尋條件　可以為數值、運算式、儲存格位址或字串。

　　　　 加總範圍　指定加總的儲存格範圍,搜尋範圍中的儲存格與搜尋條件相符時,
　　　　　　　　　　 加總相對應的儲存格數值。

公式的基礎

常用數值計算與進位

條件式統計分析

取得需要的資料

日期與時間資料處理

文字資料處理

財務資料計算

大量數據資料整理與驗證

主題資料表的函數應用

INDIRECT 函數

| 檢視與參照

說明：傳回儲存格參照的資料內容

格式：**INDIRECT(字串,[參照形式])**

引數：**字串**　　　儲存格參照位址

參照形式 儲存格參照形式分為 A1 及 R1C1 二種，若省略或輸入 TRUE 則為 A1 參照形式，若輸入 FALSE 則為 R1C1 參照形式。(詳細說明可參考 P230)

◉ 操作說明

WORKD... ▾	:	× ✓ fx	=SUMIF(INDIRECT(B$2&"!B3:B16"),$A3,INDIRECT(B$2&"!C3:C16"))										
	A	B	C	D	E	F	G	H	I	J	K	L	M
1		第一季雜項支出統計											
2	支出品項	1月	2月	3月									
3	文具/清潔	=SUMIF(INDIRECT(B$2&"!B3:B16"),$A3,INDIRECT(B$2&"!C3:C16"))											
4	差旅費用												

1 於 "第一季雜項支出統計" 工作表，B3 儲存格搜尋 **文具/清潔** 在 **1月** 的支出總額：運用 **SUMIF** 函數並搭配 **INDIRECT** 函數，將 B2 儲存格內的字串轉換為工作表名稱以取得 "1月" 工作表的 **文具/清潔** 的支出總額，輸入公式：**=SUMIF(INDIRECT(B$2&"!B3:B16"),$A3,INDIRECT(B$2&"!C3:C16"))**。

SUMIF 函數的搜尋條件，以欄 A 為絕對參照位置，搜尋欲加總的 支出品項。

SUMIF 函數的搜尋範圍，使用 INDIRECT 函數指定，將 B2 儲存格內的字串 (列 2 為絕對參照)，利用 "!" 轉換為工作表名稱 ("!" 需為半形符號)，再輸入工作表範圍，即是：參照 "1月" 工作表的 B3:B16 儲存格範圍。

SUMIF 函數的加總範圍，使用 INDIRECT 函數指定，將 B2 儲存格內的字串 (列 2 為絕對參照)，利用 "!" 轉換為工作表名稱 ("!" 需為半形符號)，再輸入工作表範圍，即是：參照 "1月" 工作表的 C3:C16 儲存格範圍。

	A	B	C	D	E	F	G
1		第一季雜項支出統計					
2	支出品項	1月	2月	3月			
3	文具/清潔	843	3,883	135			
4	差旅費用						

2 於 **B3** 儲存格，按住右下角的 **填滿控點** 往右拖曳，至 D3 儲存格再放開滑鼠左鍵。

	A	B	C	D	E	F	G
1		第一季雜項支出統計					
2	支出品項	1月	2月	3月			
3	文具/清潔	843	3,883	135			
4	差旅費用	1,143	5,070	4,024			
5	郵寄費用	70	150	209			
6	書籍雜誌	0	895	1,591			
7	硬體機器	0	1,290	0			
8	其他雜支	0	3,387	1,400			
9	公關費用	0	1,360	0			

3 於 **D3** 儲存格，按住右下角的 **填滿控點** 往下拖曳，至 D9 儲存格再放開滑鼠左鍵，即可取得1~3月各支出品項的總額。

112 輸入的日期若為休息日，跳出訊息

輸入的日期若為 "周四" 休息日，出現警告訊息

輸入日期資料，常遇到需要判別日期是否為工作日或休息日，這時候可以在驗證資料時，運用 **WEEKDAY** 函數設定公式，判別指定的日期為星期幾，產生提醒。

◉ 範例分析

假設每週的星期四是餐廳休息日，為了避免員工在休息日安排與登記顧客預約資料，可以在輸入日期時，遇到休息日自動跳出警告訊息。

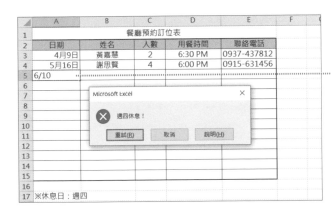

顧客預約的日期不能在星期四的休息日，假設輸入「6/10」(2021 年) 按下 **Enter** 鍵，則會出現警告對話方塊，按 **重試** 鈕可再次輸入。

WEEKDAY 函數　｜ 日期及時間

說明： 從日期的序列值中求得對應的星期數值。

格式： **WEEKDAY(序列值, 類型)**

引數： **序列值**　為要尋找星期數值的日期。

類型　決定傳回值的類型，預設星期日會傳回 "1"，星期六會傳回 "7"...。其中類型 1 與 Excel 舊版的性質相同，而 Excel 2010 以後的版本才可以指定類型 11 至 17。

類型	傳回值	類型	傳回值
1 或省略	數值 1 (星期日) 到 7 (星期六)	13	數值 1 (星期三) 到 7 (星期二)
2	數值 1 (星期一) 到 7 (星期日)	14	數值 1 (星期四) 到 7 (星期三)
3	數值 0 (星期一) 到 6 (星期六)	15	數值 1 (星期五) 到 7 (星期四)
11	數值 1 (星期一) 到 7 (星期日)	16	數值 1 (星期六) 到 7 (星期五)
12	數值 1 (星期二) 到 7 (星期一)	17	數值 1 (星期日) 到 7 (星期六)

233

1 選取要設定資料驗證的儲存格範圍 (不含欄位標題)。

2 於 **資料** 索引標籤選按 **資料驗證**。

2 於 **資料驗證** 對話方塊 **設定** 標籤，**儲存格內允許** 選擇 **自訂**。

3 **公式** 欄位輸入：**=WEEKDAY($A3,2)<>4**。

4 於 **錯誤提醒** 標籤，**訊息內容** 欄位輸入：「周四休息！」。

5 按 **確定** 鈕。

6 這樣一來 **日期** 欄內輸入的日期若剛好判定為星期四，就會出現錯誤提醒。

113 檢查儲存格資料是否為數值
檢查支出金額是否為數字以計算第一季各項支出品項的合計

輸入金額有關的資料時，常見在數字後方自動加入 "元"，以方便辨識。正確的做法是使用儲存格格式設定，若是直接在儲存格中輸入 "數字" + "元"，原本應為數值的資料會變成文字格式，造成金額計算錯誤，這時可以透過 **ISNUMBER**、**AND**、**IF** 三個函數檢查，達到修正目的。

● 範例分析

第一季雜項支出，預設在輸入金額時，會自動加入 "元"，不過有幾筆資料卻是金額輸入後，直接再輸入 "元" 字，導致在加總 **1月 ~ 3月** 的支出金額時，結果不正確。以下將檢查每個 **支出品項**，**1月 ~ 3月** 三筆金額是否為數值，如果三筆皆是數值就直接加總；如果其中有一筆不是數值，顯示 "資料無法計算" 文字。

	A	B	C	D	E
1			第一季雜項支出		
2	支出品項	1月	2月	3月	合計
3	文具/清潔	843元	3,883元	135元	4,861元
4	差旅費用	1,143元	5,070元	4,024元	資料無法計算
5	郵寄費用	70元	150元	209元	429元
6	書籍雜誌	0元	895元	1,595元	2,490元
7	硬體機器	2,370元	1,290元	0元	資料無法計算
8	其他雜支	0元	3,387元	1,400元	4,787元
9	公關費用	0元	1,360元	3,600元	資料無法計算
10					

利用 **ISNUMBER** 函數，檢查 **支出品項** 的 **1月**、**2月** 與 **3月** 的支出金額是否為數值，若三筆皆為數值，利用 **SUM** 函數計算 **合計**；若其中有一筆不是數值，顯示 "資料無法計算"。

透過拖曳方式，複製 E3 儲存格公式至 E9 儲存格。

ISNUMBER 函數　　　　　　　　　　　　　　　　　　　　| 資訊

說明：確認儲存格的內容是否為數值。

格式：**ISNUMBER(判斷對象)**

引數：**判斷對象** 若對象為數值會回傳 TRUE，非數值則回傳 FALSE。

AND 函數　　　　　　　　　　　　　　　　　　　　　　| 邏輯

說明：指定的條件都要符合。

格式：**AND(條件1,條件2,...)**

引數：**條件** 　設定判斷的條件。

● 操作說明

	A	B	C	D	E	F	G	H	I
1			第一季雜項支出						
2	支出品項	1月	2月	3月	合計				
3	文具/清潔	843元	3,883元	135元	=IF(AND(ISNUMBER(B3),ISNUMBER(C3),				
4	差旅費用	1,143元	5,070元	4,024元	ISNUMBER(D3)),SUM(B3:D3),"資料無法計算")				
5	郵寄費用	70元	150元	209元					
6	書籍雜誌	0元	895元	1,595元					
7	硬體機器	2,370元	1,290元	0元					
8	其他雜支	0元	3,387元	1,400元					
9	公關費用	0元	1,360元	3,600元					
10									

1 於 E3 儲存格檢查 **文具/清潔** 支出品項的 **1月**、**2月** 及 **3月** 金額，如果都是數值時，加總 **1月**、**2月** 及 **3月** 的金額，否則顯示 "資料無法計算"，輸入公式：
=IF(AND(ISNUMBER(B3),ISNUMBER(C3),ISNUMBER(D3)), SUM(B3:D3),"資料無法計算")。

	A	B	C	D	E
1			第一季雜項支出		
2	支出品項	1月	2月	3月	合計
3	文具/清潔	843元	3,883元	135元	4,861元
4	差旅費用	1,143元	5,070元	4,024元	資料無法計算
5	郵寄費用	70元	150元	209元	429元
6	書籍雜誌	0元	895元	1,595元	2,490元
7	硬體機器	2,370元	1,290元	0元	資料無法計算
8	其他雜支	0元	3,387元	1,400元	4,787元
9	公關費用	0元	1,360元	3,600元	資料無法計算
10					

2 於 E3 儲存格，按住右下角的 **填滿控點** 往下拖曳，至 E9 儲存格再放開滑鼠左鍵，即可檢查 B 欄到 D 欄輸入的金額是否為數值。

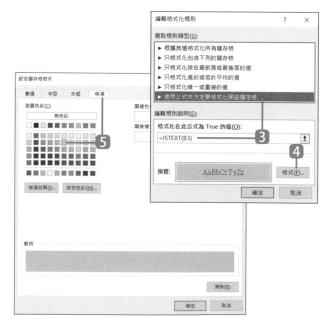

3 最後用 **ISTEXT** 函數找出文字資料：選取要檢查的 B3:D9 儲存格範圍，選按 **常用** 索引標籤 \ **設定格式化的條件** (或 **條件式格式設定**) \ **新增規則**，參考 P196 詳細步驟，於 **格式化在此公式為 True 的值** 欄位輸入：
=ISTEXT(B3)

4 按 **格式** 鈕。

5 選按 **填滿** 標籤，選按合適的填滿色彩，最後按二次 **確定** 鈕完成設定。若為文字資料儲存格會加上底色標示。

公式的基礎

常用數值計算與進位

條件式統計分析

取得需要的資料

日期與時間資料處理

文字資料處理

財務資料計算

大量數據資料整理與驗證

主題資料表的函數應用

114 擷取儲存格中的分行資料

從員工/服務單位的換行儲存格中擷取第二行服務單位的資料

Excel 資料的表現上，如果需要在儲存格中輸入多行文字，一般會使用 Alt + Enter 鍵或 **自動換行** 功能。當儲存格呈現多行文字，想要擷取其中第 1 行或第 2 行內的資料時，可以利用 **REPLACE**、**FIND**、**CHAR** 函數輕鬆實現。

● 範例分析

健檢報告中，**員工/服務單位** 的資料目前在同一個儲存格，分行呈現，為了方便進行後續的資料分析，欲擷取該儲存格第二行的服務單位資料。

	A	B	C	D	E	F	G	H
1								
2	員工/服務單位	服務單位	性別	身高(cm)	體重(kg)			
3	陳麗仙 台北店	台北店	女	170	50			
4	張佩蓉 高雄店	高雄店	女	168	56			
5	鄭婷雨 總公司	總公司	女	152	38			
6	李晉珊 台北店	台北店	女	155	65			
7	藍家銘 總公司	總公司	男	174	80			
8	李孟儒 總公司	總公司	男	183	90			
9	陳維意 高雄店	高雄店	男	172	76			
10	陳淑芬 台北店	台北店	女	164	56			

利用 **REPLACE** 函數，從 **員工/服務單位** 的第一個文字開始，透過 **FIND** 函數找到換行符號 (**CHAR** (10)) 前的員工姓名，並將第一行以空白替換，僅顯示第二行的服務單位資料。

REPLACE 函數 | 文字

說明：依指定的位置和字數，將字串的一部分替換為新的字串。

格式：**REPLACE(字串,開始位置,字數,置換字串)**

引數：

字串	指定要被置換的目標字串或包含字串的儲存格參照。
開始位置	以數值指定字串中要被替換的字串起始位置。
字數	要替換的字數；若指定 0 則會在開始位置前插入，若指定 1、2...則會在開始位置往右依指定字數替換。
置換字串	用來置換舊字串的新字串 (字串前後需用 " 雙引號括住)。

FIND 函數

| 文字

說明： 從目標字串左端第一個文字開始搜尋，傳回搜尋字串於目標字串中的第一次出現的位置。

格式： **FIND(搜尋字串,目標字串,開始位置)**

引數： **搜尋字串** 所要尋找的字串。

目標字串 包含搜尋字串的儲存格參照。

開始位置 指定開始搜尋的位置，輸入「1」(或省略) 為從文字左端開始搜尋。

CHAR 函數

| 文字

說明： 將代表電腦裡的文字的字碼轉換為字元。

格式： **CHAR(數字)**

引數： **數字** 在 1 到 255 間指定一個數字：1~127 主要代表的字元為控制文字、符號、英文，128~255 則為預留位置。可利用 **CODE** 函數來查詢，例如：CODE("A") 計算結果為 65，則 CHAR(65) 的計算結果為 A。

◉ 操作說明

1 於 B3 儲存格，以 **FIND** 函數搜尋出換行符號 (**CHAR** 函數換行字碼為 10) 的字元位置後 (第 4 字元)，利用 **REPLACE** 函數將 A3 儲存格由第一個文字開始至換行符號，均替換為無資料。輸入公式：**=REPLACE(A3,1,FIND(CHAR(10),A3),"")**。

2 於 B3 儲存格，按住右下角的 **填滿控點** 往下拖曳，至最後一個項目再放開滑鼠左鍵，擷取其他員工的 **服務單位** 資料。

公式的基礎

常用數值計算與進位

條件式統計分析

取得需要的資料

日期與時間資料處理

文字資料處理

財務資料計算

大量數據資料整理與驗證

主題資料表的函數應用

115 刪除文字中的空白、( ) 和換行符號

整理員工電話資訊，刪除空白、( ) 及換行符號

從其他文件複製資料到工作表時，常會將一些不必要的空白或符號一併貼過來，導致資料變得雜亂。在此搭配 **TRIM**、**CLEAN**、**SUBSTITUTE** 三個函數，快速刪除文字前後空白、換行符號及 ( )，使資料看起來更整齊。

● 範例分析

員工名冊中，部分 **電話** 資料前後多了空白；另外還出現換行符號，導致 **電話** 號碼分成二行；以下將刪除這些不需要的空白與換行符號，甚至將區碼前後的 ( ) 一併刪除，讓 **電話** 資料可以清楚完整的顯示。

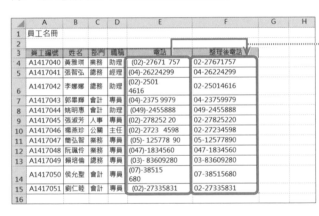

利用 **SUBSTITUTE** 函數，刪除 **電話** 資料中 "("、")"；利用 **TRIM** 函數，刪除 **電話** 資料前後的空白；利用 **CLEAN** 函數，刪除 **電話** 資料中的換行符號。

TRIM 函數 | 文字

說明：刪除文字前後所有的空白字元，僅保留之間的單個空白字元。

格式：**TRIM(字串)**

引數：**字串** 要刪除多餘空白的文字資料。

CLEAN 函數 | 文字

說明：刪除文字中無法列印的字元。

格式：**CLEAN(字串)**

引數：**字串** 要刪除無法列印字元的文字資料。可刪除換行符號，也可從文字中刪除 ASCII 碼 (值 0 至 31) 中的前 32 個非列印字元。

SUBSTITUTE 函數

| 文字

說明：將字串中部分字串以新字串取代。

格式：**SUBSTITUTE(字串,搜尋字串,置換字串,置換對象)**

引數：**字串** 指定要被置換的目標字串或包含字串的儲存格參照。

搜尋字串 指定要被置換的舊字串。

置換字串 用來置換舊字串的新字串。

置換對象 如果有多個符合條件對象，指定要置換第幾個搜尋字串。(可省略)

● 操作說明

	A	B	C	D	E	F	G	H	I	J	K	L
1	員工名冊											
2						①						
3	員工編號	姓名	部門	職稱	電話	整理後電話						
4	A1417040	黃雅琪	業務	助理	(02)-27671757	=TRIM(CLEAN(SUBSTITUTE(SUBSTITUTE(E4,"(","",")","")))						
5	A1417041	張智弘	總務	經理	(04)-26224299							
6	A1417042	李娜娜	總務	助理	(02)-2501 4616							
7	A1417043	郭畢輝	會計	專員	(04)-23759979							
8	A1417044	姚明惠	會計	助理	(049)-2455888							

① 於 F4 儲存格，以 **SUBSTITUTE** 函數，將 E4 儲存格中 **電話** 區碼二側的 ( ) 符號刪除；以 **CLEAN** 函數，刪除 **電話** 號碼中的換行符號；最後則是以 **TRIM** 函數刪除 **電話** 資料前後空白。輸入公式：

=TRIM(CLEAN(SUBSTITUTE(SUBSTITUTE(E4,"(","",")",""))))。

	A	B	C	D	E	F
1	員工名冊					
2						
3	員工編號	姓名	部門	職稱	電話	整理後電話
4	A1417040	黃雅琪	業務	助理	(02)-27671757	02-27671757
5	A1417041	張智弘	總務	經理	(04)-26224299	04-26224299
6	A1417042	李娜娜	總務	助理	(02)-2501 4616	02-25014616
7	A1417043	郭畢輝	會計	專員	(04)-23759979	04-23759979
8	A1417044	姚明惠	會計	助理	(049)-2455888	049-2455888
9	A1417045	張淑芳	人事	專員	(02)-27825220	02-27825220
10	A1417046	楊蕙珍	公關	主任	(02)-27234598	02-27234598
11	A1417047	簡弘智	業務	專員	(05)-12577890	05-12577890
12	A1417048	阮珮伶	業務	專員	(047)-1834560	047-1834560
13	A1417049	賴培倫	總務	專員	(03)-83609280	03-83609280
14	A1417050	侯允聖	會計	專員	(07)-38515 680	07-38515680
15	A1417051	劉仁睦	會計	專員	(02)-27335831	02-27335831
16						
17						

② 於 F4 儲存格，按住右下角的 **填滿控點** 往下拖曳，至最後一個項目再放開滑鼠左鍵，完成 **電話** 資料整理。

主題資料表的函數應用

生活或工作中使用函數的機會很多，本單元以幾個常見的主題式工作表為例：分期帳款明細表、員工年資與特別休假表、計時工資表、家計簿記錄表、業績報表，將各種不同類別的函數綜合在一起，讓你更容易掌握函數的應用！

(本單元僅以簡單的表列方式整理用到的函數，關於各函數的詳細說明請參考前面 1 ~ 8 單元。)

116 家計簿記錄表

依不同月份顯示日期及加總家計收支

◉ 範例分析

想了解每月收支情況，除了以紙本一筆筆記錄，此範例 "8月家計簿" 工作標籤中已預先輸入了幾筆收支資料，利用 **IF**、**DAY**、**DATE** 函數先建立好日期及生活雜支記錄，再利用 **SUM** 函數加總各類別的收入及支出，讓收支流向更清楚，即能了解生活雜支中花費最多的部分，最後以公式將所有收入減去支出就是這個月的收支情況了。

為數值套用特別的儲存格格式，呈現出 "年" 與 "月家計簿" 文字。

DATE 函數參照 **年份、月份、日** 儲存格資訊來判斷並顯示星期幾。

用 **DATE** 函數，以格式化條件將儲存格中不符合當月日期的保留空白。

| 2022年　8月家計簿 | | | 生活雜支記錄 | | | | | | | | | | | | | | |

收入

項目	金額
薪水	68,000
獎金	-
額外收入	200
合計	68,200

固定支出

項目	金額
房租	17,000
電話費	200
行動電話費	699
網路費	500
電視費	1,000
水費	300
電費	600
瓦斯費	400
合計	20,699

生活雜支總計

項目	金額
伙食費	4,470
日用品	39
美容‧服裝	3,680
教育	1,750
醫療	400
交際	5,800
其他	-
合計	16,139

月收支合計	31,362

日期 / 項目	19 週五	20 週六	21 週日	22 週一	23 週二	24 週三	25 週四	26 週五	27 週六	28 週日	29 週一	30 週二	31 週三
伙食費													
日用品													
美容‧服裝													
教育													
醫療													
交際													
其他													

凍結窗格讓瀏覽更方便。

SUM 函數合計各類別項目的金額後，再以公式將所有的收入減支出，就可以計算出這個月的收支合計。

以格式化條件標示出週六、週日不同的顏色，讓表格更容易閱讀。

公式的基礎

常用數值計算與進位

條件式統計分析

取得需要的資料

日期與時間資料處理

文字資料處理

財務資料計算

大量數據資料整理與驗證

主題資料表的函數應用

操作說明

為數值加上字串或單位

原本只輸入 "2022" 與 "8" 二個數值分別代表了家計簿中的年份與月份，這樣的表示方式並不是很好。在此為數值加上 "年份" 與 "月份" 文字，但又為了讓 "2022" 與 "8" 這二個數值於後續仍可運算，在此透過儲存格格式的方式設定。

1. 於 A2 儲存格上按一下滑鼠右鍵選按 **儲存格格式**。

2. 於對話方塊 **數值** 標籤設定 **類別**：**自訂**。

3. **類型** 輸入「G/通用格式"年"」，再按 **確定** 鈕，A2 儲存格中就會顯示 "2022年"。以相同的方法於 B2 儲存格設定 **類型**：**自訂**，輸入「G/通用格式"月家計簿"」，儲存格內的數值 "8" 就會顯示為 "8月家計簿"。

4. 選取 E 欄。

5. 於 **檢視** 索引標籤選按 **凍結窗格 \ 凍結窗格**，這樣一來就會凍結 A 欄到 D 欄，包含項目及加總的欄位，這樣較方便瀏覽檢視右側所有日期的記錄內容。

完成日期計算

在此運用與前一個範例 "計時工資表" 稍微不同但更簡易的函數組合方式，判斷出正確的日期及星期值。

6 於 E5 儲存格輸入 **DATE** 函數，結合 A2 儲存格 (年份)、B2 儲存格 (月份)、E4 儲存格 (日)，讓函數傳回日期的序列值：**=DATE($A$2,$B$2,E4)**。

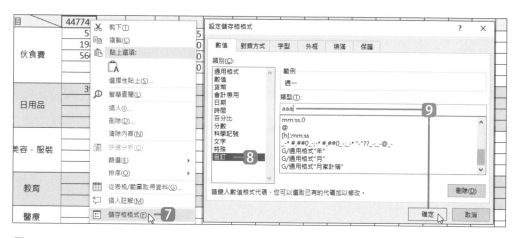

7 於 E5 儲存格剛才求得的日期序列值上，按一下滑鼠右鍵選按 **儲存格格式**。

8 於對話方塊中設定 **類別：自訂**。

9 **類型** 輸入「aaa」，再按 **確定** 鈕，E5 儲存格中就會顯示 "週一"，(因為 2022 年 8 月 1 日是星期一)。

E	F	G	H	I	J	K	L	M	N	O	P	Q	R	S	T	U	V	W
1	2	3	4	5	6	7	8	9	10	11	12	13	14	15	16	17	18	19
週一	週二	週三	週四	週五	週六	週日	週一	週二	週三	週四	週五	週六	週日	週一	週二	週三	週四	週五
55	100	320	150	55	55	55												
19	50	180	200	160	180	187												
560		500	50	50	45	600												
		100		280	260													

10 按住 E5 儲存格右下角的 **填滿控點** 往右拖曳，至 31 日 (AI5 儲存格) 再放開滑鼠左鍵，這樣就顯示了所有日期相對應的星期值。

為日期資料設定格式化讓日期數隨著月份改變

由於不是每個月份都有 31 天，如果當月只有 28 天，則星期值儲存格中的 **DATE** 函數會將 28 號以後顯示為下一個月份，所以這個步驟中設定格式化條件為：以 **MONTH** 函數取得的月份值與 B2 儲存格的月份值不同時，就顯示為空白，讓每個月份的家計簿都能依據月份顯示相對應的日期。

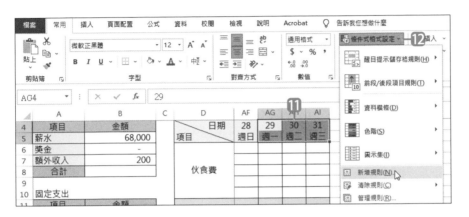

⑪ 選取 AG4:AI5 儲存格範圍。

⑫ 於 **常用** 索引標籤選按 **條件式格式設定** (或 **設定格式化的條件**) 清單鈕 \ **新增規則**。

⑬ 於 **新增格式化規則** 對話方塊中選按 **使用公式來決定要格式化哪些儲存格**。

⑭ 於 **格式化在此公式為 True 的值** 中輸入公式，在此設定公式條件為不符合指定月份，利用絕對參照指定月份 (B2)：**=MONTH(AG$5)<>$B$2**。

⑮ 按 **格式** 鈕，針對符合公式的儲存格變更樣式。

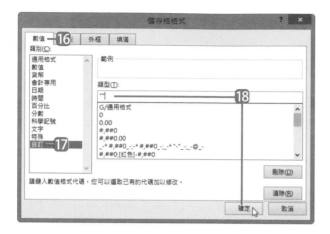

16 選按 **數值** 標籤。

17 於對話方塊中設定 **類別：自訂**。

18 **類型** 輸入「""」，再按 **確定** 鈕，設定完成後符合條件的內容就會顯示空白。

19 按 **確定** 鈕完成格式化規則的設定，之後如果是製作其他月份，而當月份不到 31 天時，這一個格式化設定就會將儲存格留空白而不顯示出多的日期。

將週六設定為綠色

利用 **條件式格式設定** (或 **設定格式化條件**) 將週六都標示為綠色加粗字體，讓瀏覽更容易。

20 選取 E5:AI5 儲存格範圍。

21 於 **常用** 索引標籤選按 **條件式格式設定** (或 **設定格式化的條件**) 清單鈕 \ **新增規則**。

22 於 **新增格式化規則** 對話方塊中選按 **使用公式來決定要格式化哪些儲存格**，於 **格式化在此公式為 True 的值** 中輸入公式，判斷星期值是否為週六：
=WEEKDAY(E$5)=7。

23 按 **格式** 鈕針對符合公式的儲存格變更樣式。

24 選按 **字型** 標籤。

25 選按 **色彩** 清單鈕，於清單中選取要標示的顏色，此範例選按 **綠色，輔色6，較深25%**，再選按 **字型樣式：粗體**。

26 按二次 **確定** 鈕完成設定。(本書為雙色印刷，因此指定上色的部分會呈現灰色，開啟範例檔即可看到正確的色彩標示。)

公式的基礎

常用數值計算與進位

條件式統計分析

取得需要的資料

日期與時間資料處理

文字資料處理

財務資料計算

大量數據資料整理與驗證

主題資料表的函數應用

將週日設定為紅色

利用 **條件式格式設定** (或 **設定格式化條件**) 將週日都標示為紅色加粗字體，讓瀏覽更容易。

27 同樣選取 E5:AI5 儲存格範圍，於 **常用** 索引標籤選按 **條件式格式設定** (或 **設定格式化的條件**) 清單鈕 \ **新增規則**。

28 於 **新增格式化規則** 對話方塊中選按 **使用公式來決定要格式化哪些儲存格**，於 **格式化在此公式為 True 的值** 中輸入公式，判斷星期值是否為週日：**=WEEKDAY(E$5)=1**。

29 按 **格式** 鈕針對符合公式的儲存格變更樣式。

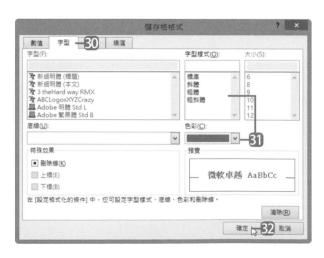

30 選按 **字型** 標籤。

31 選按 **色彩** 清單鈕，於清單中選取要標示的顏色，此範例選按 **紅色**，再選按 **字型樣式：粗體**。

32 按二次 **確定** 鈕完成設定。(本書為雙色印刷，因此指定上色的部分會呈現灰色，開啟範例檔即可看到正確的色彩標示。)

計算各類別項目的合計金額

將所有消費數字以 **SUM** 函數分別合計，完成家計簿的運算。

33 於 B8 儲存格輸入 **SUM** 函數的運算公式，合計 **收入** 類別的金額：**=SUM(B5:B7)**。

34 於 B20 儲存格輸入 **SUM** 函數的運算公式，合計 **固定支出** 類別的金額：**=SUM(B12:B19)**。

35 於 B24 儲存格到 B31 儲存格輸入 **SUM** 函數的運算公式，合計 **生活雜支總計** 類別的金額：

伙食費 (B24 儲存格)：**=SUM(E6:AI10)**
日用品 (B25 儲存格)：**=SUM(E11:AI14)**
美容‧服裝(B26 儲存格)：**=SUM(E15:AI18)**
教育 (B27 儲存格)：**=SUM(E19:AI21)**
醫療 (B28 儲存格)：**=SUM(E22:AI23)**
交際 (B29 儲存格)：**=SUM(E24:AI24)**
其他 (B30 儲存格)：**=SUM(E25:AI25)**
合計 (B31 儲存格)：**=SUM(B24:B30)**

36 於 B33 儲存格要加總算出 **月收支合計**，將 **收入 - 固定支出 - 生活雜支總計**，輸入公式：**=B8-B20-B31**。

製作下個月份的家計簿

前面已設計完成這個月的家計簿，接著複製產生下個月份空白家計簿，只要先複製目前的這個工作表再刪除其中不需要的數值資料，保留公式與運算式，這樣就是一份新的家計簿。

37 按 Ctrl 鍵不放，以滑鼠指標選按這個已製作完成的 "8月家計簿" 工作表標籤拖曳至要複製的位置再放開。

38 於 "8月家計簿(2)" 工作表標籤上連按二下滑鼠左鍵，變更工作表標籤名稱為 "9月家計簿"，再按 Enter 鍵完成工作表名稱變更。別忘了要修改於 B2 儲存格月份的值，在此輸入「9」。

利用 **特殊目標** 功能，選取每個月都要變更的數值，刪除數值資料保留函數公式，這樣就是一份新的家計簿記錄表了。

39 先選取 B5:B33 儲存格範圍，再按 Ctrl 鍵不放選取 E6:AI25 儲存格範圍。

40 於 **常用** 索引標籤選按 **尋找與選取** 清單鈕 \ **特殊目標**。

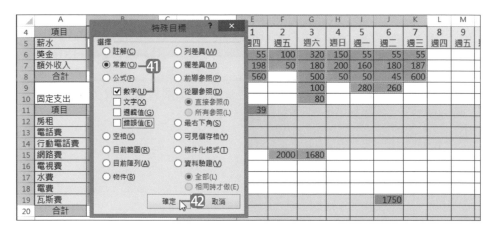

41 核選 **常數**，再核選 **數字** 並取消核選其他項目。

42 按 **確定** 鈕完成目標指定後，選取範圍中的數值資料已全被選取，按 Del 鍵即可一次刪除，成為一份新的家計簿。之後只要輸入月份、支出記錄資料就快速完成該月份家計簿的建置。

本範例函數

DATE 函數

MONTH 函數

WEEKDAY 函數

SUM 函數

117 員工年資與特別休假表

依今天日期與 "到職日期" 計算

▶ 範例分析

員工按其工作年資，享有特別休假、資遣費、退休金、職業災害補償...等的勞工權利。透過員工的在職資料即可計算出其年資，此範例還要依年資與勞動基準法條文的規定求得相對的特別休假天數。

員工年資與特別休假表

計算截至日期：二○二一年五月五日

員工編號	部門	姓名	職稱	到職日期	年資	特休天數
A001	行政部	李淑芳	行政經理	2017年6月1日	3	14
A002	行政部	張陽丹	行政人員	2017年2月21日	4	14
A003	行政部	李雅萍	行政人員	1995年3月5日	26	30
A004	行政部	王健豪	行政人員	2010年2月20日	11	17
A005	行政部	陸政達	行政人員	2009年2月21日	12	18
A006	行政部	陳佳韋	行政助理	2012年4月1日	9	15
I001	資訊部	李美君	資訊經理	2001年9月1日	19	25
I002	資訊部	張行貴	資訊人員	2002年11月1日	18	24
I003	資訊部	許昶枝	資訊人員	2005年9月15日	15	21
I004	研發部	林任原	資訊人員	1995年11月1日	25	30
P001	研發部	李安琪	研發經理	2002年4月15日	19	25
P002	研發部	邱善恒	研發人員	2004年11月1日	16	22
P003	研發部	韓文傑	研發人員	2005年11月1日	15	21
P004	研發部	黎雅惠	研發人員	2006年2月1日	15	21

年資	天數
0	0
0.5	3
1	7
2	10
3	14
4	14
5	15
9	15
10	16
11	17
12	18
13	19
14	20
15	21
16	22
17	23
18	24
19	25
20	26
21	27
22	28
23	29
24	30

VLOOKUP 函數由 "特休假準則" 工作表中取得年資對應的特休天數。

YEARFRAC 函數取得 **到職日期** 至今天的天數占全年天數的比例。

若年資滿一年，以 **INT** 函數取其整數值，若年資未滿一年，以 **ROUNDDOWN** 函數取年資值到小數點以下第一位 (因為目前勞基法滿六個月以上一年未滿，即有三日特休假)。

Tips

勞動基準法第38條

勞工在同一雇主或事業單位，繼續工作滿一定期間者，應依下列規定給予特別休假：

一、六個月以上一年未滿者，三日。

二、一年以上二年未滿者，七日。

三、二年以上三年未滿者，十日。

四、三年以上五年未滿者，每年十四日。

五、五年以上十年未滿者，每年十五日。

六、十年以上者，每一年加給一日，加至三十日為止。

(中華民國一百零五年十二月六日修正，自一百零六年一月一日施行。)

操作說明

取得 "計算截至日期"

以 **NOW** 函數顯示目前的日期與時間並套用合適的日期格式。

① 於 C2 儲存格輸入 **NOW** 函數，以今天日期為 "計算截至日期"：**=NOW()**。

② 於 C2 儲存格上按一下滑鼠右鍵選按 **儲存格格式**。

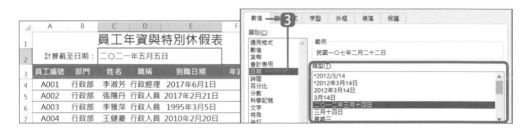

③ 於對話方塊 **數值** 標籤選按 **日期**，並指定合適的類型，再按 **確定** 鈕。

計算年資

先以 **YEARFRAC** 函數取得每位員工 **到職日期** 至今天日期的天數占全年天數比例，若求得 1 表示年資 1 年。

① 於 F4 儲存格輸入 **YEARFRAC** 函數，以 **到職日期** 為開始日期，今天的日期為結束日期並指定類型為 1 (以實際值計算)：**=YEARFRAC(E4,$C$2,1)**。

後面步驟要複製此公式，所以利用絕對參照指定固定範圍。

接著判斷年資是否滿一年，若年資滿一年，以 **INT** 函數取其整數值，若年資未滿一年，以 **ROUNDDOWN** 函數取年資值到小數點以下第一位 (因為目前勞基法滿六個月 (年資值 0.5) 以上一年未滿，即有三日特休假)。

2 於 F4 儲存格加入 **IF**、**INT** 與 **ROUNDDOWN** 函數，以 **IF** 函數判斷年資是否大於等於一年：**=IF(YEARFRAC(E4,$C$2,1)>=1,INT(YEARFRAC(E4,$C$2,1)),ROUNDDOWN(YEARFRAC(E4,$C$2,1),1))**。

3 於 F4 儲存格，按住右下角的 **填滿控點** 往下拖曳，至最後一筆項目再放開滑鼠左鍵，即可取得其他筆的年資資料。

YEARFRAC 函數　　　　　　　　　　　　　　　　　　　　| 日期與時間

說明：計算開始日期與結束日期間的天數占全年天數比例。

格式：**YEARFRAC(開始日期,結束日期,類型)**

引數：**開始日期**　代表開始日期的日期，可以是儲存格位址或日期序列值。

　　　　　結束日期　代表結束日期的日期，可以是儲存格位址或日期序列值。

　　　　　類型　　　用數字指定日期的計算方法。
　　　　　　　　　　　輸入 0 或省略為：US (美國) 30/360
　　　　　　　　　　　輸入 1 為：實際值/實際值
　　　　　　　　　　　輸入 2 為：實際值/360
　　　　　　　　　　　輸入 3 為：實際值/365
　　　　　　　　　　　輸入 4 為：European (歐洲) 30/360

計算特休天數

以 **VLOOKUP** 函數依據前面計算出來的 **年資**，再參考對應表取得 **特休天數** 的值。

1 於 G4 儲存格加入 **VLOOKUP** 函數取得年資相對的特休假天數，指定要比對的檢視值 (F4 儲存格)，指定參照範圍 ("特休假準則" 工作表 A1:B24；不包含表頭)，最後指定傳回參照範圍由左數來第二欄的值並尋找最接近的值：**=VLOOKUP(F4,特休假準則!$A$1:$B$24,2,1)**。

> 後面步驟要複製此公式，所以利用絕對參照指定固定範圍。

2 於 G4 儲存格，按住右下角的 **填滿控點** 往下拖曳，至最後一筆項目再放開滑鼠左鍵，即可快速取得特休天數。

本範例函數

函數名	說明	格式
NOW	顯示目前的日期與時間。	NOW()
YEARFRAC	計算開始日期與結束日期間的天數占全年天數的比例。	YEARFRAC(開始日期,結束日期,類型)
IF	一個判斷式，可依條件判定的結果分別處理。	IF(條件,條件成立,條件不成立)
INT	求整數，小數點以下位數無條件捨去。	INT(數值)
ROUNDDOWN	數值無條件捨去到指定位數。	ROUNDDOWN(數值,位數)
VLOOKUP	從直向參照表中取得符合條件的資料。	VLOOKUP(檢視值,範圍,欄數,查詢模式)

118 計時工資表

以標準工時計算單位算出該月份一般日及加班日實際總工時、總薪資

◉ 範例分析

每到要發薪水的日子，看著打卡記錄一筆筆的統計工時與薪資實在頭痛，此範例 "工資表3月" 工作表中已預先輸入了打卡記錄及計算單位，利用 **TEXT**、**DAY**、**DATE** 時間函數判斷該月正確的日期並指定顯示形式，再利用 **CEILING**、**FLOOR**、**SUMIF** 函數以 "工時計算單位" 算出上下班的時間快速完成表格的判斷與加總。

最後加上 **IF** 函數讓儲存格在沒有資料時呈現空白，而不是出現 0 或其他的值，再以格式化的條件清楚標示出加班日，讓工資表更專業。

TEXT、DATE 函數整合年份、月份、日的值並顯示為週幾。

IF、CEILING 函數依工時計算單位無條件進位，計算出上班時間。

SUMIF 函數加總工時。

將工時的序列值轉換為實際工作時數來算出薪資。

工讀生計時工資表

年份	月份	姓名	工時計算單位		班別	單位薪資	總工時	薪資	總薪資
2014	3	Tina	15分		平日	150	31:45	4762.5	$9,613
					加班	200	24:15	4850	

日	星期	班別	打卡記錄				薪資計算時間				假日	
			上班時間	休息開始	休息結束	下班時間	上班時間	休息時間	下班時間	總時數	2014/1/1	元旦
1	週六	加班	07:55	12:03	13:10	17:06	08:00	01:15	17:00	07:45	2014/1/30	除夕
2	週日	加班	08:06	12:10	13:07	17:30	08:15	01:00	17:30	08:15	2014/1/31	年初一
3	週一	平日	07:56	13:00	13:56	16:58	08:00	01:00	16:45	07:45	2014/2/1	年初二
4	週二	平日									2014/2/2	年初三
5	週三	平日	08:00	12:45	13:53	17:30	08:00	01:15	17:30	08:15	2014/2/3	年初四
6	週四	平日	11:00	17:00	17:56	20:00	11:00	01:00	20:00	08:00	2014/2/28	和平紀念日
7	週五	平日	07:55	12:03	13:10	17:06	08:00	01:15	17:00	07:45	2014/4/4	兒童節
8	週六	加班	08:06	12:10	13:07	17:30	08:15	01:00	17:30	08:15	2014/4/5	婦幼節
9	週日	加班									2014/5/1	勞工節
10	週一	平日									2014/6/1	端午節
11	週二	平日									2014/9/8	中秋節
12	週三	平日									2014/10/10	國慶日
13	週四	平日										
14	週五	平日										

IF、COUNTIF 函數判斷出如果星期落在週末或假日就會出現 "加班"。

TIME、CEILING 函數運用時及分算出依工時計算單位無條件進位的時間差。

IF、OR 函數計算出該日工作總時數，若無打卡記錄的資料則留空白。

IF、FLOOR 函數依工時計算單位無條件捨去，計算出下班時間。

依日期取得 "星期" 並判斷是否為加班日

工資表中的 **班別** 可為平日或加班，不同班別會有不同的運算方式，所以一開始先算出日期及判斷是否為加班日。

	A	B	C	D	E	F	G	H	I	J	K	L
3	年份	月份	姓名	工時計算單位			班別	單位薪資	總工時	薪資	總薪資	
4	2014	3	Tina	15分			平日	150				
5							加班	200				
6												
7	日	星期	班別	打卡記錄				薪資計算時間				
8				上班時間	休息開始	休息結束	下班時間	上班時間	休息時間	下班時間	總時數	
9	1	=TEXT(DATE($A$4,$B$4,A9),"aaa")					17:06					
10	2			08:06	12:10	13:07	17:30					
11	3			07:56	13:00	13:56	16:58					
12	4											
13	5			08:00	12:45	13:53	17:30					

1 於 B9 儲存格輸入 **TEXT** 函數，由 **DATE** 函數取得 **年份**、**月份** 及 **日** 的值整合為日期，再於第二個引數指定顯示的型式為 "aaa" (將日期轉換為週一、週二...顯示)：
=TEXT(DATE($A$4,$B$4,A9),"aaa")。

後面步驟要複製此公式，所以利用絕對參照指定年份與月份的儲存格。

	A	B	C	D	E	F	G	H	I	J	K	L
3	年份	月份	姓名	工時計算單位			班別	單位薪資	總工時	薪資	總薪資	
4	2014	3	Tina	15分			平日	150				
5							加班	200				
6												
7	日	星期	班別	打卡記錄				薪資計算時間				
8				上班時間	休息開始	休息結束	下班時間	上班時間	休息時間	下班時間	總時數	
9	1	週六	=IF(OR(B9="週日",B9="週六",COUNTIF($M$8:$M$20,DATE($A$4,$B$4,A9))>0),"加班","平日")									
10	2			08:06	12:10	13:07	17:30					
11	3			07:56	13:00	13:56	16:58					
12	4											
13	5			08:00	12:45	13:53	17:30					

2 於 C9 儲存格以 **IF** 函數判斷，**OR** 函數串起三個條件，其中二個條件是 **星期** 為 "週六" 或 "週日"，另一個條件是 **COUNTIF** 函數以 M8:M20 儲存格範圍的假日例表為參照範圍，再以該日日期判斷是否為假日列表中的日期，最後如果符合以上三個條件中任一個則顯示為 "加班"，否則就為 "平日"：
=IF(OR(B9="週日",B9="週六",COUNTIF($M$8:$M$20,DATE($A$4,$B$4,A9))>0),"加班","平日")。

後面步驟要複製此公式，所以利用絕對參照指定固定範圍。

	A	B	C	D	E	F	G	H	I	J	K	L	M
34	26	週三	平日	③									
35	27	週四	平日										
36	28	週五	平日										
37	=IF(DAY(DATE($A$4,$B$4,29))=29,29,"") ④												
38													
39													

③ 拖曳選取 B9:C9 儲存格範圍，按住右下角的 **填滿控點** 往下拖曳，至 B36:C36 儲存格再放開滑鼠左鍵，完成了部分的計算。

④ 於 A37 儲存格，以 **DATE** 函數和 **DAY** 函數取得的值是否為 29 來判斷這個月是否有 29 日，若有則出現 "29"，如果沒有則出現空白：**=IF(DAY(DATE($A$4,$B$4,29))=29,29,"")**。

> 後面步驟要複製此公式，所以利用絕對參照指定年份與月份的儲存格。

	A	B	C	D	E	F	G	H	I	J	K	L	M
34	26	週三	平日										
35	27	週四	平日										
36	28	週五	平日										
37	29	=IF(A37="","",TEXT(DATE($A$4,$B$4,A37),"aaa")) ⑤											
38													
39													

⑤ 於 B37 儲存格輸入以 **IF** 函數判斷上一個步驟 A37 儲存格結果是否為空白，如果為空白則就顯示空白，否則就依步驟 1 的公式顯示相對應的星期值：**=IF(A37="","",TEXT(DATE($A$4,$B$4,A37),"aaa"))**。

> 後面步驟要複製此公式，所以利用絕對參照指定年份與月份的儲存格。

	C	D	E	F	G	H	I	J	K	L	M	N
34	平日											
35	平日	⑥										
36	平日											
37	=IF(A37="","",IF(OR(B37="週日",B37="週六",COUNTIF($M$8:$M$20,DATE($A$4,$B$4,A37))>0),"加班","平日"))											
38												
39												

⑥ 於 C37 儲存格輸入以 **IF** 函數判斷 A37 儲存格運算結果是否為空白，如果為空白則就顯示空白，否則就依步驟 2 的公式顯示 "加班" 或 "平日" 班別：**=IF(A37="","",IF(OR(B37="週日",B37="週六",COUNTIF($M$8:$M$20,DATE($A$4,$B$4,A37))>0),"加班","平日"))**。

> 後面步驟要複製此公式，所以利用絕對參照指定年份與月份的儲存格。

	A	B	C	D	E	F	G	H	I	J	K	L	M
34	26	週三	平日										
35	27	週四	平日										
36	28	週五	平日										
37	29	週六	加班										
38	29	週六	加班	⑦									
39	29	週六	加班										

⑦ 選取 A37:C37 儲存格範圍，按住右下角的 **填滿控點** 往下拖曳，至 A39:C39 儲存格範圍再放開滑鼠左鍵。

	A	B	C	D	E	F	G	H	I	J	K	L	M
34	26	週三	平日										
35	27	週四	平日										
36	28	週五	平日										
37	29	週六	加班										
38	=IF(DAY(DATE($A$4,$B$4,30))=30,30,"")			⑧									
39	29	週六	加班										

⑧ 於 A38 儲存格將公式內 "29" 修改為 "30" 以用來判斷這個月份是否有 30 號：
=IF(DAY(DATE($A$4,$B$4,30))=30,30,"")。

後面步驟要複製此公式，所以利用絕對參照指定年份與月份的儲存格。

	A	B	C	D	E	F	G	H	I	J	K	L	M
34	26	週三	平日										
35	27	週四	平日										
36	28	週五	平日										
37	29	週六	加班										
38	30	週日	加班										
39	=IF(DAY(DATE($A$4,$B$4,31))=31,31,"")			⑨									

⑨ 於 A39 儲存格將公式內 "29" 修改為 "31" 以用來判斷這個月份是否有 31 號：
=IF(DAY(DATE($A$4,$B$4,31))=31,31,"")。

後面步驟要複製此公式，所以利用絕對參照指定年份與月份的儲存格。

Tips

數值也可以加上單位

有時候希望同一個儲存格中的數值可以計算，但同時又希望帶有單位文字，可以於要設定的儲存格上按一下滑鼠右鍵選按 **儲存格格式**，於 **自訂** 類別中輸入類型為「G/通用格式」再加上要用的單位，例如此例中 D4 儲存格設定為：「G/通用格式"分"」就會顯示「15分」。

以工時計算單位算出工作總時數

接著以 **工時計算單位** (本範例中為 15 分鐘)，依打卡記錄算出 **上班時間** (無條件進位)、**休息時間** (無條件進位) 及 **下班時間** (無條件捨去)，最後再算出出勤的 **總時數**。

	A	B	C	D	E	F	G	H	I	J	K	L	M
3	年份	月份	姓名	工時計算單位			班別	單位薪資	總工時	薪資	總薪資		
4	2014	3	Tina	15分			平日	150					
5							加班	200					
6													
7	日	星期	班別	打卡記錄				薪資計算時間					假日
8				上班時間	休息開始	休息結束	下班時間	上班時間	休息時間	下班時間	總時數		2014/1/1
9	1	週六	加班	07:55	12:03	13:10	17:06	=IF(D9="","",CEILING(D9,TIME(0,$D$4,0)))					2014/1/30
10	2	週日	加班	08:06	12:10	13:07	17:30						2014/1/31
11	3	週一	平日	07:56	13:00	13:56	16:58						2014/2/1
12	4	週二	平日										2014/2/2
13	5	週三	平日	08:00	12:45	13:53	17:30						2014/2/3

10 於 H9 儲存格中，以 **IF** 函數判斷如果 D9 儲存格沒有上班的打卡記錄，就顯示空白，如果有記錄就以 **CEILING** 函數取得 D9 儲存格依 15 分鐘為工時計算單位無條件進位的值 (TIME 函數將 D4 儲存格的數值化為時間的 "分"，讓 **CEILING** 函數可以將上班時間以 "15分" 為單位無條件進位計算)：

=IF(D9="","",CEILING(D9,TIME(0,$D$4,0)))。

> 後面步驟要複製此公式，所以利用絕對參照指定固定範圍。

	E	F	G	H	I	J	K	L	M	N	O
3	算單位		班別	單位薪資	總工時	薪資	總薪資				
4	分		平日	150							
5			加班	200							
6											
7	打卡記錄			薪資計算時間					假日		
8	休息開始	休息結束	下班時間	上班時間	休息時間	下班時間	總時數		2014/1/1	元旦	
9	12:03	13:10	17:06	08:00	=IF(OR(E9="",F9=""),"",TIME(HOUR(F9-E9),CEILING(MINUTE(F9-E9),$D$4),0))				2014/1/31	年初一	
10	12:10	13:07	17:30						2014/2/1	年初二	
11	13:00	13:56	16:58						2014/2/2	年初三	
12									2014/2/3	年初四	
13	12:45	13:53	17:30								

11 於 I9 儲存格中，以 **IF** 函數判斷如果 E9 或 F9 儲存格沒有記錄，就顯示空白，如果有記錄就以 **TIME** 函數計算。**TIME** 函數計算中第一個引數 "時" 以 **HOUR** 函數計算從休息開始到結束的時間差，第二個引數 "分" 以 **CEILING** 函數計算 **MINUTE** 函數先將休息開始及結束時間相減，再以 D4 儲存格的工時計算單位無條件進位計算：**=IF(OR(E9="",F9=""),"",TIME(HOUR(F9-E9), CEILING(MINUTE(F9-E9),$D$4),0))。**

> 後面步驟要複製此公式，所以利用絕對參照指定固定範圍。

	D	E	F	G	H	I	J	K	L	M	N	O
3	工時計算單位			班別	單位薪資	總工時	薪資	總薪資				
4	15分			平日	150							
5				加班	200							
6												
7	打卡記錄				薪資計算時間					假日		
8	上班時間	休息開始	休息結束	下班時間	上班時間	休息時間	下班時間	總時數		2014/1/1	元旦	
9	07:55	12:03	13:10	17:06	08:00	01:15	=IF(G9="","",FLOOR(G9,TIME(0,$D$4,0)))					
10	08:06	12:10	13:07	17:30						2014/1/31	年初一	

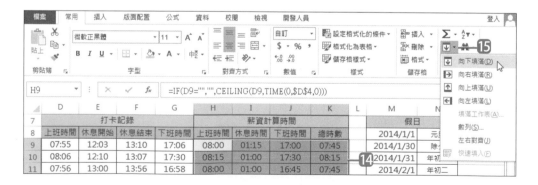

12 於 **J9** 儲存格中，以 **IF** 函數判斷如果 G9 儲存格沒有下班的打卡記錄，就顯示空白，如果有記錄就以 **FLOOR** 函數取得 G9 儲存格依 15 分鐘為工時計算單位無條件進位的值 (TIME 函數將 D4 儲存格的數值化為時間的 "分"，讓 **FLOOR** 函數可以將上班時間以 "15分" 為單位無條件捨去計算)：

=IF(G9="","",FLOOR(G9,TIME(0,$D$4,0)))。

後面步驟要複製此公式，所以利用絕對參照指定固定範圍。

	D	E	F	G	H	I	J	K	L	M	N	O
3	工時計算單位			班別	單位薪資	總工時	薪資	總薪資				
4	15分			平日	150							
5				加班	200							
6												
7	打卡記錄				薪資計算時間					假日		
8	上班時間	休息開始	休息結束	下班時間	上班時間	休息時間	下班時間	總時數		2014/1/1	元旦	
9	07:55	12:03	13:10	17:06	08:00	01:15	17:00	=IF(OR(H9="",J9=""),"",J9-H9-I9)				
10	08:06	12:10	13:07	17:30						2014/1/31	年初一	

13 於 **K9** 儲存格中，以 **IF** 函數判斷如果 H9 或 J9 儲存格為空白，就顯示空白，若不是空白就以公式運算 **下班時間 - 上班時間 - 休息時間 = 總時數**：

=IF(OR(H9="",J9=""),"",J9-H9-I9)。

H9				fx	=IF(D9="","",CEILING(D9,TIME(0,$D$4,0)))					

	D	E	F	G	H	I	J	K	L	M	N
7	打卡記錄				薪資計算時間					假日	
8	上班時間	休息開始	休息結束	下班時間	上班時間	休息時間	下班時間	總時數		2014/1/1	元旦
9	07:55	12:03	13:10	17:06	08:00	01:15	17:00	07:45		2014/1/30	除夕
10	08:06	12:10	13:07	17:30	08:15	01:00	17:30	08:15		2014/1/31	年初一
11	07:56	13:00	13:56	16:58	08:00	01:00	16:45	07:45		2014/2/1	年初二

14 按 Ctrl 鍵不放，以拖曳的方式選取 H9:K39 儲存格範圍。

15 於 **常用** 索引標籤選按 **填滿 \ 向下填滿**，自動填滿功能，完成 H、I、J、K 中其他天的薪資計算內容。

為資料設定格式化的條件標示

將加班日及相關記錄全部都標示出來，讓薪資計算或上班情況更清楚。

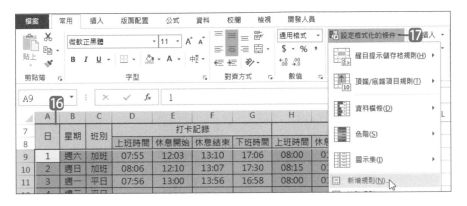

16 選取 A9:K39 儲存格範圍。

17 於 **常用** 索引標籤選按 **設定格式化的條件** (或 **條件式格式設定**) 清單鈕 \ **新增規則**。

18 於 **新增格式化規則** 對話方塊中選按 **使用公式來決定要格式化哪些儲存格**。

19 於 **格式化在此公式為 True 的值** 中輸入公式，條件是當 C 欄中的值是 "加班" 時：**=$C9="加班"**。

20 按 **格式** 鈕針對符合公式的儲存格變更樣式。

公式的基礎

常用數值計算與進位

條件式統計分析

取得需要的資料

日期與時間資料處理

文字資料處理

財務資料計算

大量數據資料整理與驗證

主題資料表的函數應用

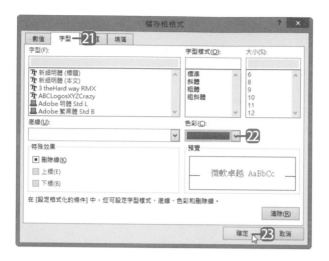

㉑ 選按 **字型** 標籤。

㉒ 選按 **色彩** 清單鈕，於清單中選取要標示的顏色，此範例選按 **紅色**。

㉓ 按 **確定** 鈕完成設定。

㉔ 再按 **確定** 鈕完成格式化規則的設定，可以看到若有符合條件公式的儲存格都已經變更樣式了。(本書為雙色印刷，因此指定上色的部分會呈現灰色，開啟範例檔即可看到正確的色彩標示。)

公式的基礎

常用數值計算與進位

條件式統計分析

取得需要的資料

日期與時間資料處理

文字資料處理

財務資料計算

大量數據資料整理與驗證

主題資料表的函數應用

統計總工時與總薪資

完成打卡記錄的統計及標示後，接著要以 **SUMIF** 函數分別統計加總不同班別的時數，再計算出薪資與總薪資。

	C	D	E	F	G	H	I	J	K	L	M	N
3	姓名	工時計算單位			班別	單位薪資	總工時	薪資	總薪資			
4	Tina	15分			平日	150	=SUMIF(C9:C39,"平日",K9:K39)			25		
5					加班	200						
6												
7	班別		打卡記錄				薪資計算時間				假日	
8		上班時間	休息開始	休息結束	下班時間	上班時間	休息時間	下班時間	總時數		2014/1/1	元旦
9	加班	07:55	12:03	13:10	17:06	08:00	01:15	17:00	07:45		2014/1/30	除夕

25 於 I4 儲存格中要加總平日的工作時數，輸入 **SUMIF** 函數在 C9:C39 儲存格範圍中尋找 "平日" 字串，如果有符合的就傳回 K9:K39 儲存格範圍的數值並加總：**=SUMIF(C9:C39,"平日",K9:K39)**。

	C	D	E	F	G	H	I	J	K	L	M	N
3	姓名	工時計算單位			班別	單位薪資	總工時	薪資	總薪資			
4	Tina	15分			平日	150	31:45					
5					加班	200	=SUMIF(C9:C39,"加班",K9:K39)		26			

26 於 I5 儲存格中要加總加班的工作時數，輸入 **SUMIF** 函數在 C9:C39 儲存格範圍中尋找 "加班" 字串，如果有符合的就傳回 K9:K39 儲存格範圍的數值並加總：**=SUMIF(C9:C39,"加班",K9:K39)**。

	A	B	C	D	E	F	G	H	I	J	K	L	M
3	年份	月份	姓名	工時計算單位			班別	單位薪資	總工時	薪資	總薪資		
4	2014	3	Tina	15分			平日	150	31:45	=H4*I4*24	$9,613	27	
5							加班	200	24:15	4850			

27 於 J4 儲存格輸入平日薪資的計算式：**=H4×I4×24**，因為 **總工時**「31:45」為時間序列值無法與 **單位薪資** 相乘，必須乘 24，轉換為實際工作時數才能計算。同樣的於 J5 儲存格輸入加班薪資的計算式：**=H5×I5×24**。若 **薪資** 的值，資料類型不是金額，請選取 J4:J5 儲存格範圍，按一下滑鼠右鍵選按 **儲存格格式**，套用 **通用格式**。

	J	K	L	M	N
	薪資	總薪資			
	4762.5	=ROUND(SUM(J4:J5),0)	28		
	4850				
	計算時間			假日	
	下班時間	總時數		2014/1/1	元旦

28 於 K4 儲存格中要加總所有薪資並求整數值，輸入 **SUM** 函數加總 J4:J5 儲存格範圍，再以 **ROUND** 函數求得運算的整數值：**=ROUND(SUM(J4:J5),0)**。

指定不需小數位數

製作出下個月份的薪資表

前面已設計完成的薪資表，如果能直接複製產生下個月份的空白資料表，那該有多方便！只要先複製目前的這個工作表再刪除其中不需要的數值資料，保留公式與運算式，這樣就是一份新的薪資表。

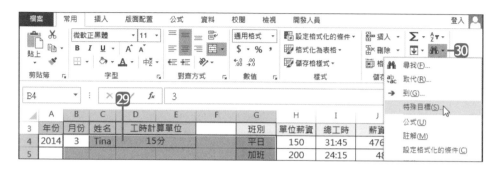

㉙ 先按 Ctrl 鍵不放，以滑鼠指標選按這個已製作完成的工作表標籤拖曳至要複製的位置再放開。於複製出來的工作表標籤上連按二下滑鼠左鍵，變更工作表標籤名稱例如：「工資表4月」，接著選取其 B4:G39 儲存格範圍。

㉚ 於 常用 索引標籤選按 尋找與選取 \ 特殊目標。

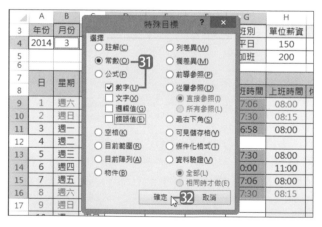

本範例函數
TEXT 函數
DATE 函數
IF 函數
COUNTIF 函數
DAY 函數
CEILING 函數
FLOOR 函數
TIME 函數
HOUR 函數
MINUTE 函數
OR 函數

㉛ 核選 常數，再核選 數字 並取消核選其他項目。

㉜ 按 確定 鈕完成目標指定後，可以看到選取範圍中的數值資料已全被選取，這時按 Del 鍵即可一次刪除，成為一份新的薪資表。之後只要輸入當月的月份、工時計算單位與打卡資料即可快速完成該月份薪資表。

公式的基礎

常用數值計算與進位

條件式統計分析

取得需要的資料

日期與時間資料處理

文字資料處理

財務資料計算

大量數據資料整理與驗證

主題資料表的函數應用

119 分期帳款明細表

統計課程以分期付款方式的帳款明細及專案價格計算

⊙ 範例分析

很多費用較高的補習班課程都可以使用分期付款，要列出每位學員各自的分期付款金額及繳納情況，看起來好像很複雜，其實只要運用幾個函數就可以一次運算完成，對目前的學員分期繳款情況一目瞭然。

此範例中已預先列出每個學員報名課程分期資料，以 **VLOOKUP**、**ROUND**、**INT** 函數來導入及計算每個課程的分期金額及餘款，再依專案 VIP 價格的內容以 **ROUNDDOWN** 函數運算至百位數去零頭的價格，最後以 **COUNTIF** 及 **IF** 函數來統計出每個課程目前已報名的人數，另外判斷報名人數是否足夠可以開課。

ROUND 函數計算分期付款的每期金額四捨五入至小數點第二位。

由 "課程費用" 工作表中導入課程名稱。

以 **IF** 函數判斷人數是否足夠可以開課。

✓ Taipei

顧客姓名	課程	專案價	分期數	已繳期別	每期金額	未繳餘款	VIP價		課程	選課人數	是否開課
林玉芬	多媒體網頁設計	13,999	6	2	2333.17	9332	9300		創意美術設計	1	人數不足
李于真	品牌形象設計整合應用	21,999	4	1	5499.75	16499	16400		多媒體網頁設計	1	人數不足
李怡菁	多媒體網頁視覺設計	14,888	3	2	4962.67	4962	4900		美術創意視覺設計	2	人數不足
林馨儀	創意美術設計	15,499	4	2	3874.75	7749	7700		品牌形象設計整合應用	2	人數不足
郭碧輝	MOS認證	11,990	3	2	3996.67	3996	3900		多媒體網頁視覺設計	1	人數不足
曾珮如	國家技術士認證	8,999	2	1	4499.5	4499	4400		全動態購物網站設計	1	人數不足
黃雅琪	美術創意視覺設計	19,990	10	4	1999	11994	11900		行動裝置 UI 設計	1	人數不足
楊燕珍	TQC專業認證	12,345	3	2	4115	4115	4100		國家技術士認證	2	人數不足
侯允聖	行動裝置 UI 設計	12,888	4	3	3222	3222	3200		MOS認證	3	開課
姚明惠	國家技術士認證	8,999	8	6	1124.88	2249	2200		TQC專業認證	1	人數不足
劉又慎	MOS認證	11,990	12	1	999.17	10990	10900				
劉仁睦	美術創意視覺設計	19,990	11	2	1817.27	16355	16300				
潘仁敬	全動態購物網站設計	12,888	4	2	3222	6444	6400				
蔡依原	品牌形象設計整合應用	21,999	5	2	4399.8	13199	13100				
賴宗穎	MOS認證	11,990	8	4	1498.75	5995	5900				

分期付款　課程費用　⊕

VLOOKUP 函數由 "課程費用" 工作表中取得課程對應的專案價格。

INT 函數以無條件捨去計算分期未繳的金額。

ROUNDDOWN 函數運算至百位數去零頭的價格。

COUNTIF 函數統計出目前已報名各課程的學員人數。

依不同課程價格計算分期付款的每期金額

此明細表的 **專案價** 是參照 "課程費用" 工作表，首先以 **VLOOKUP** 函數於 "課程費用" 工作表中找到目前學員選擇的課程項目，並回傳其對應的專案價金額。

1. 於 C3 儲存格運用 **VLOOKUP** 函數求得課程的專案價，指定要比對的檢視值 (B3 儲存格)，指定參照範圍 (A3:B12；不包含表頭)，最後指定傳回參照範圍由左數來第二欄的值並需尋找完全符合的值，公式為：

   =VLOOKUP(B3,課程費用!$A$3:$B$12,2,0)。

   後面步驟要複製此公式，所以利用絕對參照指定固定範圍。

計算第一位學員所購買的課程以分期方式付款時每期應繳金額 (**每期金額 = 專案價 ÷ 分期數**)，以 **ROUND** 函數將計算後除不盡的位數四捨五入至小數點後第二位。

2. 於 F3 儲存格輸入 **ROUND** 函數的運算公式，指定將 F3 儲存格的每期金額算出，並取其數值到小數點後第二位：**=ROUND(C3/D3,2)**。

計算未繳的課程金額

計算出第一位學員未繳交的餘款金額 (**未繳餘款 = 專案價 - (已繳期別 × 每期金額)**)，為了繳款方便，在此運用 **INT** 函數將計算結果的小數點位數全部捨棄。

	A	B	C	D	E	F	G	H	I
1	✅ Taipei								
2	顧客姓名	課程	專案價	分期數	已繳期別	每期金額	未繳餘款	VIP價	
3	林玉芬	多媒體網頁設計	13,999	6	2	2333.17	=INT(C3-(E3*F3))		
4	李于真	品牌形象設計整合應用		4	1				
5	李怡菁	多媒體網頁視覺設計		3	2				
6	林馨儀	創意美術設計		4	2				
7	郭碧輝	MOS認證		3	2				
8	曾珮如	國家技術士認證		2	1				
9	黃雅琪	美術創意視覺設計		10	4				

3️⃣ 於 G3 儲存格輸入 **INT** 函數的運算公式，指定將已繳的金額算出，並捨棄計算結果小數點以後的所有數值：**=INT(C3-(E3*F3))**。

接著要計算優惠專案，專案內容是學員如果於近日內繳清餘款，將立即享有百元以下零頭免繳的 VIP 專案價，表中以 **ROUNDDOWN** 函數計算出第一位學員的 VIP 專案金額。

	B	C	D	E	F	G	H	I	J
1	Taipei								
2	課程	專案價	分期數	已繳期別	每期金額	未繳餘款	VIP價		課程
3	多媒體網頁設計	13,999	6	2	2333.17	9332	=ROUNDDOWN(G3,-2)		
4	品牌形象設計整合應用		4	1					
5	多媒體網頁視覺設計		3	2					
6	創意美術設計		4	2					
7	MOS認證		3	2					
8	國家技術士認證		2	1					
9	美術創意視覺設計		10	4					

4️⃣ 於 H3 儲存格輸入 **ROUNDDOWN** 函數的運算公式，將 G3 儲存格的金額指定為百元以下位數無條件捨去：**=ROUNDDOWN(G3,-2)**。

將函數公式填滿相關儲存格

計算第一位學員的相關費用資料後，接著以 **自動填滿** 產生 C、F、G、H 欄中其他
儲存格的內容。

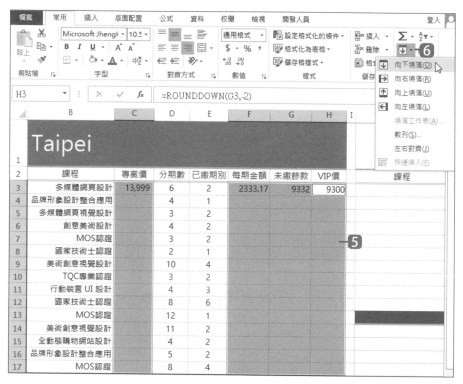

5 按 Ctrl 鍵不放，以拖曳的方式選取 C3:C17 與 F3:H17 儲存格範圍。

6 於 **常用** 索引標籤選按 **填滿 \ 向下填滿** 自動填滿功能完成 C、F、G、H 欄中其他
儲存格內容。

▼

2	課程	專案價	分期數	已繳期別	每期金額	未繳餘款	VIP價		課程
3	多媒體網頁設計	13,999	6	2	2333.17	9332	9300		
4	品牌形象設計整合應用	21,999	4	1	5499.75	16499	16400		
5	多媒體網頁視覺設計	14,888	3	2	4962.67	4962	4900		
6	創意美術設計	15,499	4	2	3874.75	7749	7700		
7	MOS認證	11,990	3	2	3996.67	3996	3900		
8	國家技術士認證	8,999	2	1	4499.5	4499	4400		
9	美術創意視覺設計	19,990	10	4	1999	11994	11900		
10	TQC專業認證	12,345	3	2	4115	4115	4100		
11	行動裝置 UI 設計	12,888	4	3	3222	3222	3200		
12	國家技術士認證	8,999	8	6	1124.88	2249	2200		
13	MOS認證	11,990	12	1	999.17	10990	10900		
14	美術創意視覺設計	19,990	11	2	1817.27	16355	16300		
15	全動態購物網站設計	12,888	4		3222	6444	6400		

以各課程報名人數統計是否開課

接著要完成右方的統計表格，首先將課程名稱由 "課程費用" 工作表導入至 "分期付款" 工作表 **課程** 欄位。

	J	K	L	M	N	O	P	Q
2	課程	選課人數	是否開課					
3	=課程費用!A3							
4								
5								
6								
7								

7 於 "分期付款" 工作表 J3 儲存格，導入 "課程費用" 工作表的課程名稱 (其第一筆名稱存在 A3 儲存格)，這樣一來只要 "課程費用" 工作表中的名稱變更就會同步變更 "分期付款" 工作表內的資料：**=課程費用!A3**。

運用 **COUNTIF** 函數統計第一個課程的選課人數：

	J	K	L	M	N	O	P	Q
2	課程	選課人數	是否開課					
3	創意美術設計	=COUNTIF($B$3:$B$17,J3)						
4								
5								
6								
7								

8 於 K3 儲存格輸入 **COUNTIF** 函數的運算公式，指定參照 B3:B17 儲存格範圍，並尋找取得與 J3 儲存格中課程名稱相同的項目：
=COUNTIF($B$3:$B$17,J3)。

> 後面步驟要複製此公式，所以利用絕對參照指定固定範圍。

運用 **IF** 函數設定判斷式，以 **選課人數** 的值來判斷是否達到開課的標準 (>=3 人)。

	J	K	L	M	N	O	P	Q
2	課程	選課人數	是否開課					
3	創意美術設計	1	=IF(K3>=3,"開課","人數不足")					
4								
5								
6								
7								

9 於 L3 儲存格輸入 **IF** 函數的判斷公式，以 K3 儲存格的值判斷此課程報名人數是否大於等於 3 人，如果符合條件就出現 "開課"，如果不符合條件就出現 "人數不足"：
=IF(K3>=3,"開課","人數不足")。

計算第一個課程的選課人數及是否開課的判斷式後，接著快速完成 J、K、L 欄中其他儲存格的內容。

	J	K	L	M	N	O	P	Q
2	課程	選課人數	是否開課					
3	創意美術設計	1	人數不足					
4	多媒體網頁設計	1	人數不足					
5	美術創意視覺設計	2	人數不足					
6	品牌形象設計整合應用	2	人數不足					
7	多媒體網頁視覺設計	1	人數不足					
8	全動感購物網站設計	1	人數不足					
9	行動裝置 UI 設計	1	人數不足					
10	國家技術士認證	2	人數不足					
11	MOS認證	3	開課					
12	TQC專業認證	1	人數不足					
13								

⑩ 選取 J3:L3 儲存格範圍，再於 L3 儲存格按住右下角的 **填滿控點** 往下拖曳，因為目前有十堂課程，所以拖曳至 L12 儲存格再放開滑鼠左鍵，可快速完成所有課程的統計比較。

本範例函數

函數名	說明	格式
IF	一個判斷式，可依條件判定的結果分別處理。	IF(條件,條件成立,條件不成立)
ROUND	數值四捨五入到指定位數。	ROUND(數值,位數)
INT	求整數，小數點以下位數無條件捨去。	INT(數值)
ROUNDDOWN	數值無條件捨去到指定位數。	ROUNDDOWN(數值,位數)
COUNTIF	求符合搜尋條件的資料個數。	COUNTIF(範圍,搜尋條件)
VLOOKUP	從直向參照表中取得符合條件的資料。	VLOOKUP(檢視值,範圍,欄數,查詢模式)

120 業績報表

年度報表中摘要月報表和季報表，以及匯整各業務員的年度銷售額

● 範例分析

此範例中已一一條列該年度的每筆業績，這時希望從中摘要出 "月報表"、"季報表" 以及 "業務員年度銷售額排名"，該如何處理最快速呢？運用 SUMPRODUCT、 MONTH、ROW、SUMIF 函數的搭配即可讓這份業績記錄表更顯專業。

運用左側 "年度報表" 內的資料依日期的月份整理出 "月報表" 與 "季報表" (每三個月一季)，接著統計所有業務員的 "年度銷售金額" 與 "排名"。

業績報表

年度報表	員工編號	業務員	銷售金額
2014/1/5	a001	楊千均	677
2014/1/7	a002	黃于花	1,020
2014/2/22	a003	蔡泰勇	578
2014/3/15	a004	張怡依	890
2014/3/28	a005	黃士鑫	1,900
2014/4/10	a001	楊千均	1,780
2014/5/5	a002	黃于花	1,200
2014/6/5	a003	蔡泰勇	980
2014/6/15	a004	張怡依	680
2014/7/1	a005	黃士鑫	1,020
2014/7/20	a001	楊千均	1,700
2014/8/3	a002	黃于花	1,150
2014/9/22	a003	蔡泰勇	760
2014/9/25	a004	張怡依	552
2014/10/6	a005	黃士鑫	630
2014/11/8	a001	楊千均	1,300
2014/12/15	a002	黃于花	1,520
2014/12/30	a003	蔡泰勇	790

月報表	銷售金額
一月	1,697
二月	578
三月	2,790
四月	1,780
五月	1,200
六月	1,660
七月	2,720
八月	1,150
九月	1,312
十月	630
十一月	1,300
十二月	2,310

季報表	銷售金額
第一季	5,065
第二季	4,640
第三季	5,182
第四季	4,240

排名	姓名	年度銷售金額
1	楊千均	5,457
2	黃于花	4,890
4	蔡泰勇	3,108
5	張怡依	2,122
3	黃士鑫	3,550

計算各業務員的年度總業總績，並給予排名。

依 **員工編號** 取得業務員姓名。

季報表：以 MONTH 函數判斷是否為某個季的儲存格結果，再透過 SUMPRODUCT 函數將對應到的月份 業績 數值相加。

月報表：以 MONTH 函數與 ROW 函數判斷是否為某個月的儲存格結果，再透過 SUMPRODUCT 函數將對應到的該月份 業績 數值相加。

● 操作說明

依員工編號取得業務員姓名

此業績報表的 **業務員** 姓名是依左欄 **員工編號** 資料再參照 "員工資料" 工作表取得，在此以 **VLOOKUP** 函數取得這個欄位需要的資料。

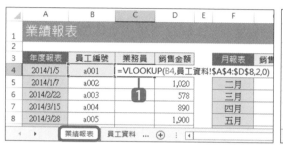 

1 於 C4 儲存格運用 **VLOOKUP** 函數求得該員工編號相對的員工名稱，指定要比對的檢視值 (B4 儲存格)，指定參照範圍 (員工資料!$A$4:$D$8)，最後指定傳回參照範圍由左數來第二欄的值並需尋找完全符合的值，公式為：**=VLOOKUP(B4,員工資料!$A$4:$D$8,2,0)**。

下個步驟要複製此公式，所以利用絕對參照指定參照範圍。

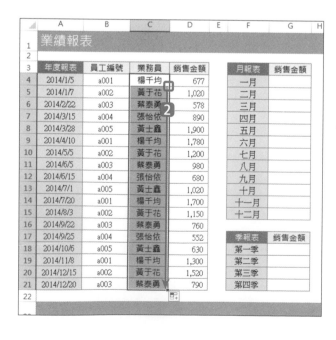

2 於 C4 儲存格，按住右下角的 **填滿控點** 往下拖曳，至最後一筆項目再放開滑鼠左鍵，可快速取得業務員的姓名。

求得 "月報表" 的值

要求得 **月報表** 的 **銷售金額** 公式是 **SUMPRODUCT**、**MONTH**、**ROW** 三個函數的組合，以 **年度報表** 記錄的日期判斷是否為同個月份再加總其 **銷售金額** 的值。

3️⃣ 於月報表的 **銷售金額** 欄 G4 儲存格輸入公式 (因為下個步驟要複製此公式，所以利用絕對參照指定固定範圍)：

$$=SUMPRODUCT((MONTH(\$A\$4:\$A\$21)=ROW(A1))*1,\$D\$4:\$D\$21)$$

先以 MONTH($A$4:$A$21) 求出月份的數值，例如第一筆資料 A4 儲存格為 2014/1/5 因此取得 "1"，接著以 ROW(A1) 取得列編號 "1"，二者各自取得的值再判斷是否相等，若相等表示該筆為一月份的資料因此傳回 True (代表值為"1")，若不相等則傳回 False (代表值為 "0")。再以回傳的 True 或 False 求得值 1×1 或 0×1。

接著利用 **SUMPRODUCT** 函數剛才將 **MONTH**、**ROW** 函數運算出來的值 "1" 或 "0" 套到公式中則為：=SUMPRODUCT(1,$D$4:$D$21) 或 =SUMPRODUCT(0,$D$4:$D$21)，這樣只要是一月份產生的 **銷售金額** 值均會乘 "1"，並將乘後的值相加，求得月報表中一月份的銷售金額。

▲	A	B	C	D	E	F	G	H
3	年度報表	員工編號	業務員	銷售金額		月報表	銷售金額	
4	2014/1/5	a001	楊千均	677		一月	1,697	
5	2014/1/7	a002	黃于花	1,020		二月	578	
6	2014/2/22	a003	蔡泰勇	578		三月	2,79	
7	2014/3/15	a004	張怡依	890		四月	1,780	
8	2014/3/28	a005	黃士鑫	1,900		五月	1,200	
9	2014/4/10	a001	楊千均	1,780		六月	1,660	
10	2014/5/5	a002	黃于花	1,200		七月	2,720	
11	2014/6/5	a003	蔡泰勇	980		八月	1,150	
12	2014/6/15	a004	張怡依	680		九月	1,312	
13	2014/7/1	a005	黃士鑫	1,020		十月	630	
14	2014/7/20	a001	楊千均	1,700		十一月	1,300	
15	2014/8/3	a002	黃于花	1,150		十二月	2,310	

4 於 G4 儲存格，按住右下角的 **填滿控點** 往下拖曳，至月報表的 "十二月" 項目再放開滑鼠左鍵，可快速取得其他月份的資料。

求得 "季報表" 的值

每三個月一季的 **季報表**，其 **銷售金額** 的公式是 **SUMPRODUCT**、**MONTH** 二個函數的組合，同樣以 "年度報表" 記錄的日期判斷是否為同一季再加總其 **銷售金額** 的值。

▲	A	B	C	D	E	F	G	H	I	J	K	L	M	N	O
3	年度報表	員工編號	業務員	銷售金額		月報表	銷售金額		排名	姓名	年度銷售金額				
4	2014/1/5	a001	楊千均	677		一月	1,697								
5	2014/1/7	a002	黃于花	1,020		二月	578								
6	2014/2/22	a003	蔡泰勇	578		三月	2,790								
7	2014/3/15	a004	張怡依	890		四月	1,780								
8	2014/3/28	a005	黃士鑫	1,900		五月	1,200								
9	2014/4/10	a001	楊千均	1,780		六月	1,660								
10	2014/5/5	a002	黃于花	1,200		七月	2,720								
11	2014/6/5	a003	蔡泰勇	980		八月	1,150								
12	2014/6/15	a004	張怡依	680		九月	1,312								
13	2014/7/1	a005	黃士鑫	1,020		十月	630								
14	2014/7/20	a001	楊千均	1,700		十一月	1,300								
15	2014/8/3	a002	黃于花	1,150		十二月	2,310								
16	2014/9/2	a003	蔡泰勇	760											
17	2014/9/25	a004	張怡依	552		季報表	銷售金額								
18	2014/10/6	a005	黃士鑫	630		第一季	=SUMPRODUCT((MONTH($A$4:$A$21)>=1)*(MONTH($A$4:$A$21)<=3),$D$4:$D$21)								
19	2014/11/8	a001	楊千均	1,300		第二季									
20	2014/12/15	a002	黃于花	1,520		第三季									
21	2014/12/20	a003	蔡泰勇	790		第四季									

5 於 **季報表** 的第一季 **銷售金額** 欄 G18 儲存格輸入公式 (因為下個步驟要複製此公式，所以利用絕對參照指定固定範圍)：

=SUMPRODUCT((MONTH($A$4:$A$21)>=1)*(MONTH($A$4:$A$21)<=3),$D$4:$D$21)。

公式先以 **MONTH** 函數判斷是否為 1 至 3 月份的項目 (其中的「*」表示 AND 運算)，若是的話傳回 True (代表值為「1」)，若不是的話傳回 False (代表值為「0」)。

這樣對應的 1 至 3 月份 **銷售金額** 欄內的值均會乘「1」，並將乘後的值相加。

	A	B	C	D	E	F	G	H	I
16	2014/9/22	a003	蔡泰勇	760					
17	2014/9/25	a004	張怡依	552		季報表	銷售金額		
18	2014/10/6	a005	黃士鑫	630		第一季	5,065		
19	2014/11/8	a001	楊千均	1,300		第二季	5,065		
20	2014/12/15	a002	黃于花	1,520		第三季	5,06	**6**	
21	2014/12/20	a003	蔡泰勇	790		第四季	5,065		

6 於 G18 儲存格，按住右下角的 **填滿控點** 往下拖曳，至季報表的 "第四季" 項目再放開滑鼠左鍵，這時雖複製了 "第一季" 的公式到 "第二季"、"第三季"、"第四季"，但還要小小的調整一下公式。

	D	E	F	G	H	I	J	K	L	M	N	O
16	760											
17	552		季報表	銷售金額								
18	630		第一季	5,065								
19	1,300		第二季	=SUMPRODUCT((MONTH($A$4:$A$21)>=4)*(MONTH($A$4:$A$21)<=6),$D$4:$D$21)								
20	1,520		第三季	5,182	**7**							
21	790		第四季	4,240								
22												

7 於 G19 儲存格連按二下滑鼠左鍵進入編輯，將原來判斷是否為 1 至 3 月份的數值「>=1」、「<=3」改成「>=4」、「<=6」，求得第二季的值。

	D	E	F	G	H	I	J	K	L	M	N	O
16	760											
17	552		季報表	銷售金額								
18	630		第一季	5,065								
19	1,300		第二季	4,640								
20	1,520		第三季	=SUMPRODUCT((MONTH($A$4:$A$21)>=7)*(MONTH($A$4:$A$21)<=9),$D$4:$D$21)								
21	790		第四季	4,240	**8**							
22												

8 於 G20 儲存格連按二下滑鼠左鍵進入編輯，將原來判斷是否為 1 至 3 月份的數值「>=1」、「<=3」改成「>=7」、「<=9」，求得第三季的值。

	D	E	F	G	H	I	J	K	L	M	N	O
16	760											
17	552		季報表	銷售金額								
18	630		第一季	5,065								
19	1,300		第二季	4,640								
20	1,520		第三季	5,182	**9**							
21	790		第四季	=SUMPRODUCT((MONTH($A$4:$A$21)>=10)*(MONTH($A$4:$A$21)<=12),$D$4:$D$21)								
22												

9 於 G21 儲存格連按二下滑鼠左鍵進入編輯，將原來判斷是否為 1 至 3 月份的數值「>=1」、「<=3」改成「>=10」、「<=12」，求得第四季的值。

求得 "年度銷售金額" 與排行

先透過 "員工資料" 工作表中取得所有員工的姓名，再依姓名於最左側 **年度報表** 中取得並加總各業務員的每筆業績金額，求得 **年度銷售金額** 的值及相關的 **排名**。

⑩ 於 J4 儲存格輸入公式：**=員工資料!B4**，取得 "員工資料" 工作表中第一位員工的姓名，以這樣的方式取得姓名資料，待之後只要 "員工資料" 工作表中有異動，在 "業績報表" 工作表中相關的資料也會跟著調整。

⑪ 於 J4 儲存格，按住右下角的 **填滿控點** 往下拖曳，因為知道共有五位業務員，拖曳至 J8 儲存格再放開滑鼠左鍵，完成姓名欄位。

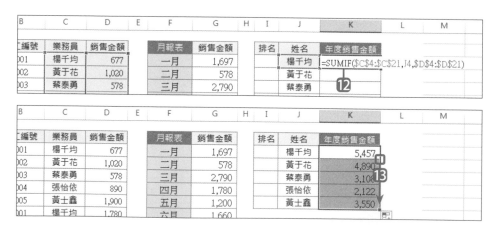

⑫ 於 K4 儲存格輸入加總符合條件的 **SUMIF** 函數公式 (因為下個步驟要複製此公式，所以利用絕對參照指定固定範圍)：**=SUMIF($C$4:$C$21,J4,$D$4: $D$21)**，計算年度報表資料中業務員名為 "楊千均" 的 **銷售金額** 總和。

⑬ 於 K4 儲存格，按住右下角的 **填滿控點** 往下拖曳，至最後一位業務員項目再放開滑鼠左鍵，可快速取得該名業務員的年度銷售金額。

	業務員	銷售金額		月報表	銷售金額		排名	姓名	年度銷售金額
4	楊千均	677		一月	1,697		=RANK(K4,$K$4:$K$8)		
5	黃于花	1,020		二月	578			黃于花	4,890
6	蔡泰勇	578		三月	2,790			蔡泰勇	3,108
7	張怡依	890		四月	1,780			張怡依	2,122
8	黃士鑫	1,900		五月	1,200			黃士鑫	3,550
9	楊千均	1,780		六月	1,660				
10	黃于花	1,200		七月	2,720				

	業務員	銷售金額		月報表	銷售金額		排名	姓名	年度銷售金額
4	楊千均	677		一月	1,697		1	楊千均	5,457
5	黃于花	1,020		二月	578		2	黃于花	4,890
6	蔡泰勇	578		三月	2,790		4	蔡泰勇	3,108
7	張怡依	890		四月	1,780		5	張怡依	2,122
8	黃士鑫	1,900		五月	1,200		3	黃士鑫	3,550
9	楊千均	1,780		六月	1,660				
10	黃于花	1,200		七月	2,720				
11	蔡泰勇	980		八月	1,150				
12	張怡依	680		九月	1,312				

14 於 I4 儲存格輸入計算排名的 **RANK** 函數公式 (因為下個步驟要複製此公式，所以利用絕對參照指定固定範圍)：**=RANK(K4,$K$4:$K$8)**，以 **年度銷售金額** 欄中的值排名。

15 於 I4 儲存格，按住右下角的 **填滿控點** 往下拖曳，至最後一位業務員項目再放開滑鼠左鍵，可快速完成所有業務員年度銷售金額的排名。

本範例函數

函數名	說明	格式
SUMPRODUCT	求乘積的總和。	SUMPRODUCT(陣列1,陣列2,...)
MONTH	從日期中單獨取得月份的值。	MONTH(序列值)
ROW	取得指定儲存格的列編號。	ROW(儲存格)
SUMIF	加總符合單一條件的儲存格數值。	SUMIF(搜尋範圍,搜尋條件,加總範圍)

翻倍效率工作術--不會就太可惜的 Excel 必學函數(第三版)

作　　者：文淵閣工作室 編著　鄧文淵 總監製

企劃編輯：王建賀

文字編輯：詹祐甯

設計裝幀：張寶莉

發 行 人：廖文良

發 行 所：碁峰資訊股份有限公司

地　　址：台北市南港區三重路 66 號 7 樓之 6

電　　話：(02)2788-2408

傳　　真：(02)8192-4433

網　　站：www.gotop.com.tw

書　　號：ACI035000

版　　次：2021 年 05 月三版

　　　　　2024 年 03 月三版十刷

建議售價：NT$320

國家圖書館出版品預行編目資料

翻倍效率工作術：不會就太可惜的 Excel 必學函數 / 文淵閣工作

室編著. -- 三版. -- 臺北市：碁峰資訊, 2021.05

　　面；　　公分

　　ISBN 978-986-502-857-2(平裝)

　　1. EXCEL(電腦程式)

312.49E9　　　　　　　　　　　　　　110008024

X Excel 快速鍵

若要	請按
往左移動一個儲存格	Shift + Tab
往右移動一個儲存格	Tab
往下移動一個儲存格	Enter
往上移動一個儲存格	Shift + Enter
以作用儲存格為起點，往各方向選取欄、列內的資料。	Ctrl + Shift + ↑、↓、←、→
選取全部	Ctrl + A
粗體	Ctrl + B
底線	Ctrl + U
斜體	Ctrl + I
複製	Ctrl + C
貼上	Ctrl + V
剪下	Ctrl + X
復原	Ctrl + Z
開啟新檔	Ctrl + N
開啟舊檔	Ctrl + O
儲存檔案	Ctrl + S
關閉檔案	Ctrl + W
辨識相鄰欄中的模式取得資料，並填入目前及往下有效儲存格中。(Excel 2013 版以上)	Ctrl + E
尋找	Ctrl + F
取代	Ctrl + H
建立超連結	Ctrl + K
列印	Ctrl + P
建立表格	Ctrl + T

X Excel 快速鍵

若要	請按
將儲存格中過長的文字全部刪除	Ctrl + Del
活頁簿視窗切換	Ctrl + F6
顯示 **儲存格格式** 對話方塊	Ctrl + 1
粗體	Ctrl + 2
斜體	Ctrl + 3
底線	Ctrl + 4
刪除線	Ctrl + 5
快速隱藏列	Ctrl + 9
快速隱藏欄	Ctrl + 0
輸入今天日期 (年 / 月 / 日)	Ctrl + ;
輸入目前時間 (時：分 AM 或 PM)	Ctrl + Shift + ;
套用 **貨幣** 格式 (, 符號，小數點四捨五入到整數)	Ctrl + Shift + 1
套用 **時間** 格式 (AM,PM 格式)	Ctrl + Shift + 2
套用 **日期** 格式 (年 / 月 / 日)	Ctrl + Shift + 3
套用 **貨幣** 格式 ($ 符號，二數位小數)	Ctrl + Shift + 4
套用 **百分比** 格式 (% 符號)	Ctrl + Shift + 5
恢復沒有格式的數值	Ctrl + Shift + ~
顯示功能區的按鍵提示字母	Alt
在儲存格編輯中換行	Alt + Enter
建立圖表	Alt + F1
自動加總數列	Alt + ±
輸入公式時相對、絕對位址切換	F4
重複上一個設定動作	F4
顯示 **插入函數** 對話方塊	Shift + F3

X Excel 函數

函數	說明	應用方法
SMALL	求排在指定順位的值 (由小到大排序)	=SMALL(範圍,等級) =SMALL(A10:A50,4)
SUBSTITUTE	將字串中部分字串以新字串取代	=SUBSTITUTE(字串,搜尋字串,置換字串,置換對象) =SUBSTITUTE(C3,"股份有限公司","(股)")
SUBTOTAL	可執行十一種函數的運算功能(平均值、個數、最大值、最小值、標準差、合計...)	=SUBTOTAL(小計方法,範圍1,範圍2,....) =SUBTOTAL(9,F4:F10)
SUM	加總數值	=SUM(範圍1,範圍2...) =SUM(A1:C10)
SUMIF	加總符合單一條件的儲存格數值	=SUMIF(搜尋範圍,搜尋條件,加總範圍) =SUMIF(A1:A10,"女",C1:C10)
SUMIFS	加總符合多重條件的儲存格數值	=SUMIFS(加總範圍,搜尋範圍1,搜尋條件1,搜尋範圍2,搜尋條件2...) =SUMIFS(E3:E15,A3:A15,"<90",C3:C15,"動作")
SUMPRODUCT	求乘積的總和	=SUMPRODUCT(範圍1,範圍2,...) =SUMPRODUCT(A1:A10,B1:B10,C1:C10)
TEXT	依特定的格式將數值轉換成文字字串	=TEXT(值,顯示格式) =TEXT(A1,"$0.00")
TODAY	顯示今天的日期	=TODAY() 括弧中間不輸入任何文字或數字 =TODAY()
VLOOKUP	從直向參照表中取得符合條件的資料	=VLOOKUP(檢視值,參照範圍,欄數,檢視型式) =VLOOKUP(B3,$A$1:$A$10,2,0)
WEEKDAY	從日期序列值中求得星期幾	=WEEKDAY(序列值,類型) =WEEKDAY(A5,2)
WORKDAY.INTL	由起始日算起,求經指定工作天數後的日期。	=WORKDAY.INTL(起始日期,日數,週末,國定假日) =WORKDAY.INTL(B3,C3,,F3:F8)

X Excel 函數

函數	說明	應用方法
ABS	求絕對值	=ABS(數值) =ABS(A10)
AND	指定的條件均符合	=AND(條件1,條件2...) =IF(AND(5<A2,A2<60),"通過","不通過")
AVERAGE	求平均數	=AVERAGE(範圍1,範圍2...) =AVERAGE(A1:A10)
CEILING	求依基準值倍數無條件 進位的值	=CEILING(數值,基準值) =CEILING(A4,10)
COUNT	求有數值資料的儲存格 個數	=COUNT(數值1,數值2...) =COUNT(A1:A20)
COUNTA	求非空白的儲存格個數	=COUNTA(數值1,數值2...) =COUNTA(A1:A20)
COUNTIF	求符合搜尋條件的資料 個數	=COUNTIF(範圍,搜尋條件) =COUNTIF(A1:A10,"台北")
DAY	從日期中取得日的值	=DAY(序列值) =DAY(A10)
DATE	將數值轉換成日期	=DATE(年,月,日) =DATE(A1,B1,C1)
DATEDIF	求二個日期間的天數、 月數或年數	=DATEDIF(起始日期,結束日期,單位) =DATEDIF(A1,B1,"Y")
EDATE	由起始日期開始求幾個 月前 (後) 的日期序列值	=EDATE(起始日期,月) =EDATE(C3,2)
EOMONTH	由起始日期開始求幾 個月前 (後) 的該月最 後一天	=EOMONTH(起始日期,月) =EOMONTH(C3,2)
FIND	搜尋文字字串第一次出 現的位置	=FIND(搜尋字串,目標字串,開始位置) =FIND("區",A3,1)

X Excel 函數

函數	說明	應用方法
FREQUENCY	求數值在指定區間內出現的次數	=FREQUENCY(資料範圍,參照表) =FREQUENCY(A1:A10,L1:L5)
FV	求投資的未來值	=FV(利率,總期數,每期支付金額,現值,支付日期) =FV(A4/12,A5*12,A3,0,1)
HLOOKUP	從橫向參照表中取得符合條件的資料	=HLOOKUP(檢視值,參照範圍,列數,檢視型式) =HLOOKUP(A2,$A$1:$F$1,2,0)
IF	依條件判斷結果並分別處理	=IF(條件,條件成立,條件不成立) =IF(A1>=60,"及格","不及格")
INT	求整數 (小數點以下位數均捨去)	=INT(數值) =INT(1000/30)
INDEX	求指定列、欄交會的儲存格值	=INDEX(範圍,列號,欄號,區域編號) =INDEX(A1:A10,B3,B4)
IRR	求報酬率	=IRR(現金流量,預估值) =IRR(A1:A10)
LARGE	求排在指定順位的值 (由大到小排序)	=LARGE(範圍,等級) =LARGE(A1:A10,5)
LEFT	從文字字串的左端取得指定字數的字	=LEFT(字串,字數) =LEFT(A10,2)
LOOKUP	搜尋並找到對應的值	=LOOKUP(關鍵字,範圍,參照表) =LOOKUP(A1,A1:A10,C1:C5)
MATCH	求值位於搜尋範圍中第幾順位	=MATCH(搜尋值,搜尋範圍,型態) =MATCH(A1,B1:B10,1)
MAX	求最大值	=MAX(數值1,數值2...) =MAX(A1:A10)
MID	從文字字串的指定位置取得指定字數的字	=MID(字串,開始位置,字數) =MID(A1,1,5)
MIN	求最小值	=MIN(數值1,數值2...) =MIN(A1:A20)

X Excel 函數

函數	說明	應用方法
MODE	求最常出現的數值	=MODE(數值1,數值2...) =MODE(A1:A10)
MONTH	從日期中單獨取得月份的值	=MONTH(序列值) =MONTH(A1)
NOW	顯示現在日期與時間	=NOW() 括弧中間不輸入任何文字或數值 =NOW()
OR	指定的條件只要符合一個即可	=OR(條件1,條件2...) =IF(OR(A2<30,A2>80),"通過","不通過")
PV	求現值	=PV(利率,總期數,定期支付金額,未來值,給付時點) =PV(A4/12,A5*12,-A3,B4,0)
PRODUCT	求數值相乘的值	=PRODUCT(數值1,數值2...) =PRODUCT(A1,B1,C1)
PMT	求投資\還款定期支付的本金與利息合計金額	=PMT(利率,總期數,現值,未來值,給付時點) =PMT(A1/12,A2*12,200000)
PPMT	求投資\還款的本金金額	=PPMT(利率,期數,總期數,現值,未來值,給付時點) =PPMT(B1/12,A1,B2*12,B3)
RANK(RANK.EQ)	求指定數值在範圍內的排名順序	=RANK(數值,範圍,排序) =RANK(A3,$A$1:$A$5,0)
RATE	求利率	=RATE(總期數,每期金額,現值,未來值,給付時點) =RATE(A4*12,-A5,A6)
ROW	求指定儲存格的列號	=ROW(儲存格) =ROW(A10)
ROUND	數值四捨五入	=ROUND(數值,位數) =ROUND(A10,2)
ROUNDUP	數值無條件進位到指定位數	=ROUNDUP(數值,位數) =ROUNDUP(A10,2)
ROUNDDOWN	數值無條件捨去到指定位數	=ROUNDDOWN(數值,位數) =ROUNDDOWN(A10,-2)